Erfahrung und Urteil

胡塞尔著作集

第6卷

李幼蒸　编

经验与判断

李幼蒸　译

中国人民大学出版社

· 北京 ·

总　序

中国新时期三十多年来，胡塞尔学从初始绍介到今日发展到初具规模，其学术理论的重要性以及对中国人文科学理论未来发展的意义，在此已毋庸赘叙。在中国人民大学出版社鼓励和支持下，在与出版社多年愉快合作、相互信任的背景下，译者欣然决定在个人余留时间及完成计划日益紧迫的迟暮之年，承担此“胡塞尔著作集”的编选和翻译的任务。“胡塞尔著作集”8卷包括：

卷1　《形式逻辑和先验逻辑》

卷2　《纯粹现象学通论》〔纯粹现象学和现象学哲学的观念　第一卷〕

卷3　《现象学的构成研究》〔纯粹现象学和现象学哲学的观念　第二卷〕

卷4　《现象学和科学基础》〔纯粹现象学和现象学哲学的观念　第三卷〕

卷5　《现象学心理学》

卷6　《经验与判断》

卷7　《第五、第六逻辑研究》

卷8　《贝尔瑙时间意识手稿》

第一批四部著作，收入了《观念1》、《观念2》、《观念3》以及《形式逻辑和先验逻辑》。其后的四部著作，也将逐年陆续推出。虽然著作集的部数是有限的，希望仍可较系统地展现胡塞尔理论中特别与逻辑学和心理学的关系问题有关的思想方式和分析方法。在译者看来，广义的“逻辑心理学”及“心理逻辑学”，实乃未来新人文科学理论建设的基础工作之一，而在此领域，至今尚无任何西方哲学家或理论家的重要性能够与胡塞尔本人的现象学理论相提并论。因此这一翻译计划的意义也就远不只是向中文地区读者再行提供一套哲学翻译资料了。

实际上，20 世纪初胡塞尔哲学的出现，已可明确代表着康德、黑格尔古典哲学时代的结束。而胡塞尔与黑格尔的彻底切割，也与海德格尔和萨特与黑格尔的密切结合，形成了世纪性的认识论对比，也即是指现代西方哲学在理性和非理性方向上持续至今的对立。在某种限定的意义上，我们不妨提出一种更具深广度的理论思维大方向上的对比背景：康德-胡塞尔理性主义路线 vs 黑格尔-海德格尔非理性主义路线。而在理性派康德和胡塞尔之间的对比，则标志着在理性思维方式上古典形态（重"实体"）和现代形态（重"关系"）之间的分离。现代思维方式和古典思维方式之间的本质性差异还表现在：哲学思维的对象不在于人类精神的"关切"本身，而在于如何在"主题化"的方法论程序中有效地纳入所关切的对象。也就是，思维的效能将主要由"主题化方式"的程序之有效性来加以判断。胡塞尔之所以认为"人生观哲学"的主题已无须纳入自己的哲学视野，正是切实地直觉到了"人生观关切"本身尚未能有效地被纳入可供有意义地分析的主题化程序之内。胡塞尔对"基础问题"比对"价值性问题"更为关注一事，也反映着人类理性能力尚未达到有效处理此"含混论域"的程度，因此胡塞尔的主题系列选择本身，就体现着哲学"现代化"的阶段性思维之方向和风格。遗憾的是，比胡塞尔年轻一代的后继者们，却大多欠缺此种现代化的"思维方式感觉"，结果竟然纷纷不解其"理路"何在，甚至因此而转向了相反的、本质上属于"人生观式的"思想方向。而"人生观问题本身"虽然直接代表着人生之关切，却并非相当于"处理人生观问题"的有效方法。

20 世纪是人类文明、社会、科学发展中承前启后的现代化开端之世纪，其中学术现代化的主要标志就是社会科学、人文科学、哲学在内容和方法方面的急剧演变。与科技发展的清晰轨迹不同，"文科"的现代化发展可以表现在正反两个方面：积极的学术成就表现和消极的学术危机暴露。当我们从 21 世纪审慎回顾 20 世纪"文科"现代化发展的后果时，必须全面、深刻地检视这两个方面。在"文科"世界中最值得并必须首先关注的就是哲学的演变，或者说西方哲学形态的演变。现代西方哲学演变的“剧情”，则主要相关于哲学和科学的互动关系。

我们看到，20世纪西方哲学史可以大分为第二次世界大战前后两个阶段：前一阶段西方哲学达到了两千多年哲学史的知识论顶峰，也就是达到了哲学和科学互动的高峰，而所谓“现代西方哲学”的美称，应该专指二战之前这四五十年的哲学主流成就；后一阶段哲学，也就是二战之后的哲学潮流，则每况愈下，以至于21世纪的今日我们必须对于哲学的身份和功能重新加以评估。要想理解上述评语，必须从文化、科学、人文社会科学的全局出发，在哲学和其他人文科学的错综复杂的互动互融中体察“哲学”的存在和作用。在此必须向中文读者申明，此“胡塞尔著作集”中译者的分析与今日西方学术主流的认知之间颇有差距。主要因为，今日西方人文学界的理论认知仍然拘于一种西方社会根深蒂固的职业化功利主义，以至于将一切历史上“业界成功者”均视为学术本身之“成绩”。学者个人尤其习惯于以业界之“共识”作为衡量学术“得失”的唯一标准，并用以作为个人在业界晋阶之渠道，因而自然会共同倾向于维护人文学术活动在社会与文化中的现有“资格”、功用和形象。按此功利主义的学术批判标准，时当全球商业市场化时代，当然不必期待他们会“自贬身价”地、不顾个人利害地朝向客观真理标准。这一今日世界人文学界的事实，要求我们中国学者能够更加独立地、批评地、非功利地探索人类人文科学和哲学的历史真实、现代真实和未来可能的真实。因为中华理性文明要想在日益狭窄的地球村时代实践“既独善又兼济”的文化大目标，就必须认真检视世界范围内的历史得失和勇于面对全人类的科学真理问题。人类社会不是只需要自然科学，它也需要社会科学和人文科学。实际上，在新世纪为了全面促进社会科学和人文科学的真正科学化发展，我们必须首先客观地观察和反省西方现代时期的哲学和人文科学的得失，其中尤为重要者是客观地研究和批评现代西方哲学的得失。这是我们从事引介和翻译现代西方哲学工作中应有的整体观和独立的治学目标。读者应该明确辨析两种根本不同的治学态度：为促进人类知识提升而探索西方哲学的真相和为个人名利而趋炎附势地将西方哲学当作个人或集团的现成致功名渠道。

关于现代西方哲学的问题，译者自中国新时期以来，曾不断表达意见，无须在此重复。至于为什么我们要特别关注“胡塞尔学”（而不是泛指的现象学运动），在本著作集的译序和附录中也多有继续的阐发，读者不妨参见。在此仅需补充两点。我们特别重视胡塞尔学并在世界学界首次提出明确的口号“重读胡塞尔”，并非只为了推崇哲学史上胡塞尔表现出的几乎无人可及的严谨治学态度（西洋风格的“诚学”），虽然这一点正是译者在1978年决定将胡塞尔的理论实践精神作为本人平生第一篇学术文章主题的意图所在。我们要指出的第一点是：胡塞尔学所代表的、所象征着的人类理论思维的理性主义大方向，在今日全球商业化物质主义压力下形成的“后现代主义非理性主义”泛滥的时代，更凸显了其时代重要性。第二点是：胡塞尔学的理性主义实践，由于最彻底地体现了“诚学”精神，能够较古人更真实地做到“大处着眼，小处着手”；它从方法论入手处理的“逻辑心理学”和“心理逻辑学”的“意识分析学”，为人类认知事业提供了有关心理世界理论分析的杰出典范。这一部分正是我们今后重建人文科学理论所必不可少的“基本材料”。顺便再强调一下，我们对胡塞尔学的推崇立场是在对其理论系统进行了批评性的“解释学读解”后的结果。我们对其重要性的强调方面，倒也并非可以等同于胡塞尔自己设定的学术评定标准。毋宁说，我们反而是在将其“系统”拆解后而重估其各部分的学术性价值的。为此我们也必须在理论视域和文化视域两方面首先超出胡塞尔本人仍然执守的西方哲学本位主义。对此，读者请继续参照译者在本著作集其他译序和附录文章中的相关阐释。

我们经常提到胡塞尔思想方式的“难以替代性”，甚至人们带有情绪性印象地称之为“空前绝后”。其实对此所要强调的是胡塞尔本人高度独创性的“思维理路”本身。因此，我们强调要尽量贴近“原文”对其理论进行读解，而避免对其“原貌”掺入使之稀释或松软的“水分”。在解读胡塞尔原文方面，我们首先当然要充分尊重西方专家的研究成果，因为他们对西方语文和学术史的技术方面的掌握是明显超过东方学者的。此外，尽管我们理解对原文忠实读解的重要性，却也认识到翻译艰难的现代西方理论，对于发展中国人文科学所具有的扩大的重要性和必要性（这是西方学者所不易理解的）。为不读原文的读者提供方便，只是进行翻译工作的理由之一。一个至今还未被人们充分领悟的更主要的理由是：中国人文科学未来必将成为人类另一人文科学理论的世界中心，为此我们一定要用百年来已证“足堪大任”的现代化的中文工具（顺便指出，从符号学角度看，今日海内外繁体字和简体字优劣之争，与中文作为思想感情表达工具的效能，可说没有任何关系。学界完全可以放心地使用简体字系统或简繁混合系统）来表达和创新人类文明中形成的一切思想和理论内容。换言之，胡塞尔的抽象而细腻的德文“心学”解析话语，应该在转换为中文话语系统后，创造性地继续发挥其促进思想方式精密化的作用。西方理论语言作品的翻译成果，均将逐渐成为未来从事世界规模人文科学研究的中国人文科学的有机组成部分。

新世纪中国人文科学和哲学的建设是一个必须向前看、向全世界看的特大任务。以往百年来中国文化现代化时期的得失，为我们提供了进行检讨和提升认知的参照根据，在充分掌握此思想史材料学的基础上，我们才有可能鉴往知来，朝向于远大目标。因此，我们绝不能抱残守缺，自限抱负；更不能在面对西学理论的艰难和挑战时“托古避战”。深化研究现代西方理论，不是为了“弘扬西方文明”，而是为了“丰富东方文明”（反之，阻止研习高端西学理论，其效果却只能是“弱化东方文明”）。一个民族的精神抱负和智慧程度，首先就体现在有没有兴趣和勇气学习其他民族的高端理论成就。此外，我们中华民族自然还应该以仁学应治天下学的伟大中华精神传统，于人类文明危机时代挺身而出，当仁不让地将天下之学“尽收眼底”，以为全人类的文化学术之提升，贡献中华民族的智慧和潜力。

不久前本人应邀为比利时列日大学的某一理论符号学刊物撰写有关符号学理论前景分析的文章（后改为在国际符号学学会会刊 *Semiotica* 发表）。在此文中，以及在南京国际符号学大会即将召开前夕，本人坦直陈言：未来中国的符号学和人文科学理论研究事业，不会盲目地按照现行西方学术制度的规范和轨道亦步亦趋，而是要本着中华伦理学传统中最高的仁学求真精神和人类各文明几千年来学术理性实践的经验总结，来重新创造性地组织中国新人文科学实践中的指导原则。我并在该文中列举了几项基本理性实践原则以作为我们沿着理性大方向进行跨学科、跨文化人文理论及符号学理论重建工作的方向性指南。这些原则也完全符合于我们对现象学和胡塞尔学应有的研究态度，现转录于此，供读者参考：

A. 希腊：原始科学理性主义（相关于人与自然关系的生存态度）

B. 英国：归纳逻辑经验主义（相关于自然的和社会的现实）

C. 德国：演绎逻辑基础主义（相关于逻辑系统性思维方式）

D. 法国：社会文化实证主义（相关于经验操作性认识论传统）

E. 中国：仁学伦理人本主义（相关于现世人际关系本位的伦理信仰）

这五种历史上不同类型的理性主义传统，是内含于“人类理性”总范畴的。而如何根据人类认知条件的变化来相应地综合组配这些原则以形成各种具体的人文社会科学方向和方式，则有待于我们继续创造性地发挥。按此，现象学和胡塞尔学的重估问题，也完全需要在不断更新的认识论、方法论的综合框架内加以进行。

译者在该文中没有提及的一项中国学者的特殊抱负是：所谓“中国人文科学”，今后将只是一个地域性学术活动的标称，而不会再是于地球村时代的今日只限于中国史地材料和仅为中文地区服务的地域性学术实践，而是在中文地区利用各种特殊史地资源条件所组织的、面向全人类文明改进目标的人文学术理论实践。为此，中国未来人文科学理论家将是在中文地区、使用中文工具来“经略”涵括古今中外一切重要学术遗产在内的世界人文科学建设事业。中国学者特有的“兼通”中西文理论语言的可能性，为此空前学术目标提供了实行的技术可能性。而理论翻译仅是此宏伟目标的一个部分而已。在此，让我们同样汲取胡塞尔治学的精神榜样：大处着眼，小处着手。古人治“经学”必从治“小学”着手。今日之“翻译”工作也相当于“现代小学”的一个部分。按此治学态度，我们的理论翻译工作，也是根据上述“学术战略”眼光加以选择和设定的。

20 世纪 90 年代中期，译者游学德国波鸿大学哲学所时期，有幸前后会晤了《通论》的法译本导言和注释者保罗·利科和《通论》两版（1950，1976）的编者瓦尔特-比麦尔和卡尔·舒曼。两位编者对胡塞尔经典均有深入钻研，成绩显著。然而译者也注意到一个一向不甚理解的西方学人间并不乏见的特点：对感兴趣的理论文本的读解兴趣及技术性深度与其个人理论倾向及偏好之间的分裂性。同为胡塞尔学研究者，两位西方专业学者的认识论观点却与译者相当不同。译者当然首先关注他们对胡塞尔经典本文的解释性成绩，即使他们的研究成绩主要是相关于文献学方面的。我当然也意识到他们与我对胡塞尔理论的兴趣根源本来就并不相同。至于我自 1980 年起即与之通信交往并曾多次助我在法国扩大学术交往机会的利科教授，则是在现象学、解释学、符号学、结构主义等学术方面最使我感觉彼此方向一致的当代西方重要的哲学家。然而正是在此哲学观的最基本问题上，即形上学和本体论的“基础学”方面，利科固守的西方哲学本位立场，则是我没有并在符号学研究中对其特别要加以批评检讨者。就现象学界而言，大家甚至达到了在认识论和价值论（更不用说实践论）方面彼此分歧显著的地步。现在“胡塞尔著作集”头 4 部已译毕交稿，开始进行编辑，同时我们将在今年 10 月初“南京第十一届国际符号学大会”上，在此国际学术交流场合安排“重读胡塞尔”计划的若干节目，特别是有关胡塞尔和海德格尔哲学认识论对峙问题的国际性讨论，以促进中国和世界学界对人类理论思维大方向是非问题的讨论。不同文化历史背景和学术思想背景的学者之间，对于共同关注的具体西方哲学课题，在各自的重点、目的、方法的选择方面，也就会彼此歧异。

时当《通论》或《观念 1》出版 100 周年前夕，在我们回顾和纵观百年来对胡塞尔理论的研究史时，尽管相关论述汗牛充栋，学者兴趣也日趋浓厚，应当说，总体而言，在“知其然”方面已积累了足够丰富的知识，在“知其所以然”方面，今日也较半个世纪前更为深入；而在“知其所应然”（评价和前瞻）方面则仍然“乏善可陈”，因研究者背景不同，甚至“各说各话”。按照译者的理解，这一现象也是非常自然的：这相关于人类历史上人文科学理论正面临着大转折的前夕，连“哲学”的身份都还难以明确，何况对专门的哲学理论进行的评价呢？对于中文地区研究者来说，我们尚处于要努力先完成“知其然”的初级目的的阶段，然而这并不妨碍我们同时对以后两个较高研究阶段的背景和要求预先有所了解，以避免今后多走弯路。

关于胡塞尔理论以及现代西方理论的研究和翻译问题，译者过去已多有说明和建言。关于西方哲学名词的翻译问题，在此再补充一点并非不重要的意见：这就是译者应争取译名在各具体语境中的可流通性。为此当然首先应该遵守一个俗常原则：凡是哲学界已经相当有效流通的，就应该尽量采用，不要随意变换新译法。许多译名本身其实都是可有若干"同义词"的，但我们不应因此而经常自行"安全而方便地"更换译法，以示本译具有独到性。所谓译词的准确性或恰当性，相当程度上取决于以往、现在和未来可能的约定俗成。读者对译词的理解往往不是直接连接于该译词的中文"本义"的，而是连接于其在西哲话语中的使用习惯的，此时如随意更换名词，特别是习见名词，就会无端造成混乱。译者本人在70年代末开始翻译理论文字时，记得都是尽量采用已在使用中的旧译词的，实在欠缺现成译名时才会另行杜撰，可以说根本没有一个企图通过轻易置换译名来标新立异的意识。

在本著作集翻译系列中，译者将20世纪80年代翻译《观念1》（即《通论》）时编写的译名对照表，根据新的资料稍加整理后，纳入每卷中译本作为附录资料之一，读者需要时可以参照。这个译名对照表是译者自己采取的译名清单，当然并无主张其不容变通之意。

由于版权的考虑，我们不得不放弃将著作原版中原编者的序言直接翻译后纳入中译本的想法。本著作集中《观念2》《观念3》两卷翻译根据的原本是由Marly Biemel编辑的出版于1952年的初版。我在湾区几家图书馆中未曾发现两书原版，不想后来在巴黎找到。2009年秋在开完西班牙国际符号学大会后决定去巴黎短暂停留购书。后来因不想再返回西班牙乘返程飞机回美，打算一方面体验一下由巴黎去伦敦的海底火车，另一方面可在伦敦改签直接回旧金山的班机。不想到伦敦后临时签票不成功，又发觉伦敦物价奇贵，遂于当晚重又原路赶回了巴黎北站曾多次旅宿的那家一星级小旅馆，不得不再在巴黎逗留两日。遂于次日上午先在圣米歇尔大街巴黎大学旁"学术书店"继续选购现象学方面的图书，中午在卢森堡公园对面麦当劳吃毕午餐。这才想到是否应该乘斜对面83路车再往高等社科院图书馆一行。到了该馆我才想到会不会能够在此借到在湾区未曾找到的《观念2》和《观念3》的原版书呢？结果如愿以偿。我于是在馆员教导机器如何使用后一口气将两卷书复印完毕带回了美国。版本的问题也就这样解决了。

同时带回的有新购到的该两卷书的法译本和若干本近年来法国人研究胡塞尔学的专著。这些图书都在著作集翻译计划中发挥了作用。不想此次巴黎的购书行，还直接有助于本著作集的翻译计划的实行。

译者在撰写几篇著作集译序期间，适逢两年前预订的爱尔兰大学胡塞尔学家莫兰等编写的新著《胡塞尔词典》寄到，遂暂停各项工作先将词典通读完毕，一方面用以再次检视自己对名词理解的正误，另外并立即推荐出版社购买此书版权，准备亲自将其再行译出，以作为此“重读胡塞尔”计划工作的一个部分。此外，我也在准备译序撰写期间获得了法国出版社和杂志社对我翻译保罗・利科 60 年前一篇有关“《观念 2》导读”长文之准译权，于是也随即将其译出，以作为著作集《观念 2》中译本的附录。在此谨对 PUF 出版社和《形上学和道德学评论》杂志社表示感谢。

现在将著作集翻译中使用的胡塞尔的几部主要著作的简称表示如下：

三卷“观念”简称：《观念 1》，《观念 2》，《观念 3》。其中《观念 1》有时按照该书中译本译名也称作《通论》。

《欧洲科学的危机和先验现象学》简称：《危机》。

《逻辑研究》第一卷可简称：《导论》。

《逻辑研究》第二卷中的六个“研究”划分，有时简称（例如）：《第六逻辑研究》等。

译文中的符号使用基本上遵照原书体例。原书使用的括弧符号为“( )”。中译者增加的括弧符号则用“〔 〕”（多为相关原文词语）。对于中译文中少数带有较长定语的专门名词，为中文读者方便计，中译者仍特用符号“「 」”标示，以凸显其词义关系。

在筹划和进行著作集计划的前后诸阶段中，译者得到中国人民大学出版社总编室领导、学术出版中心杨宗元主任的积极支持。在编译过程中胡明峰先生和责任编辑吴冰华女士长期予以惠助，极尽辛劳，译者谨在此一并致谢。

李幼蒸

2012 年 3 月 8 日于旧金山湾区

中译者序言

《经验与判断》可以说是胡塞尔现象学发展史上的最后一部重要著作。关于本书的特殊编写过程与出版背景，请读者直接阅读原“编者前言”；关于中译者对本书重要价值的阐释，请参见“中译本附录　关于胡塞尔晚年思想重心的辨析”。胡塞尔学经典中译的目的，除了为各界专业研究者提供现代人文理论知识的参考资料外，也为哲学界以外的更广大的人文理论爱好者提供有关现代西方理论思维方式的具体样例，以期有助于中国读者对中西人文理论思维方式的异同增加体认。在严格的意义上，国外人文理论经典的中译工作，应该只是起着一种“抛砖引玉”的作用，不可取代原著。不过，国外人文理论话语的中译工作也可看作一种理论符号学式的语言创造，它可直接刺激中国人文学者丰富和发展其人文科学实践中的理论思维方式。

本人自 1978 年撰写《胡塞尔评述》一文以来，数十年中不断提醒研究者，对于研读现象学的学者而言，首先应注意个人的治学态度问题。我们当然应该对现象学的专业工作者和一般爱好者加以区分，对二者的研读态度和方式，也应该“区别对待”。对于前者，至今仍然有不少人只满足于在各种中译本材料上“建构其学术实践大厦”，然而，仅仅根据中译文进行研读是非常不够的。如果立志为学，就应该遵循先后合理次序，“揠苗助长”的警示完全适用于此。如是，为什么有志于毕生研究德国哲学的学者就不能先下功夫学习一下学术德文并提升阅读理论德文的能力呢？（特别是对于研读胡塞尔思想而言，为了在较高的层次上掌握其理论，阅读学术德文是绝对必要的。）为此必须在此再次强调，对于有意成为现象学专门学者的人，不可满足于一生仅只在中译本上“活动”，而应进而怀有研读原文的志向。我们的中译本，对于专业工作者而言，不过是起到一种“拐杖”的助力罢了。单只根据英文译本已经靠不住，单只根据中译本则更加不可靠。当然，也不能走到同一浮躁心态的另一极端：不少学者，特别是自以为是现象学专家者，凭借德文学历背景的方便，即企图通过“以译代研”式的、本质上属于抄袭性的学术实践及其相应出版物的积累，作为个人与团体的职场获利资本。后一功利主义的治学态度和行为方式，也谈不到是“投身于现象学事业”，至多不过是在“重复”或“复述”他人的思想话语。积累和背诵一整套哲学术语，绝不等于就成了某学派的专家，而学术职场往往为此等轻浮治学方式大开方便之门，对此我们尤应加以警惕。在此情况下，一些初识胡塞尔学文本的团体，即打算通过制定“权威性的标准名词表”以期尽早在学界形成“权威性”的地位，这不仅是一厢情愿之举，轻浮而幼稚，而且其失尤在于严重贻误后学。因此，我们才反复强调，研究胡塞尔学的学者们首先应该学习胡塞尔治学的严谨态度，而不应将其作为学界争强斗胜、党同伐异的手段。否则，尽管我们记住了一大套术语，拥有了不少翻译作品和相关著作，我们的所谓“成就”仍旧不过是在“转述”或“传输”他人创造的学术话语而已。总而言之，对于研读国外人文理论的学者而言，不能阅读原文固是一种缺欠（但对于大多数一般认知者来说，阅读原文的能力并非必要。对于他们，我们中译者应该努力提供较可靠的译本），而掌握了外文也可能反而成了其急功近利、投机取巧的“方便”。作为参与了四十年西方人文理论翻译的学者，我愿以此与同人共勉。

本书的中译，与前几卷的情况一样，仍会不可避免地含有误译、欠妥、粗糙之处，敬希读者不吝指正。关于胡塞尔学理论话语的翻译问题，译者多年来已经多次谈过个人的经验和意见，在此应补谈一项长期存在而通过本书的翻译过程又进一步加深了体会者：各国语言结构的不同导致充分满意的人文科学理论翻译几乎不可能完成。除了并非最难处理的专门术语翻译外，相关的“虚词意素”是更难以处理的部分。专门术语中至少多数可以约定俗成地加以临时固定，以利于组织行文，而相关的虚词意素部分则难以在汉语译词中进行确译。如德文中的抽象名词、动

名词、动词、相同词根的副词等，很难在中译时加以固定化处理，如对于抽象名词何时译为“性”（抽象性），何时译为“者”（具体性），同一词根何时表示行为的过程，何时表示行为的结果，都需变通处理（因为中文通常对此无明确区分）。而当抽象名词的原词在“性”与“者”的意涵上容许两可理解之时，当“行为”“结果”“功用”三意素可同时表示于一词（如 Leistung）时，为了行文简洁，中译部分当然只能择其主要者予以“片面性”译出。再如，即使是用英、法文翻译德文理论也会因句法、词法的“必要变通”而难以传达德文哲学惯用的抽象意素之构词学中所特有的“理论思想组织方式”特点和风格。此外，人所共知，胡塞尔的行文中充斥着借助通常德文词语表达来变通其意义者，如本书中的 assoziative、betrachtende、Betrachtung、explicative、Affektion 等。其中的“意义”又是“正异参半”的，它们显然不可能具有完全对应的汉语词。语词的确义只能在作者规定的语境内间接获得，因而在译本中，对应的翻译词只相当于一个“拐杖”，读者借其可进入相关语境，使其在语境内“发挥相应作用”。如果读者只按该词之“字典义”把握，自然难以适当表达。因此译者于必要时将原词附于译词之后，以供读者参照。本人在中译文中一向采行的一个不规范的做法是，为了表达简便和有助于读者对长语句中“复合术语单位”的清晰把握（即辨识中译文中的“概念单位”之限界），译者经常自行在复合术语单位前后加上引号，以表示引号内的字组为一个概念单元。但这样一来就与原作者本来使用的同样的引号无法区分了。这样的“不合原本原状”的翻译处理，就算是译本难以百分之百忠实于原文的“难以避免的缺点”之一吧。

本书选用的底本是 Claassen & Goverts 出版社于 1948 年印行的版本（为 1938 年的初版的重印本）。中译者在翻译过程中参照比对了 James Churchill 和 Karl Ameriksde 的英译本（1973）以及 Denise Souche-Dagues 的法译本（2000），特此致谢。

时间过得真快，八卷本的《胡塞尔著作集》中的第六卷现在也要出版了。值此全球人文理论出版市场日趋萎缩之际，中国人民大学出版社为推动中国人文科学发展，继续不断地为中国学界提供重要的国外学术出版物，对此本人极感欣慰。在此谨对出版社学术出版中心的杨宗元主任对于本著作集的持续支持表示敬意。在本书即将问世之际，对于本书的责任编辑王鑫女士的细心编辑工作表示衷心感谢。正如前一部她所编辑的《第五、第六逻辑研究》一样，对于本书译文中出现的疏漏和错误，王鑫编辑做了不少纠正和改善的重要工作。本著作集前五卷的责任编辑吴冰华女士，在本卷编辑过程中继续担任了终审编辑工作，在此一并表达谢意。

李幼蒸

2017 年 7 月 25 日于旧金山湾区寓所

目　录

第一部分
前述谓的（受取的）经验

第二部分
述谓思想和理解对象

第三部分 一般对象的构成和“判断行为一般”的形式

编者前言

胡塞尔于1938年逝世后，布拉格科学出版社立即将本书首次印行。V
1939年春天，在该书印行后不久，由于捷克斯洛伐克遭到兼并，该出版社被关闭，本书也不再行销坊间，但本书仍然全部存留在布拉格。战争期间存书多被化为纸浆，但其中的200册于1939年被海运至伦敦 Allen & Unwin 出版社，其后行销于美国和英国。于是发生了这样的荒谬状况：在英、美两国，此书在有限的程度上被传播、讨论和引用，而同时期欧洲大陆的读者们却几乎对其一无所知。所以现在极有必要借助照相技术按其原初形式加以重印，以便使此实际上出版于8年前的著作得以最终广为读者大众所知。

《经验与判断》一书的编辑和出版是根据胡塞尔的委托进行的，他在生前直到最后时期都在关注着本书完成的进度。本书最终未能如其所愿，
使他亲见其编成，为其撰写序言，也就未能亲见其实际印行。因此，以 VI
导论方式对本书进行介绍的必要任务，就落在了编者的身上。

胡塞尔在其《形式逻辑和先验逻辑》(1929) 一书中不仅打算指出我们时代在广义"逻辑问题"领域内所进行的一切工作之内在意义、结构及内在相互关联，而且企图说明对于全部逻辑问题系统进行一种现象学阐释之必要性。本书所展示的分析描述研究的主要部分，目的即在于为逻辑学提供这样一种现象学论证。《形式逻辑和先验逻辑》被设想为相对于这些具体的（那时已被构思的）诸个别分析的一种一般原则性导论，然而该书出版后已过了如此长的一段时间，那些分析已不再能够充分体现为该思想之延续和提升，甚至更难被看作该思想的一种发展，因为自那时以来，胡塞尔在其系统反思和发展中所获得者，已使人们能够对该

书的许多结论重新加以审视。所以眼前这部新著必然具有自身成为独立著作的形式。为此目的，我们需要准备一部详细的导论：一方面，它可有助于将此全部分析的意义联系于胡塞尔思想发展之最后阶段，其中许多重要的成果都发表于其最后的著作《欧洲科学的危机和先验现象学》（《哲学杂志》第一卷，1936）中；另一方面，《形式逻辑和先验逻辑》中那些基本思想的概要，对于理解（本书中的）诸特殊分析的方法也是必不可少的。

Ⅶ 显然，在（本书的）导论框架内，我们不可能通过重复《形式逻辑和先验逻辑》的一些观点，来自诩为现象学逻辑的原则问题提供简要而令人信服的回答。对于现象学逻辑的特殊性质和意义的一种真正透彻的引导而言，自然要求读者详细研读该书本身，这是不可能通过一次简短的综述加以取代的。反之，导论中与该书相关的诸部分，更可相当于一种简明的参照，但正像导论中的其他部分一样，它们将对不大熟悉现象学的读者造成一定的困难。对于这些读者我们建议，在初读本书时不妨略过导论，直接阅读易于理解的诸个别性分析。只有在研读了全书后，才宜于回来重读导论，并同时将其与《形式逻辑和先验逻辑》联系起来。本书作为对在《形式逻辑和先验逻辑》内构想的计划的一些重要部分之呈现，也有助于读者同时对该书获得更好的理解。另外，对本书进行的个别性分析的意义之理解，也只有在参照《形式逻辑和先验逻辑》后，才可被进一步深化与提升。

为了理解本书的特性，我们应该了解其发生的历史。面对数量不断增多的笔记和研究手稿，胡塞尔在其生命的最后二十年，越来越关心如何在与其学生和助手的合作条件下找到新的途径，以便对其研究成果进
Ⅷ 行文献学上的整理，这是他那时已感到难以独立完成的工作。于是在1928年，我作为其助手，受其委托开始去收集那些相关于先验现象学问题的手稿，从速记材料中进行转录，并设法对其进行一致的与系统的分类。（该整理材料中的）主导思想和基本概念后来被收入名为“生成逻辑”的4小时讲座内，该讲座自1919—1920年冬季学期起，在弗莱堡曾经举办过多次。此讲稿也就成了我的工作基础。一组1910—1914年的旧稿，加上20年代其他部分讲稿，其后补充了我的工作材料。这样形成的

草稿曾经被考虑作为一部专著出版的基础，对于该书的最后编辑工作，胡塞尔本来打算亲自承担的，然而该计划始终未能实现。关于先验逻辑问题系统意义的一篇短论（我曾打算将其放到计划中的著作之前作为导论），胡塞尔亲自将其扩编，并在1928—1929年冬季学期中的几个月内将其扩展为《形式逻辑和先验逻辑》一书。该书之单独出版，遂使计划中的短论与之脱离：本来它应成为本书之“序论”，现在却可以说反成了本书导论之“胚基”。

在我后来对所收集的材料进行重新修订时，必须对全部逻辑问题系统内的新阐释材料进行研究，对此而言，不只是涉及已被出版了的《形式逻辑和先验逻辑》加以深化处理的各种具体分析内容，而且相关的内容范围也被扩大了。本书所根据的此一第二稿本（完成于1929—1930
年）是这样出现的：其基础是第一稿本（在撰写《形式逻辑和先验逻辑》 IX
前已完成），对此胡塞尔曾予以边注和增补。这些部分必须首先考虑进去，之后还须补充进一步的材料（其中大部分来自1919—1920年手稿）。我的工作就是参照《形式逻辑和先验逻辑》中展示的基本原则，据此材料建立一个内容具整齐一致性的稿本。此稿本的基础具有非常不同的性质：一部分是胡塞尔本人已经修订过的第一文稿；另一部分是来自不同时期的新文稿，它们具有不同的特点，有一些包括简短的、仅只是概述性的或片断性的分析文字，另一些包括诸个别性主题的研究，后者本身完整但不具有与整体结构明显的相关性 。我不仅必须对这些材料进行风格上的和术语上的比较，并尽可能使它们达至同一论述水平，而且在必要时也须撰写其中所欠缺的彼此连接的内容部分，之后将材料划分为章与节，并加以适当的标题。再者，不论材料中进行的分析多么概略，哪怕不无缺漏，我都必须对所欠缺的部分设法予以补足。对此我是以下列方式进行的：我所增加或引申的部分，都曾与胡塞尔事先口头讨论过，甚至即使修订的文本未直接依据手稿文字，其中也并不包含任何未获胡
塞尔口头意见支持及未经其认定者。眼前此书的第二文稿（1930年完成 X
的），后来也曾由胡塞尔本人加以注解，并曾期待使之尽快达到付梓所需的最终编定形式。然而更为紧迫的另一工作突然出现，并最终使胡塞尔搁置了对此出版计划的关注。

直到 1935 年，由于布拉格哲学学会的支持，这一写作计划才有可能重新开始。但那时胡塞尔已放弃了自行完成此计划的想法，而是责成我全权负责完成本书的最后润色工作。为此目的，我不仅须考虑他本人对第二文稿所做的注解，而且也须使全书结构排列紧凑，并使行文更为清晰可读。此外，我还补充了关于判断样态的段落，这是他在上述关于生成逻辑的讲稿中已经处理过却还未曾纳入第二文稿者。然而首先，论述本研究一般意义的本书导论部分是第一次撰写，此导论的内容，部分上是从《形式逻辑和先验逻辑》以及最后一部出版物《欧洲科学的危机和先验现象学》的思想中自由选录的结果，文稿的撰写部分上是基于与胡塞尔的口头讨论，部分上是根据 1919—1934 年的胡塞尔手稿。应该说，本书的导论部分，是在经由与胡塞尔充分讨论后并由其对基本内容和思路核准后最终完成的。

考虑到本书来源的复杂历史及其诸多修订阶段，明显可见的是，其文本不可能按照通常文献学的精确标准加以衡量。从技术上说，完全不
XI 可能从文字上分清哪些是属于构成其基础的（无一例外地均以速记方式写出的）原始文稿，哪些是根据胡塞尔口头意见进行复述的，以及哪些是由作为编者的我本人（当然是在胡塞尔核定后）进行补充的。至于在此情况下为什么说本书应被认为是属于胡塞尔原著的问题，我们只能回答说：本书全体都应视为在胡塞尔本人的亲自授权下所完成的一部“编著”*。这意味着，它是一种完全独具一格的“合作”〔Zusammenarbeit〕之结果，此特点可粗略描述如下：思想内容和所谓材料来自胡塞尔本人，其中绝无编者直接插入者或已经包含了编者自己对现象学的解释者；但是本书在文献学-文字学方面的处理则完全由编者负责。

“经验与判断”这个标题的选择，受到了（胡塞尔）1929 年一份关于现象学逻辑基本问题的手稿标题的启发。

---

* Ausarbeitung，此词含有多义，如编写、起草、修订、工作等等。英译本只简译为 work，法译本简译为 travail。中译者根据编者在本序言中的自述译之为“编著”，并非意在减弱本书作为胡塞尔“原著”的性质，而在于显示：本书内容几乎百分之百是由胡塞尔所作，但编者的确进行了创造性的“编连工作”。显示编者的“编辑性贡献”为一，而显示胡塞尔逻辑学思想的“探索性特点”则为另一。——中译者注

本书最后的两个附录具有特殊地位，它们均为原始手稿的直接复制，只不过在风格上略有修饰。它们包含着自身的思考，因此不可能在被纳入本书主体部分后不损及其内容的基本部分。因此不应将其看作是简单插入的附录，而应将其看作是涉及本书相关部分的必不可少的补充。第 XII
一个附录取自 1919 年或 1920 年的手稿，第二个附录是 1913 年《第六逻辑研究》修订稿中的一节（该文稿从未完成和发表过）。

最后，我要对所有帮助本书出版者表示诚挚感谢：德国科学紧急处置协会，由于它在 1928—1930 年间的协助，使我有可能参与胡塞尔的工作；布拉格哲学学会；洛克菲勒基金会，由于其资助我得以完成工作并将其首次付印；以及 Classen & Govertz 出版社，它使此书的新版得以印行。我也特别感谢弗莱堡大学的欧根-芬克博士先生，他对文本的最后加工以及特别是对导论的形成，提出了宝贵的建议。

路德维希-兰德格里伯

导论　研究的意义与分界 1

§1　逻辑系谱学中作为中心论题的述谓判断

以下诸研究有关于一种根源性问题。这些研究想要通过对述谓判断的根源进行阐明，以期对一般逻辑系谱学研究有所贡献。为此首先需要讨论这样一种研究计划的可能性与必要性，以及在此将要提出的根源问题之意义。在此根源性阐明中，应该对相关的根源结构之本质予以说明，而此一作为论题的根源之阐明，既非相关于一通常意义上的“逻辑学史”的问题，也非相关于一生成心理学的问题。于是我们的任务就是：通过研究其根源的途径以对述谓判断进行一种本质阐明。

如果通过此一研究可以推进一般逻辑系谱学问题的研究，那么其理由在于，述谓判断概念及命题学概念，正如其在历史上实际呈现的那样，是位于形式逻辑之中心的。命题逻辑，关于判断及其“形式”的理论，
即形式逻辑的核心。在其最原初的意义上，形式逻辑并非只是命题逻辑， 2
反之，在一充分发展的形式逻辑中（此逻辑学作为形式的普遍科学包含着形式数学），形式命题学对立于形式本体论，关于一般物及其变异形式的理论，因此即关于如下概念的理论：对象、属性、关系、多等等。同样，在传统逻辑学研究中，这些问题一直是在两个论题区域中加以探讨的，对此我们在这里只能略微提及。这些困难的问题相关于形式命题学与形式本体论的关系，它们具有相互从属性甚至内在的统一性，由于此统一性，它们的分离性可证明仅只是暂时性的，即根本不是基于区域的

分别，而仅只是基于态度的区别，对此种种问题在这里均不予以讨论。[①]我们在此仅须指出，构成形式本体论论题的一切范畴形式都充斥于判断的对象中，甚至在其中对象本身仅被逻辑地思考的空概念“物一般”只出现于判断中[②]，对于其变异形式也如此：“正如属性指示一个在判断中最初非独立出现的形式，而且此形式在‘名词化’后产生了作为基底形式〔Substratform〕的属性，于是‘多’〔Plural〕出现在多数判断中，它在‘名词化’后，在本然的意义上——在基底的意义上，在‘与何相关的对象’的意义上——转化为对象后，产生了集合。”[③] 对于出现于形式
3 本体论中的一切其他概念来说也是一样。考虑到这一点我们可以肯定，不只是出于历史的理由而且也考虑到问题本身，判断理论在全部形式逻辑学说中占据中心地位。

然而，我们不应因此结论而过早地以为可对在最广义的“逻辑学”与“逻辑性”内所理解的东西进行本质规定。反之，此种全面的本质概念只能是现象学阐明的以及对逻辑性进行根源研究的最终结果，此类研究开始于《形式逻辑和先验逻辑》，其原则性问题曾在该书中加以讨论并在本书中继续论述。逻辑性根源的现象学阐明发现，逻辑性的范围远比传统逻辑学迄今为止处理的范围要广泛，而且同时发现，此种局限性由之产生的隐蔽的本质原因——正应将其归诸传统意义上的“逻辑性”之根源。因此所发现的不仅是逻辑的运作已经存在于传统逻辑本身未曾发现的层次上，而且所发现的还有传统的逻辑问题系列只是开始于相对较高的层次上，而且正是在这些较低的层次上可以发现一些隐蔽的前提，根据这些前提，逻辑学家们在较高层次上的运作自明性之意义与合法性才可最终成为可理解的。只有这样，才可能解决对于全部逻辑学传统的理解问题，以及——作为现象学的逻辑阐明之较远目标——获得那种有关逻辑学及逻各斯的完整概念。如果逻辑性的范围未能预先划定，那么其现象学阐明就仍然
4 需要一种关于逻辑性的预备概念，此概念可以指出现象学研究的一般方

---

① 有关问题参见胡塞尔著《形式逻辑和先验逻辑》(以下均简称为《逻辑》)，哈勒版，1929，第一部分，第四章与第五章。

② 《逻辑》，第 98 页。

③ 同上书，第 95 页。

向。此预备概念不应随意选定，而只能是在传统上前所与的逻辑概念和逻辑性概念。① 述谓判断的问题系列即位于其中心的位置上。

§ 2　传统上的述谓判断之规定与所偏重的倾向，以及相关问题

判断，传统意义上的命题〔Apophansis〕，其本身仍然是一个含义甚多的标称。因此，我们首先需要对于我们的主题有一更准确的规定，并需要关注一下此主题在传统上所标示的问题系列中所包含的内容为何（§ 2）。只有这样我们才能设法逐步地描述对于此处要选用的方法之特征。对于此方法，我们暂时称其为生成性的（§ § 3ff）。

在整个逻辑学传统中遍布着多种多样的判断"形式"之差异性，而且人们企图以各种不同的方式来判定"判断"本身究竟是什么。然而，自从亚里士多德为我们的逻辑学传统奠基以来所确定的就是，述谓判断的最一般特性即一种二分性：一个"根基性的"部分〔hypokeimenon〕，陈述某物者以及被前者所陈述者〔katēgoroumenon〕；另一个按照语言的形式可区分为 onoma（名字）和 rhēma（所言物）的部分。每一陈述句都必须由这两部分构成。② 这就意味着：每一判断行为均假定存在一个预先给予我们的对象，这个对象被陈述着。因此可以说，一个原初的模式被 5
预先给予，这个模型作为判断，需要我们探索其根源。对于我们在此是否实际上在处理原初的逻辑结构的问题，我们应该保持完全开放的态度。只有对这个传统上被规定为判断结构者进行了根源性阐明，我们才能获得对此问题的以及对一切与其相关的问题的答案：首先，在何种程度上述谓判断可成为逻辑学中优先的以及中心的主题，以至于逻辑学之核心必然就是命题逻辑，也即判断理论？其次，这两部分的联结方式是什么？它们在判断中已经永远被加以区分。在何种程度上判断是综合与分析的统一体？这是一个经常使逻辑学家们感到困惑的问题，而且直到今日还

① 关于逻辑学传统的意义解释，参见《逻辑》，导论 § 11 和第一部分中的 A。

② 参见亚里士多德著《解释篇》，16a 19 及 17a 9。

未曾获得满意的解决。在判断中“被联结”和“被分离”的是什么？最后，传统上加以区分的种种判断形式，哪个才是最原初性的？后者即这样一种形式，它必须被假定为最基层的以及作为一切其他形式之基础的，而且最具本质必要性的是，它应该被设想为这样的存在的形式，在其之上可以建立其他“高层的”形式。是否存在一个单一元形式〔Urform〕或者若干彼此共存的、同样正当的元形式？而且如果只存在一个元形式，那么所有其他的元形式如何可归诸该最原初的元形式？例如，肯定判断与否定判断究竟是两个同样正当的、同样原初性地并列的基本形式，还是一个比另一个更具有优先性？

关于判断的传统规定是通向这些问题的。但是除此之外，一定还存在其他有待回答的问题，这些问题按照我们对传统上预先所给予的判断
6 进行根源阐明的方法是不可能加以回答的，因为此回答已经超出本研究范围的全部逻辑学传统了，然而与此相关的一些问题在此可以提一下。自从亚里士多德以来人们断定，判断的基本图示即系词判断，它可归结为基本形式“S是p”。每一具有其他复合构成的判断，如语言命题形式，按此解释都可毫不改变逻辑意义而转换为系词连接形式。例如，“该人行走”〔geht〕句，逻辑上等值于“该人正在行走”〔ist gehend〕。系词“ist”（是）为述位〔rheme〕之一部分，在述位中“时间永远被同时标明”，而且在其中其作用即类似于动词。[①] 于是我们需要先对此系词的联结问题，对系词性述谓判断的本质与根源问题，进行更准确的理解，然后才能够对此可转换性是否正确的问题，以及对判断之间的区别是否仅只是语言形式区别之一的问题，采取立场，而此语言形式并不相关于逻辑意义形成上的区别。然而如果后者出现，就会发生这样的问题：这两种形式，系词命题与动词命题，彼此是否相关？它们是具有同等原初性的意义形成，还是二者之中的一者比另一者更具有原初性？在传统的意义上系词形式“S是p”实际上是否表示了判断的基本图式？再者，关于此图式之根源性的问题于是还应相对于这样的事实加以提出：在此图示中主词显然具有第三人称的形式。其中假定着，第一人称与第二人称，

---

① 参见《解释篇》，16a19、17a9、21b9。

在“我是……”〔ich bin...〕，“你是”〔du bist〕形式中的判断，并不表示 7
逻辑的意义形成，后者不同于在具有优先性的基本图式“存在着……”〔es ist...〕中表示的逻辑意义形成。此一假定首先需要验证，人们需要从新的角度对传统的基本图式的根源性加以探讨。

§3　逻辑论题学的双侧性。作为主体方向设问出发点之明证性问题及其传统上的演变

所有与这些问题相连的判断，在其语言表述中最初被预先给予了逻辑学家，此语言表述作为陈述句以及可以说作为一种客观的结构，成为某种他可以像其他人一样根据其形式和关系方式加以研究的对象。当我们以逻辑方式进行思考时，认知活动连带其“逻辑的”运作方式已经在发生作用了；我们已经进行了判断，形成了概念，得出了结论，它们已经成为我们的认知活动之累积，并因此被预先给予了我们。这就是说，逻辑学家一开始对此结构的兴趣，不只是对任何具有一定形式的该结构之兴趣，而且是对于应该成为认知之累积的那种结构之兴趣。逻辑学家对其形式加以研究的判断显示为一种似是而非的认知。其含义是：在一切逻辑性思考之前，人们已经知道了作为符合真理的真实认知的判断和那种仅只是假想的、自以为真的认知的判断。在一切逻辑性思考之前，
我们已经意识到真实判断和起先曾以为真实后来最终证明为错误的判断 8
之间的区别，意识到正确推论和错误推论之间的区别，如此等等。

现在如果逻辑学家实际上朝向一种完全的及严肃意义上的逻辑学的话，那么其兴趣就是针对判断的形式构成之法则的——形式逻辑的原则和规则，即不是仅只针对任何游戏规则，而是针对该形式构成所必须与之相符的规则，如果任何认知因此而可成立的话。① 它们相当于纯粹按其形式被思考的判断，完全不考虑那些作为判断对象、判断基底而被插入空形式内者的实质性内容。于是可以说，它们也包含着可能真值之纯粹否定性条件；一种违背这些条件的判断行为，永远不可能达至真理，或

① 关于真值逻辑与单纯的游戏规则分析的区别，参见《逻辑》，§33，第86页及以下。

者从主观侧看，永远不可能达至自明性；它绝不可能成为一种自明的判断行为。但是，即使它满足了这些法则的要求，它也并不因此就必定达至其真理目的。这一观点迫使我们追问，如果一种认知活动要达到其目的，必须在这些可能的真理的形式条件之上再增加什么呢？这些进一步的条件存在于主体侧并相关于明见性、自明性的主观特征，以及相关于其达成目的的行为的主观条件。由于所谓的认知呈现为判断的事实，以及由于许多判断似乎产生着认知但之后被证明为是错误的事实，并且由于从中导出的相对于其真理的判断批评之必然性，因此逻辑学从一开始就
9 显示出其问题学的一种双侧性，而此双侧性从未在深刻的意义上为传统逻辑学所理解：在一侧是关于形式构成与其规则性问题，在另一侧是达至明证性的主观条件的问题。在此，判断行为作为主体活动成为问题，而且在主观侧过程中出现的判断结构，有时显示为具有明证性，有时又相反。因此我们注意到朝向作为意识之运作的判断行为，在其中出现了具有其一切认知表达的要求——一个问题域，传统逻辑学从来没有如所应当地那样将其置于思考中心，反而有可能将其归入心理学。结果，传统逻辑学似乎认为，与判断行为和一般逻辑性有关的起源问题，其意义只应按照生成心理学方式将之归入主观侧的一种溯源学来加以理解。如果我们现在拒绝将我们的生成性问题立场归为心理学性质，而且如果我们甚至将其与通常意义上的一种心理学的起源问题明确加以对比，那就首先需要一种可阐明此处所进行的起源分析独特性的特殊证明。

在这里我们目前将只进行如下说明。在通常意义上的一种关于判断的生成心理学，一开始就不同于我们关于判断的一种现象学的起源论阐明以及一种关于一般逻辑学的现象学生成学思考，因为可为相关于逻辑结构的每一主体侧溯源研究提供自然出发点的明证性问题，在传统逻辑
10 学中从来也未被理解为严肃的问题并予以探讨。人们一直相信他们知道明证性是什么，相信依靠一种绝对、确然、一定的认知理想，他们就能够衡量每一种认知。人们没有想到过，这种认知理想，以及因此还有需要具有此确然性的逻辑学家们的认知本身，都可能需要一种关于证明和起源的论证。因此，心理学的相关努力从来不适用于研究明证性本身，既不适用于研究实际进行判断者的明证性，也不适用于研究与判断行为

的形式规则性相关的（确然的）逻辑学家的明证性。他们从来没有把明证性作为问题提出，而仅只是提及明证性的发生以及通过思维的明晰性避免错误等等，于是逻辑学以多种多样的方式被贴上了进行正确思维的一种心理学技术性的标签。我们必须指出，并非偶然的是，每一主观回溯式研究都是沿此路线进行的，而且由于某种深刻的原因，真正的明证性问题，原则上根本不可能出现于心理学问题系统的视界内。

为此我们将首先设法描述一下这些问题的类型（§§5，6），以便在回溯式研究中说明解决这些问题的方法之特点及其范围（§§7-10），它们与生成心理学的方法在原则上有何不同，以及后者不可能处理这些问题的理由所在（§11）。 11

§4　明证性问题的诸层阶。对象的明证性作为可能明证性判断之前提条件

判断性行为在我们的主体回溯式研究中被视为一种致力于追求认知性的行为。关于对象为何的认知，一般而言，即关于所存在者为何的认知，也即关于“存在者”〔Seienden〕的认知。但是，如果认知努力是朝向存在者的，此存在者的努力是为了在判断中陈述此存在者是什么及其如何存在，那么存在者就必须预先被给予。而且因为判断行为要求具有它须对其进行判断的某种（在先）具“基础性”者〔Zugrundeliegenden〕，即一相关对象，于是“存在者”为了成为一判断行为的对象，就必定如此被预先给予。不论在何处，当判断活动或任何一种思维活动（明显地或不明显地）发挥作用时，对象都必定已呈现于心，不论是以空的方式还是以直观地自呈现方式。一切思维都以先在的对象为前提。但是，如果思想作为判断活动实际上要通向其认知目的，即如果判断应该是明证性判断的话，那么以某种方式预先给出某对象以及使判断行为朝向于该对象，并企图满足仅只符合逻辑学相对于其形式所规定的规则与原则，那是远不充分的。反之，认知活动的成功也要求对与其内容相关的对象本身之“前所与性方式”有所理解。另外，这些对象本身也必须是如此前所与的：其自身的所与性可使认知活动（即自明的判断）本身成立。

它们自身必须是自明的，必须是作为其自身被给予的。

12 “明证性”、明证的“所与性”诸词，在此仅只意味着自所与性，一对象在其所与性中的方式在意识中可被标示为“自存在的”〔selbst da〕、“亲体性地存在的”〔leibhaft da〕，以对立于对象的单纯的准现前，即对象的空的、单纯指示性的呈现。例如，一外知觉对象是明证的、作为“其本身”被给予的，即意味着它存在于现实的知觉中，而非存在于与现实知觉对立的、仅只被准现前化的记忆中、想象中，等等。我们因此将每一这样的意识称为明证性的，如果该意识相对于其对象被表示为使此对象具有自所与的特点的话，但并不考虑此自所与性是否为充分（相符）的〔adäquat〕。于是，我们对明证性〔Evidenz〕这个词的用法，就与通常的用法不同，后者通常被这样使用：严格来说它既是具有充分所与性的，也是具有确然明证性的。这种所与性方式也被称为“自所与”〔Selbstgebung〕，如观念性与一般真理的自所与。但是，每一种对象都具有其自所与的方式＝明证性，虽然并非每一种对象都具有一种确然的明证性，如外知觉的时空对象就没有。不过，即使是后者也具有其原初性的自所与方式，并因而有其自身明证性方式。

在一对象这样的“明证的”所与性中，任何情况下并不需要其包括述谓的形式构成〔Formung〕。作为可能的判断基底的一对象，可能是明证地给予的，却并不必须在一述谓判断中加以判断。但是，关于此对象的一明证的述谓判断是不可能成立的，除非对象本身是明证地被给予的。最初对于基于经验的判断来说，这是毋庸惊讶的，在此情况下我们似乎
13 甚至仅只在表达一自明之理，暗示着述谓的明证性是根基于一前述谓的基础的。但是，回归对象的、前述谓的明证性，只有在进行如下断定时才获得其所强调的要点和充分意义：此基础性关系不只相关于那种根基于经验的判断，相关于每一可能为明证性的一般述谓判断，而且因此相关于逻辑学家本身的、具有确然明证性的判断，此确然明证性自然要求“自身”〔an sich〕即为有效，而无关于其可能应用于一确定基地场域的问题。需要指出，甚至这些判断也并不具有任何自由移动的“自真性”〔Wahrheiten an sich〕的内容，而是在其应用场域内相关于一基底“世界”，而且这些判断本身因此最终指涉着可能的对象明证性之条件，在此

明证性中该基底被给予（参见§9）。这就是原初明证性，即它必定是明证的述谓判断可能成立的先在条件。因此，使得已构成的陈述句成为认知部分并使其认知性质获得证明者，不应来自陈述句本身。成功的认知功能可能性的条件，应该诉诸判断行为对象之“前所与性方式”，诉诸其自所与性或非自所与性。此条件即每一判断行为及每一判断组合体（例如一推论）的条件，不论它们在其逻辑的与形式的构成中已然多么完善。

于是，从明证性问题中产生了两个研究层次：一个是相关于前所与的对象本身的明证性，即该前所与性的条件；另一个是相关于在对象明证性基础上实行的明证的述谓判断行为。形式逻辑不研究对象的前所与 14
性方式中的此一区别，它只研究明证的判断行为之条件，但不研究判断行为对象的明证的所与性条件。它无关于可能研究方向中的第一个研究层次，正如迄今为止心理学极少介入其主观侧研究一样。但是，对于判断行为的生成进行现象学阐明而言，此种研究是必需的。此种研究显示，对于满足可能明证性的形式逻辑条件来说，必须增加什么条件才可使判断行为（作为一种按其本质是朝向于认知目的、朝向于明证性的活动）实际上能够达成其目的。对于此现象学阐明，优先性的问题是相关于判断行为对象的、思想内容的明证的所与性问题，此思想内容作为一切判断明证性的前提，既是直接判断行为的前提也是逻辑学家本身明证性的前提，后者的明证性相关于此判断行为的形式规则性。对象的明证性是更具原初性的，因为它是最初使判断的明证性成为可能者，而且述谓判断的原初性阐明必须研究：明证的判断行为建立在对象的明证性的方式上。而且对于述谓判断行为的最原初的作用而言，此一要求是必须的。

§5　判断明证性向对象明证性的回归

a）简单判断作为明证性判断的意向性变样

但是，将对象的明证性，即判断基底所与性的明证性，与判断明证性本身加以对比，还不足以在此一般性中使我们理解，应在何处探索此 15
原初的明证性，以及此原初性的意义究竟为何。为此目的需要在若干层次上进行回溯研究，以便实际上达到最原初的对象明证性，后者于是必然构成每一判断原初性阐明之必要出发点。

最初，被预先给予我们的是陈述，此陈述被设想为认知之构成部分。只要我们仅只相对于其形式本身对判断进行思考，这些判断就是在相同原初性上被预先给予我们的，不论此原初性在此是相关于实际的认知，还是相关于纯设想中的单纯判断，而且大概在很大的程度上是相关于单纯判断的。甚至在认知的最初神秘性开端，各种传统中的多种多样形式的判断，也是与真正认知的判断并存的，并显著地超出了后者。然而，只要我们一方面相对于明证性与实际认知的区别，另一方面相对于非明证性、仅只假定的认知、简单判断间的区别，来研究不同形式的、多种多样前所与的判断行为，就不再单只按其形式来思考这些前所与的判断，不再仅只在读解过程中去进行理解，或仅只通过实际操作去进行判断，而是为此我们必须相对于认知行为反复地实行这些判断，在此过程中它们可成为原初性的认知结果，并能时时在重复中成为原初性的认知结果——甚至如同那些先前已是原初性的并仍然“一再地”成为原初性的认知结果那样。于是如果我们企图在其产生的原初性内探讨判断的现象学生成，那么显然，单纯的判断行为就是认知性判断的一种意向性变样。
16 一个原初明证地产生的判断，一种在明见性中产生的认知，当然永远可以是非明见性地〔uneinsichtig〕，即使是清晰性地〔in Deutlichkeit〕①，被再产生。例如，我们思考一下一数学定理的重复运用：第一次对其运用是通过理解，再次运用就成为一种“机械性的”再操作。于是一般来说情况是，在每一意识自我中，认知必定被看作是已经存在的，最初是低阶认知，然后是高阶认知，以便产生单纯判断的结果。这并不意味着，在每种情况下单纯判断都是作为同一认知性判断之“记忆性沉积”——看起来像是判断的（目前被相信的）荒谬想法也是先前认知之意向性转换，不论此意向性的中介性〔Mittelbarkeit〕可能为何。于是，无中介性的判断被认为是存在于所谓认知产生方式的非中介性〔Unmittelbarkeit〕之中，它们是判断行为世界中的，也即首先是每一个别判断主体世界中的最具原初性者。

---

① 关于清晰性，参见《逻辑》，§16，a，第49页及以下。

我们在此已经看到，生成问题是在何种意义上被思考的。我们关心的不是第一次的（历史的以及在相应意义上的个人本身历史的）生成，也不是在一切意义上的认知之生成；我们关心的是这样一种产生作用，通过此产生作用，判断以及在其原初性形态中的认知，即自所与性的认知，是如何产生的——一种产生作用，不论它如何任意重复，永远产生相同的结果、相同的认知。认知，就像判断（被判断者本身），并不是认知活动的实在〔reelles〕因素，在同一判断的重复中诸认知活动永远相同，而是一种"内在的"因素，在重复中它是作为重复的同一因素被自所与的。换言之，它不是实在的或个别性意义上的内在因素，而是非实 17
在意义上的内在因素，即超时间的因素。

b）间接明证性与直接明证性，以及向绝对直接明证性回归的必要性

如果在对我们前所与的多种多样的判断内，我们将在原初明证性中能够一再重复的明证的判断，与非明证的并不可能达至明证性的判断加以区分，这仍然不足以使我们从大量明证性判断中任意选择一个例子，以便按照这个例子从对象的、前述谓的明证性中研究述谓的明证性之起源。反之，明证的判断也是处于间接性与直接性的对立中的。例如，间接性判断，一个推论，是从须溯源至直接认知的根据处得出的。只有当全部"根据联结体"呈现为一真实认知的综合一致性统一体时，它们才可实际上成为认知。只有在此统一体内，间接根据者本身才具有一真实的但却是间接性的认知之特性，于是这些间接性认知并不能因其认知特性而自行成为可产生的。一结果句，只有当前提句也能够并实际达至明证性时，才可达至明证性（这在此意味着：达至真理的明证性，不是仅只达至清晰性之明证性）。于是，如果我们想要研究对象明证性内的判断明证性的根基性，就不能随意诉诸任何一种明证性判断。并不存在从间接的判断明证性、间接的认知通向作为其根基的对象明证性之直接途径， 18
因为它们本身仍然根基于其他的直接的认知。因此，在我们能够研究间接认知的形式与认知根基性之前，我们必须首先研究直接的、最简单的、（或者更准确地说）认知活动的形式。在认知生成中，在认知产生的形式构成中，它们是最具根源性的。这就意味着，如果间接的认知要成为可能的话，就必须先已实行了那些直接的认知。而且显然，它们应该在

（从其形式的观点看来）简单的判断中被研究，因而此简单的判断，并非按其形式（例如，推论句形式）及相对于其可能的根据和明证性之确立，而被证明是依赖于其他判断的。

c）直接“最终”判断及其与作为最终对象的个体（最终基底）之关系

但是，我们仅只按其形式回溯于简单的和直接的判断是不够的。具有这样简单形式的任何一个判断并非均可在相同方式上适合于我们通过它来探索对象明证性中的判断明证性之根基性，并适合于我们理解对象明证性概念中牵扯到的问题为何。对象明证性相关于判断基底的前所与性。但是，判断基底，相关的对象，一般来说可以是任何东西。逻辑分析的形式特性正在于：它并不研究任何对象的实质性构成，它只相对于在判断中它所假定的范畴形式来思考诸基底（主词形式、谓词形式等
19 等）。在其他方面，诸基底仍然是非规定的，仅只以符号 S 和 p 来表示，这些符号除了作为有待填充的空位之外什么也未意指。例如，范畴判断的形式，更准确说，主词在其中被一形容词规定的形式，并未表明判断的主词和谓词是否其本身已经在其核心中包含着范畴形式。主词 S，被理解作一形式，在形式上被一尚未被规定的对象 S 加以个别化，正如被“作为 a 的 A”、“作为 b 的 S”或“与 Q 具有关系的 S”等加以个别化。于是，以其形式化赋予诸词项的此一未规定性，甚至连简单的判断形式如“S 是 p”，都提出了这样的问题：在其通过现实判断形成的个别化中，是否这些形式实际上即直接指涉着最终基底之形成〔Formung〕的形式？或者这些形式并未包含着取代关系项的指涉对象〔Gegenstände-worüber〕，这些形式本身已经是范畴结构，而且这意味着，它们指涉着这些结构在其中形成的先前判断。对象概念，作为某物一般，作为可能的一般判断基底，因此，形式逻辑于其中运作的“空形式”，并不足以使我们在其本身中研究什么是与判断明证性对立的所谓对象的明证性。因为，这些范畴的形成，例如定语的形成，如其可能已经被包含在判断对象中那样，指涉着（稍后我们将研究如何指涉）先前的判断，在其中此定语以原初述谓的方式被赋予此对象。这些范畴的形成也指涉着一种其本身已经是判断明证性的明证性。因此，如果我们想要达至这样的领域，在其中如果对立于
20 判断明证性及作为其前提的对象明证性者可能成立，那么就必须在可能

的判断对象或判断基底本身内区别以下二者：一者是自身已经带有的具有范畴形式的先前判断行为沉积者；另一者是现实的原初性基底，首次进入作为基底的判断内的对象，即最终的基底。只有如此才能够显示什么是与判断明证性对立的原初对象明证性。

相对于最终基底明证的所与性意味着什么呢？形式逻辑对于一最终基底所能表述的仅只是：它在范畴上仍然是完全未具形式者，是还未进入判断并在其内取得形式的基底，而且此基底既是明证的也是自所与的，所以首次成了判断基底。然而这同时意味着，这样一种基底只可能是一个别的对象。因为，一切一般性和众多性，甚至最原初者，都已经指涉着一种将诸多个体加以聚合的行为，并因此或多或少地指涉着原初性的逻辑活动，在其中被聚合者已经获得了范畴的形成、一般性的形成。因此，根源性的基底是个体，是个别的对象，而且每一可设想的判断都与个别对象最终具有关系，即使以诸多中介性方式。如果一般性对象是判断的基底，那么这些基底本身最终再次指涉着一般性之把握，后者包含着诸多前所与的个体。最后，这一结论也适用于全部为未规定的、形式分析的一般项，因为与其相关的真理，正是在诸个别对象之任意开放范围内的真理，并在此范围内具有其应用性。

§6 经验作为个别对象的明证性。作为发生性判断理论第一部分的前述谓性经验的理论 21

因此，关于对象明证性特性的研究就是关于个体明证所与性的研究，而且个别对象的明证性在广义上形成了经验概念。① 经验在最初的严格意义上被定义为与个体的直接关系。所以，那些其本身是最初的判断，作为具有个别性基底的判断，就是关于个体的判断，即经验判断。经验的个别对象的明证所与性，即其前述谓的所与性，前于经验判断。因此，经验明证性应当是我们探讨的最终原初明证性，并因此是述谓判断原初性阐明的出发点。前述谓经验的理论，正是在对象明证性中预先给予最

① 参见《逻辑》，第 181 页及以下。

原初基底的经验之理论，即现象学的判断理论自身的第一个组成部分。研究必须从经验的前述谓意识开始并继续前进，以便研究较高层次上的明证性发展。

因此，经验概念应该如此广泛地理解，以至于它所包含的不只是个别性存在的自所与本身，即在存在确定性中的自所与性，而且是也包含此确定性之样态性，此确定性可转变为猜测性、可能性等。甚至不止于
22 此，它还包括“似乎”样态中的经验，即幻想中的个体所与性，后者在一相应的、自由可能的态度改变中成为一可能个体的设定性经验。

然而，此一般的并仍然或多或少空的经验概念，就如我们至此所达至者，绝不足以理解所需要的回溯式研究之意义，并特别不足以使我们理解，这样一种根源阐明（它在经验明证性中探讨述谓明证性的基础性）以何种方式不是（而且原则上不可能是）心理学发生学研究。此外，逻辑学家将有足够充分的反对此回溯式研究的理由。即使逻辑学家会承认经验的一种明证性，并因此认为我们扩大的明证性概念是可接受的、判断的明证性，对于他来说似乎很自然，最好被看作是那样一种东西，按其可以首先谈到的是真正意义上的知识和认知。从认知〔Episteme〕领域向信念〔Doxa〕领域的回溯，向具有“欺骗性假相的”模糊经验的回溯，结果将如何呢？难道不是只有述谓判断本身始终是知识之存储地，是真实的与真正的明证性之存储地吗？即使人们赋予经验一种明证性并承认在发生学上它前于述谓明证性，该明证性不是仍然并无多少价值吗？于是，判断的一种根源阐明所应完成者，岂非是从其明证性回溯至显然阶次较低的一个层面吗？那么较高者的本质，能够通过回溯至较低者加以阐明吗？

§7　世界作为普遍信念基础被预先给予一切
23
个别对象经验

为了回答所有这些问题，还需要对于前述谓的经验之本质与结构具有更深刻的体察。为此让我们返回已经讨论过者。作为个别对象自所与之经验概念被如此广泛地理解，以至于不仅是在直接样态中的个别对象

的自所与者包括于其内，而且连此确定性之变样，甚至现实经验的“似乎”变样，也包括在内。虽然这一切都包括在经验概念内，但具存在确定性的经验具有一种特殊的清晰性。这一情况不仅因为每一想象体验，每一经验的“似乎”变样，都是作为先前经验的变样，作为其变换和变形被给予它并在发生上均指涉着它，而且也因为在猜想、可能等之内的简单信念确定性的样态化〔Modalisierungen〕，都是一种原初简单信念意识的变样，在其中一切经验存在者首先都是直接地预先给予我们的——只要经验的继续展开并未引起怀疑或引起任何一种样态化的话。在我们进入任何认知活动之前，对象永远已经是对我们存在着，在直接的确定性中被预先给予。认知活动的每次开始都已经假定着对象的存在。对象在直接的确定性中对我们存在，即作为我们假定的存在者及假定为这样的存在者，它们在认知之前已经对我们是有效的，而且其方式多种多样。于是，对象作为认知活动（在其中对象获得其形式及合法性）的直接前所与的开端与刺激，成为认知功能的持续的核心，其目的即达至“真正 *24*
存在的对象”，如同在真实中的对象。在认知运动开始之前我们具有“假定的对象”，是在信念确定性中直接假定的；此信念确定性一直持续到经验的进一步发展或认知的批评活动使其动摇之前，之后被变样为“不是这样而是那样”，变样为“或许如此”，等等，或者甚至将假定的对象断定为“确实如此存在着”以及在其确定性中“真实存在着”。我们也可能说：在一切认知运动之前已经存在（将成为 Entelechie——圆极——的）Dynamis（心，精神）的认知对象。此“在前存在”〔Voranliegen〕意味着：此对象通过进入我们的意识深处来影响我们，或者甚至意味着：此对象已经存在于意识的前部，可能已经被把握，但只是稍后才唤起与一切其他生活实践兴趣不同的“认知兴趣”。但是触发〔Affektion〕永远在此把握之前，此触发并非对一孤立的、个别的对象之刺激〔Affizieren〕。刺激意味着从永远同时存在的环境中凸显出来，以引起自身的兴趣，可能是认知兴趣。环境的共同存在作为一种前所与者场域，一种受动的前所与者场域，即这样一物之场域，它一直已经存在着，没有任何附加因素，没有任何把握性目光的注视，没有任何兴趣的产生。一切认知活动，对于一特殊对象的一切把握性目光，都以此受动的前所与者为前提。此对象从其场域中进行刺激，它是对象，诸存在者中的存在者，已经在一受动的信念中，在一场域中，被预先给予，此场域本身呈现出一受动信念统一体。我们也可以说，一现实的世界预先存在于一切认知活动之前
25 作为其普遍基础；而且这首先意味着一普遍受动的存在信念之基础，此存在信念为一切个别认知运作之前提。一切作为存在对象者，即作为认知目标者，都是在世界基础上的存在者，此世界被当然地视为是有效存在的。在世界中最初假定存在的个体，可能最后表明为不存在，认知可能将我们带到存在意见的正确细节中，但这只意味着，根据整个存在的世界，它最后成了另一种状态。

正是此世界信念的普遍基础，成为一切实践之前提，无论是生活实践还是理论实践。完整世界的存在具有未被怀疑的自明性，而且其本身并不是最初通过判断活动获得的，而是其本身已经构成了一切判断的前提。世界意识是信念确定性样态中的意识，它不是通过这样一种行为获得的，此行为闯入生活连贯域，设定着存在，把握着存在者，或者甚至进行着述谓性的存在判断。所有这一切行为都以信念确定性中的世界意识为前提。如果我要特别在注视知觉场中把握（例如）桌子上的一本书，或任何物体，那么我就把握着一个对我来说的存在者，此存在者事先已对我存在，已经“在那里”“在我的书房里”，即使我的目光还没有朝向它。同样，整个书房现在进入我的知觉场，连带着一切在知觉中所凸显的对象都已将对我存在，还有未曾看到的房屋角落及熟悉的物件，以及在（属于我的住地的）熟悉的街道上的“我的房舍屋子”的感觉，如此等等。于是，刺激着我们的一切存在者都是在世界的基础上进行刺激的，
26 它们作为假定的存在者被给予我们；而且认知活动、判断活动，目的在于检验存在者是否即如其给予我们的那样，如其预先被假定的那样，以及它们是否真的是这样的存在者。作为存在世界的世界是一切判断活动的普遍受动前所与者，是一切介入的理论兴趣的前所与者。而且，如果一致发挥作用的理论兴趣的特征也是最终朝向于一切存在者的认知，以及在此即对世界的认知，那么这已经是后来的发展了。作为整体的世界永远已经在确定性中受动地被预先给予，而且朝向于个别性存在者的认知，在发生上比朝向于作为整体的认知要更具原初性——不论特殊的存

在物是在其存在中或如是存在中被怀疑，并在认知活动中有待于批评的检验，还是在其存在中未被怀疑但被要求加以更彻底的研究，以满足我们进行实践的目的。

§8　经验的视域结构；每一个别经验对象的类型化的前已知性

然而，对个别对象的每一把握以及每一其后展开的认知活动都是发生于世界基础之上的说法，并不仅只是在表示认知活动依存于一个在受动的确定性中的前所与领域。一种相关于个别经验对象的认知功能从来不是这样完成的，好像这些对象是从仍然完全未规定的基底上初次前所与的。对于我们来说世界永远已经是这样的存在：在其中认知以其多种多样的方式已经完成了其运作，因此毋庸置疑，在一“物经验”之最初简单意义上的经验并不存在，此经验初次把握一物并将其存留于知识中， 27
但除了在知识中所“知”者外对其并不知其他。每一经验，不管在严格的意义上其被经验者为何，当其有所见时，必然是相关于这样一种物之知识，包括潜在性知识〔Mitwissen〕，即对此物之特性尚未为其所见。此种前知识〔Vorwissen〕在内容上是未规定的或未完全规定的，但也不是完全虚空的，而且如果它不是共同有效的话，此一般经验也不是关于此同一物的经验。每一经验有其经验视域，有其实际的和被规定的认知行为内核，有其具直接自所与的规定性内容，但是在被规定的如是存在的此内核之外，在真正“自存在”所与者的内核之外，此经验有其视域。这意味着：每一经验指涉着这样一种可能性——而且这是自我的一种“能力化”〔Ver-möglichkeit〕，此能力化不仅是要去逐步说明最初注视下的所与者，因此是真正的自所与者，而且也要随着经验的扩展去获得同一物的新规定。每一经验都可延伸于由同一物之诸个别经验构成的一连续体及说明链内，这些经验在无限开放性中综合地统一为单一的经验。基于我自己的目的，我可能觉得现实中已经验者是足够充分了，但之后我即“失去了”该“充分感”。然而我可以令自己相信，没有任何规定性是最后的，现实中已经验者对于同一物还将无穷无尽地具有可能经验的视域，而且此视域在其未规定性中从一开始就相当于* 可能性之作用场，就标示出一朝向更精确规定的路径，此更精确的规定正是在现实经验中决定着可能的被规定者，在此决定中同时排除了其他可能的规定性。

28 于是关于单一物的每一经验都有其内视域〔Innenhorizont〕，而且，“视域”在此意味着在每一经验本身内的归纳法，此归纳法本质上属于每一经验并与其不可分离。这个词是有用的，因为它暗示着（其本身即“归纳法”）一推论方式的通常意义上的归纳法，并也暗示着此推论方式在其现实理解性阐明中最终诉诸最初的和根源的预期。因此，现实的“归纳理论”（人们对此理论曾经徒劳无益地多所着力）应该从其建立起来。不过我们对此问题只能稍微提及，因为我们在此主要关心的问题是经验的视域结构问题。

此一根源性的“归纳法”或预期显示为一根源性设定的认知活动之变异样态，它相关于活动性及根源性意向，因此为一“意向性”样态，此意向性以预期方式在意指中超出了一所与性内核。但是，并不只是在对规定性的一种预期方式（此一现在被预期的规定属于此被经验的对象）中进行超出性意指，而是也超出了此物本身而意指向其他方面，连带该物的一切未来进一步规定的预期可能性，也就是超出该物本身而意指着其他物体，对于后者我们同时意识到了，但最初仅只是在意识背景处意识到的。这意味着，每一被经验物都仅只具有一内视域，但也都具有一无限开放的关于连带出现物〔Mit-Objekte〕的外视域（此即二级视域，它指涉着该一级视域并含蕴着后者），对此连带出现物我此刻虽然没有朝向它们，但我任何时候都可以朝向它们，作为与现在所经验者不同者，
29 或者按照某种类型与现在经验者类似者。但不论这些其他物体在预期中可能被意识到有多么不同，它们永远具有某种共同处：所有这些任何时候都只在作为外视域的背景处被共同预期或同时给予的、被意识到的实在物，都被意识为来自世界的实在物体（或者特性、关系等等），被意识为存在于时空视域中。

---

* in Mitgeltung als，直译“共同有效于”。——中译者注

以上结论首先可以直接适用于简单的感性经验世界[①]、纯粹自然界，但也间接地适用于一切世界存在，即也适用于作为世界内主体的人主体与动物主体，适用于文化品、有用物、艺术作品等等。一切世界存在物均参与自然界。精神的自然化不是某一哲学家的一种发明——如果被这样错误地解释及误用，仅就此而言，这将是一基本的错误。但是，这一看法有其理由，其道理在于，直接地或间接地，一切属于世界现实者都在时空领域内有其位置。一切物都存在于这里或那里，而且其位置都是可确定的，正如位置本身就是可确定的那样。同时，正如一切时空都是可确定的那样，在时间上也是可确定的，或者借助物理仪器，不论是沙漏还是钟摆，或者借助其他计时器。因此，一切非感性物也是参与感性物的。世界中的存在者是在一时空视域中的存在者。

所以，一实在物的存在永远都只是“在存在中”〔Inexistenz〕意义上的存在，是在宇宙中、在开放的时空视域中的存在，此为已知者的视域，它不只是包括现在实际所知者，而且也包括那些暂时未知者，后者可能成为关于实在物的经验及未来知识。个别统觉使我们意识到个别实在物，
但这些统觉不可避免地具有一种未被主题化的感觉内容〔Sinnbestand〕， 30
后者超出了统觉，超出了诸个别被统觉者的全部内容。在从已被实行的个别统觉的当前内容向新内容过渡期间，起支配作用的是综合性统一化。新的被统觉者似乎“以预先有效性方式”〔an Vorgeltung〕占据着先前仍然是空的、内容上还未被规定的、进行着意义充实的视域，占据着已被指出但尚未被特殊化的，即尚未被规定的视域。于是始终存在一个“有效性视域”〔Geltungshorizont〕，一个在“存在有效性”中的世界，一种预期，它在进行特殊化和证实化的充实化的连续运动中，超出了那些时时在个别性与相对确定性中被把握者以及“被采取为有效者”〔zur Geltung Gebrachte〕。

因此，一种感性超越性〔Sinnestranszendenz〕附着于每一个别统觉及每一个别统觉的一切内容全体中。一方面，此超越性相关于可能的新个别实在物及其全体组合之连续被预期的潜能，这些可能的新实在物未

---

① 关于简单的和有根基的经验的区别，参见以下 § 12。

来在从世界进入意识的实现过程中将被经验到；另一方面，此超越性也是作为在每一已经出现的实在物之内视域，这些实在物则相关于还未被统觉到的特征内容。每一进入经验的新现实并不存在于世界视域内并因此有自身的内视域。实在物在主题性知觉中被知，因为当经验行为扩充后（不论其实际上达至多远），此实在物连续地在那里自行呈现，因此在其个别特征及其“本质因素”〔Wasmomente〕中凸显。此本质因素本身因此也被意识到自行呈现，但正是在该实在物呈现出其所是的意义上。我们必须马上对此说明的结构加以详细阐释。一切如此显示者并在对被
31 知觉者说明前已经潜在地存在于那里者，本质上均被视为来自实在物，并被视为在此知觉中真正地被知觉者。此实在物本身并不止于是任何时刻都达到并已经达到实际的认知：实在物具有这样一种不断向实在物赋予其内视域的意义。被见侧仅只为一侧，只要它具有诸未见侧，后者在被预期中其本身也具有意义规定性。我们永远可在主题上朝向这些未见侧，可以关注它们，我们可以对其进行准视见〔veranschaulichen〕。例如，在知觉中断后，以及在作为被获得的和“仍然余存的”知识之继续有效性〔Fortgeltung〕通过认知过程被给予后（对此实在物的认知乃基于对实在物的真正已知者），我们可以预先想到作为属于实在物本身的未来知觉可能并必定呈现什么。但是，对于“先天地”归于此实在物者的“前准视见化”〔Vorveranschaulichung〕都具有未规定的一般性之本质特性。此即：如果我们（例如）使此视觉的前视见相关于一物之视觉的后侧，那么我们虽然获得了准现前的直观（就像在再忆时那样），但并未获得坚实的、使我们个别性地固着于它的规定性，就像在再忆过程中的情形那样——假定在两种情况下都有完全的清晰性。只要我们在一物之内实际上在规定性中前进，就会意识到呈现的并作为物的颜色而持续着的颜色之随意性。每一前准视见都是在同时意识到的流动变异性中实现的，都可以在意识中固定其诸变体，例如作为一确定的颜色，但作为自由变体，我们永远也可以用其他变体取代之。

32 另外，此随意性并不是无限制性的。在前准视见的摆动中，在从一变体或对一时间上被固着的变体朝向另一变体过渡中，我们仍然处于预期（即对后侧颜色的预期）的统一性中，但是此后侧作为预期是未规定

的、一般性的，是在预期行为中以类型的方式被规定者，即在类型中“被预先知悉者”〔Vorvertrautes〕。在通过对此颜色的现实存在开放的诸确定的“可能性”形式来说明此类型的一般性时，这些可能性的作用域，形成预期的未规定的一般性之清晰“范围”。虽然进入经验的物仅只有存在的意义作为特定的内视域，即使只有相关于物的本质性内核达到了事实的及真正的知识，该物，每一个一般实在物，作为可经验者，都具有其一般的“先天性”，具有前被知性〔Vorbekanntheit〕，后者作为一先天类型之未规定的却可持续识别为同一的一般性，此先天类型属于诸先天可能性的一作用域。显然此类型也包括成为实际知识的特性，如果我们完整地理解该类型的话。在“内容本质”〔Washeiten〕进入和退出的流动过程中，实在物永远被意识为单一物和可识别物，而且作为类型式一般性的全部视域之全部类型属于此统一体，在此全部视域中，实际被知的一切均被归入特殊的、具有多多少少完全性的“充实性规定”中。

但是，就意义规定过程中属于此每一个别实在物的外视域而言，它存在于诸单一实在物的可能经验的潜在性意识内：这些实在物都有其自己的、作为其类型格式〔Typik〕的先天性，在其类型格式中它们必然被预期着，而且在于不变作用域的此一、彼一可能性形式进行每一充实过程中，此类型格式始终不变。但是一切本身为特殊实在物（以及实在物 33
网）的特殊类型格式都是被全体类型格式包围着的，此全体类型格式在其无限性中属于全部世界视域。在世界经验流中，在具体、特殊、充分的世界意识流中，世界的存在意义始终不变，因此，由个别实在物的不变类型组成的此存在意义之结构也始终不变。

于是，已知者和未知者的结构是世界意识的基本结构，或者是这样的世界之结构，此世界即一切可经验的个别实在物之视域，此结构具有属于它的彻底相对性以及在未规定的一般性和规定的特殊性之间的同样彻底的相对区别性。在视域中被意识的世界，在其连续的存在有效性中，具有一般熟悉性〔Vertrautheit〕的主观特性，但后者作为存在者的一般视域，就此而言还未曾在个别的特殊性中被知。此未规定的一般熟悉性被分配于一切达至个别的存在有效性者，其中每一个，作为一已知形式，都具有其自己的熟悉性，在该形式内流动着一切在已知者和未知者之间的进一步区分性。

此一简要提示暂时足以使我们能够获得关于前述谓经验之本质及作
用的概念，以及在相关于一对象的经验中，即在一原初把握的表面的最
终性和根源性中，获得一切已经发挥作用者的概念。显然，虽然正确的
是，真实存在的对象是我们的认知活动之产物，但是对进入其内的一切
认知活动而言，此真实存在对象的产生并不意味着它从虚无中产生了对
34 象，而是相反，意味着正如对象是前所与的一样，一对象的环境也是预
先前所与的。从一开始，一切在背景处触动我们者都是在一“对象的统
握”中被意识者，都是在预期中被意识者：属于每一生命瞬间的知觉场，
从一开始，都是一关于“对象”的场，此对象本身被统握为“可能经验”
统一体，或者同样，作为认知行为可能的基底。这意味着：从任何受动
的前所与的背景处触动我们的东西，都不是某种完全空虚物，任何不具
有意义的与料〔Datum〕（我们欠缺适当的词对其指称）——具有绝对未
知性的与料。反之，未知者任何时候都同时是一已知性之样态。至少，
就我们一开始所知而言，影响我们者，一般来说是具有规定性的某物，
我们在可规定性的空形式中对其意识，因此具有一种（“某种”未规定
的、未知的）规定性之空视域。与之相应，赋予它的统握从一开始就具
有开放的、有待实行的说明之空视域（“我能够”“我能够进行”“我更
近些去看”“把它转过来”，如此等等），当然是“未规定的”，被“空”
预期的。每一进入现实的解释都给予其一种充实着、实现着视域意向
（作为一种空预期）的意向性特性，经过一定步骤的实行，某些未知的
规定被确定，并从此成为被知。作为“一般对象”的统握——尚在完全
的未规定性中、未知性中——因此已经带有一种熟悉性〔Bekanntheit〕
因素，即作为“以某种方式存在着的”一物，它是可说明的，并按照其
35 所是，可被知悉。也就是作为这样一个某物，它在世界视域中呈现为存
在者的全部，其本身已经如此广为人知，所以成为“在世界中”的存在
者，以及与之相应，这样一种存在者，它必定进入我们的流动性经验统
一体中。

但还不止于此。不只是作为“对象”、作为“一般可说明者”的一般统握，从一开始就为已发展的意识予以预先规定，而且所规定的也涉及

一切类型化的对象。与每一新型的（按照发生学观点）、第一次被构成的对象一起，也持续地预先规定了一种新的对象类型，按此对象类型，其他与其相似的对象可被预先把握。于是，我们的前所与的周围世界已经是以多元形式被“前所与”了，其形式基于其区域范畴并按照种种特殊属、种等被分类。这意味着，在背景处进行影响者，以及在初次主动性触动中被把握者，都是在一种极其宽泛的意义上的被知者；在背景处被受动地把握者，不只是“对象”、可经验者、可说明者，而且也是在极其广泛的特殊性中的物、人、人的作品等等。因此，这样的被把握者具有其已知的未知性空视域，此空视域应被描述为作为普遍视域的“对象”。后者具有特殊的“简示性”〔Einzeichnumgen〕或（准确说）“规定性”〔Vorzeichungen〕，即以与其相应的已被说明的风格来为一有待实行的说明风格加以规定。此视域因此仍然是一空的视域，一关于未规定性、未知性的视域，但此视域是可规定的，是可成为知识并可被熟悉的。当然，有可能一影响者欠缺特殊的类型化，但至少它仍然可被把握为客体，而且如果它是感性的与料，就还是空间客体，而且是这样的客体，是在绝对必然的最一般性的形式中的“一般对象”。 36

§9　世界作为一切可能判断基底之视域。如此被规定的传统逻辑学如何获得世界逻辑特性

因此，不论人们如何习于在形式逻辑中将判断中的词项“S”及“p”等加以形式化的思考，某物的可置换性仍然存在其限制，此某物可被插入此空位置，并当判断在从纯形式观点看时，可相对于其本质内容〔Was〕被完全任意地设想。然而仍然并不能随意地将某物插入，而是始终存在并非明显可见的前提：此被插入的某物须正是一存在者，它适合于经验统一体，与之相应，适合于被理解为一般可经验物全体的世界之统一体，因此不只是事实性经验的统一体，而且也是一切可能幻想的经验的统一体。因此，一切可被任意选为判断活动之对象、基底者，仍然具有一种一贯性，一种共同的结构，在其基础之上才有可能产生有意义的判断。判断的对象受限于这样的事实：一般来说它是某物，即在我们

的经验统一体中的同一物，并因此是这样的同一物，它必须能够达至我们经验统一体内的对象明证性。① 于是，一种限制被加于内核的自由可变
37 异性，由于此限制，逻辑学才成为世界逻辑学，成为世界存在物的逻辑学，除非此限制从未在逻辑学中表达及被显现为其基本前提。② 因此，将述谓明证性回溯至前述谓经验的明证性以及根据前述谓的世界经验来证明述谓判断的发生，并不意味着任何限制性——此限制性将质疑此溯源法在其一般性意义上的例示性价值；似乎人们可以反对说，也存在这样的述谓判断，它们不能以此方式溯源至经验的前述谓明证性。反之，因为我们质疑传统上逻辑学所具有的前所与性之发生学问题，我们因此事实上显示了其在普遍一般性上之发生，因为正是此传统逻辑的默而未宣的前提——一切可进入其判断作为其基底者即与我们的经验统一体一致者，可溯源至一种基本类型，此即作为世界存在者的存在者类型，作为其中一切都须与之顺应的普遍样态〔Universalstil〕和不变框架。

于是，我们前面已经主张者（参见第 12 页）将成为可充分理解的，即述谓性明证的根基性显示于前述谓明证性中，并不只呈现出关于述谓作用和述谓明证性的某种发生学，而且就其基本部分而言呈现为逻辑学本身之发生学——因为正是一切明证性，甚至逻辑学本身的明证性，都在如下条件下有其意义基础：判断的最终基底的可能明证化都须服从此条件。

§10　返归经验明证性作为返归生活世界。遮蔽了
38 生活世界的观念化之瓦解

一切述谓明证性最终均应根基于经验明证性。述谓判断的根源阐明，对此根基性关系的证明，以及在经验明证性中对前述谓明证性起源进行研究等任务，按照现在对经验本质的阐明，最终均显示为返归世界之任

---

① 参见《逻辑》，§89b，第 193 页及以下。

② 关于传统逻辑学的世界相关性以及一种超出它的“最终逻辑学”问题，同样参见《逻辑》，§92 a，第 197 页及以下，§102，第 236 页及以下。

务。此世界作为一切个别经验的普遍基地，作为经验世界，是直接地并在一切逻辑功能之前被预先给予的。返归经验世界即返归“生活世界”，即这样的世界，在其中我们永远已经生存着，而且此世界为一切认知功能以及为一切科学规定提供着基础。对于作为世界经验之经验的本质所获得的当下明见，将使我们能够回答有关此返归运作之意义的问题，对此提出反对者之意见的回答，并对此作为一非心理学的发生学质疑的方法论特性之回答。

按照已经论述者，显然在我们的世界经验流中，因为其相关于已经前所与的世界，我们将不会如此轻易地发现我们探索的那种最终根源性的经验明证性，发现那种前述谓的明证性之现实的元确立〔Urstiftung〕，此前述谓的明证性是构筑于完全原初地被确立的经验明证性之上的。对于我们的问题来说，单只从能够对我们呈现为例子的诸个别判断去简单
地追溯其基底对象的前所与性是不够的，就好像可以从任一随意选择的 *39*
判断作为例子开始直截了当地返归一最终根源性的经验明证性似的。反之，为了对我们准现前地呈现一完全根源性的认知获得之结构，我们必须时时关注经验的视域，在其中不可分离地存在着每一这样的经验实行。

我们在世界中生存并实行认知判断，一切成为可能判断的基底者都在世界中影响着我们，此世界甚至永远已经是作为充满逻辑功能之沉积而预先给予我们的，因为此世界始终只是作为这样的世界给予我们的，在其中我们或他人的经验存积是我们通过交流、教育及传统所获得的，是已经以逻辑的方式进行了判断和认知的。而且这不只是相关于类型式规定的意义，按此意义每一对象都作为在一类型式熟悉性视域内作为被熟悉者（被知者）呈现在我们面前，而且也相关于视域规定〔Horizontvorzeichnung〕，即意义。按此意义，一般来说对象是作为可能认知的对象，作为一般可规定者，预先给予我们的。此前所与性的意义是这样确定的，近代自然科学为存在者之规定所提供的一切，是同时属于我们和属于（预先给予我们时代成年人的）此世界的。而且即使我们自己不关心自然科学，即使我们对自然科学的成果并不知晓，预先给予我们的存在者仍然是这样规定的，至少我们将其理解为原则上都是科学加以

规定的。换言之，对于此一前所与我们的世界，我们根据近代传统自然接受这样的观念："一般存在者的无限全体即一自身合理的全体，此全体
40 相应地应由一普遍科学毫无遗留地加以支配。"[①] 世界作为一可由数理自然科学精确方法支配的存在之宇宙，作为一自规定的宇宙，其事实的规定性应由科学加以保证，这样的认知对于我们来说如此被视为当然，我们遂按此方向把握我们的每一经验所与者。即使当我们在其中并不承认"精确的"自然科学方法和认知理念的一般约束力及普遍可应用性时，此认知方式的风格仍然具有如此的示范性，即从一开始就存在如下信念：我们的经验对象是自行被规定的，而且此认知功能正在于，按照一种渐近方式发现此自存在的规定性，将其确立为"客观的"，似乎它们是自存的——而且"客观地"的意思是"一劳永逸的"和"相对于每一个人的"。此一"自行"存在者的规定性观念以及（与此相关的）我们的经验世界是一自存在者及自规定者之宇宙，我们如此地均视其为当然，甚至当普通人思考认知功能时，此"客观性"从一开始就被视为是当然的。因此被视为当然的前提是：我们世界的空间与存在者在其中被经验到的时间，以及我们自己的经验存在于其中的时空，正是这样的空间与时间，将其作为自存在者予以精确地理解，乃是数理自然科学的任务所在。同
41 样被视为当然的前提是：存在者的因果关联性，如其在经验中所给予者，正是与在客观科学中被精确地与客观地规定的关联性一样，即同样相关于精确因果性法则。

因此从一开始，我们的经验世界是借助于一种"观念化作用"加以解释的，完全没有注意到，此观念化是通向于几何学的精确空间、物理学的精确时间、精确因果法则的，并因此将我们的经验世界视作自身如此被规定的，甚至认为观念化本身也是认知方法的一种功能，此功能根基于我们的直接经验的前所与性。而且在其直接性中的此经验并不认识精确空间、客观时间以及因果关系。即使存在者的一切理论科学上的规定最终均指涉着经验及其所与者，然而经验并不直接地被如此给予对象，以至于对被自经验的对象所实行的思想，会在其进行说明、汇集、分析、

① 参见胡塞尔：《欧洲科学的危机和先验现象学》，《哲学》第一卷，1936，第 97 页。

使相关、形成概念、推演、归纳等过程中，直接通向真正理论的、科学的意义上的对象。如果我们谈论科学的对象，此科学本身即探索对于人有效的真理，那么这些在作为范畴行为完整结构之述谓命题中获得其适当表达的对象，并不是经验的对象，有如它们在进行纯粹经验并根据纯粹经验在该范畴活动中被规定着，以及有如它们在作为范畴活动的已完成结构的述谓命题中发现了其适当的表达。

“经验判断”，或更清晰地说，那种仅只从范畴行为中的根源性产生运作中获得的判断，是纯粹根据经验、感性以及根基于感性之精神存在的经验，并不是最终有效的判断，并不是严格意义上的科学判断——即 42
当此科学是运作于最终有效性观念中时。因此，按其本性，观念化以及观念化以其为前提的数学化（或许一般地表述为几何学化）之逻辑活动，应该区别于其他范畴活动。

自然之数学化，经由具有其观念形式的欧几里得几何学之创造为之提供的准备以及自伽利略以来其已成为一般自然研究之典范，已被如此广泛地视为当然之理，以至于在伽利略创造的概念中我们的经验世界从一开始就被代之以精确世界，而且人们忽略了对根源性的、感性赋予的功能之研究，几何学的精确空间因此才在带有其模糊的及流动的类型格式〔Typik〕之直观空间中产生。[①] 这样一种反思会指出，直观的空间形式之想象式的虚构〔Umfingieren〕不会通向几何学的精确形式，而只有一种直观所与者的观念化方法才有这样的可能。而且对于一切自然科学的规定来说也如此，这些规定遂被赋予存在者作为其自身的规定。因此而被忽略的是，此观念化方法最终所完成者不过是一种对于经验中应被期待者之无限延伸之先见性〔Voraussicht〕。而且将永远被忽略的是，在此一具有自规定性的宇宙中精确科学理解着此存在者之宇宙，仅只是一观念外衣，它被抛掷于直接直观和经验的世界中，被抛掷于生活世界中，以至于每一科学结果都在此直接经验和经验世界中具有其感性基 43
础，并与此经验世界相关。“由于此观念外衣，我们将一种方法之内容也看作是真实存在。”（同书）而且由于此观念外衣，我们永远按照世界

① 有关此问题及以下的问题，参见前引书第 99 页和 124 页及以下。

所披的观念外衣的意义来理解我们的经验世界，如同其“自行”如是存在着似的。与之类似，每次对“纯粹经验”的回顾式反思，尤其是这类对于今日流行的实证主义的反思，仍然满意于已被观念化了的自然，而且对于逻辑学家来说，当其探讨认知的经验基础时，情形也是一样。此外，此一情形同样适合于心理学家，后者首先将体验看作平行于以下物的真实存在，对于该物他相信自己能够在其客观的已规定者及可规定者中加以发现。同样，逻辑学家永远可在达至此知识之“自身”及“客观性”时看到其意义，在“人人适用”和“一劳永逸”的存在者之规定中发现其目的；因此逻辑学家忘记去探讨，这是否真的是一般知识功能的意义，是否是一切判断的、认知的活动均应该按其进行度量的规范；或者反之，此认知功能不应相对于根源性经验的目的加以衡量，此目的为其所设定并由其所产生，在其中精确知识仅只是诸可能目的之一。逻辑学家对此予以忽略，乃因他将一种（不再能如此被理解的）观念化叠加到原初所与者之上，而此种观念化正是产生于精确科学的。

因此，如果我们想要在我们所探讨的最根源性的意义上返归一种经
44 验，那么它只能是根源性的生活世界的经验，此经验尚丝毫不知此观念化作用，但它却是其必然的基础。而且，此朝向根源性的生活世界之回归，并非仅只是将我们的经验世界简单地视同为其对我们呈现的那样，而是将已经沉积于其中的历史性追溯至其起源——是这样一种历史性，在其中，作为“自”存在的以及客观上可规定的世界之意义，首次被归于此世界，它是基于根源性直观与经验的。因为逻辑学家并不借助观念化作用深入探究根源性经验世界的此叠加部分〔Überlagerung〕，而是认为他永远能够直接地确立经验的根源性，如果他也以此精确性理念，以此作为精确的、“客观的”知识之Episteme（认知）的理念，来对认知进行衡量的话。与此态度相反，对前述谓经验的返归以及有关什么是前述谓经验的最深的和最终根源性的层次的洞识，意指着一种信念的正当性，此信念属于最终根源性的但还不是精确性的以及被加以数理观念化的明证性领域。因此也显示，此信念领域并不是明证性领域，后者的明证性层阶低于Episteme（认知）的层阶，并低于判断性认知及其沉积的层阶。信念领域正是精确认知要回溯其意义的最终根源性领域，此

认知的特性在于它应被看作是一种纯方法，而非一自行通向认知的途径。

以上所谈一切并非在于贬低精确认知，更非在于贬低逻辑学家本身的断然明证性。其意义仅只在于阐明那样一种为达到较高层阶的明证性以及达到此明证性所基于的隐蔽前提所须遵循的途径，而且此前提规定 45
着和限定着其意义。此明证性本身并未触及其内容问题。反之，认知仍然止于较高层阶的明证性，本质上其途径仍然是从信念升至 Episteme（认知）——只是考虑到最终的目标，才不应忘记较低层阶的特殊有效性〔Eigenrecht〕。

§11　判断的根源阐明以及在先验现象学构成问题系列全视域内之逻辑系谱学

由于同样的理由，向经验的最原初明证性之回归，不可能借助于心理学完成。这样一种心理学，甚至是作为纯粹的、与纯粹被体验者及意识内所与者本身相关的心理学，被设想为纯粹内心理学者，至多能够在逻辑形式的前所与类型系列中回溯式地研究本质上属于此形式的主观功能，在其中此形式的结构作为明证的结构出现。但是即使心理学严肃地处理明证性问题，并研究前述谓明证性中的判断明证性之根基性，它仍然必须回溯式地研究主体的明证性体验，此主体已然是我们世界中的主体——此一世界已经被观念化所覆盖，并在此覆盖的意义上成为被统觉的世界。在回溯式地思考一切判断明证性从其发生的逻辑活动时，心理学受阻于一种经验，后者已经当然地被看作是相关于一被观念化的世界。 46
瓦解此观念化，突入其最根源的经验之隐蔽意义基础，不再是心理学能够处理的问题，不论其范围多么广阔和多么纯粹。因为对体验之心理学反思，即使内知觉是可触及的，也不可能从根源的生活世界经验通向此被抛向世界的观念外衣之起源问题。心理学将体验看作是我们意识中单一的、彼此分离的事件，对此意识，心理学当然可以根据其起源将其作为个别对象加以研究，正像逻辑学家研究个别的形式那样。但是每一这样的心理学反思都通向体验，这样的体验就是关于世界的经验；一个这样的世界，它对于主体永远已经是现成存在着的，而且这意味着它是这样存在着，近代科学已经为其完成了精确的规定性。于是，心理学虽然可能已经确立了前述谓经验的诸个别行为相对于述谓经验的诸个别行为的在先性，但它不可能从自身将此回归的真正意义阐明为一种对更具根源性的物之回归。作为体验之相关项的此世界，永远属于心理学家极为当然地加以面对及研究的体验；但是他永不可能从此体验返归此世界本身的根源，此世界由于主体运作、认知活动、科学方法的操作，当然也只能是如其所是的那样。由于此科学方法的作用，此世界存立于我们面前，它以如此这般的方式被规定，并相对于其真正的存在而成为原则上可无限规定者。

47 也存在主体运作的沉积，意向性运作的沉积——但是这样一种意向性之沉积，并不对反思的目光敞开，而是只被蕴涵于对其显示的该沉积中。对此意向性蕴涵，以及因此对世界本身的历史进行阐明（在其中心理学的主体已经作为一完成者而存在），因此也意味着对主体界的回归，由于主体的意向性功能，世界获得了此形式；但这是对被隐蔽的主体性的回归——被隐蔽是因为它不可能实际上显示于〔aufweisbar〕其意向性功能内的反思中，而是只能通过此前所与世界内的此功能之沉淀加以指示〔indiziert〕。于是，对最根源的明证性之回归也是一主体性之回归，但是此回归是在一更彻底的意义上朝向于一主体界的，即在一比心理学的主体回归研究更为严格的意义上。必须瓦解我们现前经验世界内的意义沉淀中一切已经在先存在者，必须在主体性源泉上，以及因此在一运作的主体性上，回溯式地探索从其中产生的此意义沉淀，此主体不是心理学思考的主体，后者意识到自身面对着此一已经完成的世界。反之，它是这样的主体，通过其意义运作成就，它将预先给予我们的世界变成我们的世界，变成我们存在的世界，即不再是一纯粹的根源经验的世界，而是这样一个世界，它具有一自行精确地被规定的以及可规定的世界之意义，在其中一切个别的存在者，从一开始即被视为当然地，作为在精确科学原则上可规定者及至少是原则上自存在者，在如下意义上被给予我们：此世界在根源上从数理自然科学的观念化中产生。

此外，这样一种回归式研究，并非从一定的历史的主体性，从一定的历史人物的主体性去探索这些意义沉淀的事实的、历史的起源，在这些人物的活动中此一数学化思想首次被把握[①]；而是说，我们这个世界对于我们来说仅只成为例示，按此例示我们根据主体的源泉研究一般可能世界的结构和起源。如果我们没有重新完成此意义形成的功能，如果我们未从根源性生活经验中重复体验观念化功能的此一起源，因此未能通过被观念外衣掩盖的生活世界返归根源的世界经验和生活世界，我们就不可能根据历史的主体来理解意义形成的此一定的历史起源。在此过程中，我们重复着主体功能的全部已经发生的历史，但此主体功能先前是被遮掩的，而现在在重复实行中变为明显，并变为如此被理解的功能。而且我们因此将自身理解为主体性，此主体性不是像在一简单的心理学反思中以为的那样，已经存在于一现成的世界之内者，而是自身具有着并实现着一切导致世界发展可能性的功能。换言之，在此意向性蕴涵的揭示中，在根据意向性功能研究世界的意义沉淀时，我们将自己理解为先验主体性；此一先验主体性，不过是应当理解为笛卡尔对以下问题的最终源泉进行追问时的原初动机：一切知识的形成，认知主体对自身及其认知生活的反思，在此生活中一切对其有效的科学构成都是合目的地产生的，作为有用的成果被保存和被自由使用着。 48 49

准确地说，朝向构成此前所与的先验主体性的回归需要在两个阶段上进行：

1. 从前所与世界，借助于其一切意义沉淀，借助其科学和科学规定，向根源的生活世界之回归；

2. 从生活世界向主体功能之回归，从此功能中产生了生活世界。

因为，生活世界甚至也不是简单的前所与者，它也是构成物，我们可以对其构成方式加以研究。在此我们也已经发现逻辑的意义功能〔Sinnesleistung〕，此处“逻辑的”当然不是指在我们传统逻辑学意义上所指称者，传统逻辑已经永远将自存在与自规定的观念化作为基础，而是指在一根源性的逻辑功能行为〔Leisten〕意义上的逻辑，此逻辑功能行为

---

① 参见同书（《危机》）中关于此回归性研究的方法，第 132 页及以下。

首先曾经朝向于生活世界经验的限制性的、相对性的视域内之规定、认知。但是，逻辑的意义形成只是那些促成我们的经验世界结构者的一部分。属于此结构的还有实践的及情绪的经验，意志行为、评价行为和日常行为中的经验，这些经验本身也创造了其关于实践交往、评价等等的熟悉性视域。但是，意义经验的全部活动也属于此结构，通过此意义经
50 验我们一般地达到了一种世界时间的和空间的构成，以及关于空间物、共同主体等等的构成。如果人们遵行最低层阶的构成性运作，后者首先属于一种可能的生活世界之构成，那么接着要进行者即客观时间的构成，数理自然自身的构成。

对通向一可能世界（一可能世界即关于一般世界的本质形式，而不是关于我们的事实性的、现实的世界）构成的意识运作之全部交错情境进行阐明，就成了构成现象学之广泛主题范围的任务。在其范围内包含作为一逻辑系谱学基础任务的述谓判断之根源阐明，此逻辑系谱学，如果在此全体视域中理解并在其完全的和广泛的意义上把握，就成为先验逻辑学。于是它必须在世界结构中研究逻辑性、广义上逻辑的意识运作、认知理性功能的参与份额〔Anteil〕等等。为了理解逻辑性、逻辑理性的此一范围的大小，理解在世界结构中的一切参与理解的意义构成、逻辑的功能，以及为了把握逻各斯、逻辑性本身概念的范围，当然首先只能在此构成性问题学的全部框架内加以确定。在此一开始阶段，我们的任务是谦逊的。我们还不会处理此一范围广泛的逻辑性〔Logischen〕概念，我们必须从传统的概念出发，并追溯其传统的分划方式，追溯传统在我们的经验世界构成中已然发现为逻辑学及逻辑活动者，以及在此构成中所占据的位置。于是，我们所指出的广泛的和观念上完成的意义上所理
51 解的先验逻辑学的任务可加以如下区分：一方面是完全的构成现象学的任务，另一方面是一种系谱学的任务，此即对传统形式逻辑进行的根源性分析与主体侧论证。只有后一任务在此是述谓判断的一个基础部分，即是在根源阐明之内进行的。①

① 关于此任务相对于范围广泛的构成性体系学的界定，也参见§14。

§12　个别分析的出发点。简单的与根基性的经验之区分，以及返归最简单经验的必要性

这些提示一定足以使人们理解从述谓明证性向前述谓的对象明证性的回归之意义，此回归研究针对于生活世界经验的明证性。现在应该探讨如何根据此一般性明见以获得关于具体个别分析法的正确出发点，以及在生活世界经验的整体范围内探求该前述谓明证性，在后者中可显示述谓判断的根源。如果我们已获得的作为个别对象的明证性是一种经验概念，那么，当一切将其根源性叠合的观念性被揭示时，此经验自身仍然是具有多种形式的。我们的生活世界存在于其仅只经由瓦解其意义层次后才可被阐明的根源性中，如我们已经提到的，它并不仅只是从逻辑运作中产生的世界，不只是对象的前所与性领域，此对象是作为可能的判断基底，作为认知活动的可能主题，而且它也是在一完全具体的意义 52
上的经验世界，此意义通常与经验这个词相联结。此意义通常绝非纯粹地相关于认知行为，而是在其最广泛的一般性中相关于一种习性〔Habitulität〕，此习性在生活情境中（不论此情境是在某限定的意义上还是在一般的意义上被理解为相对于生活全体的立场）赋予具有此习性者，赋予此"被经验者"以决断和行为的确实性。另外，我们也将此词理解为"经验行为"的诸个别步骤，在此经验行为中习性被获得。于是，"经验"这个词的通常的、熟悉的和具体的意义，还更多地指实践活动的和评价的行为，而较少指认识的、判断的行为。

我们首先忽略了一切在此具体意义上构成的经验活动，并在我们的回归研究中从述谓判断及其明证性直接返回被动的存在信念领域，后者作为判断基底的前所与性意识——这是一种信念基础，此信念基础被显示为世界之基础，而且由于此基础，每一单一的经验都成为世界视域内之经验。但是此世界视域无疑是这样一种视域，它是由存在者的已知部分规定的，后者不仅是来自认知实践的，而且也首先是来自身边行为之日常生活实践的。尽管如此，我们越过刚才谈及的广义的、具体的经验概念而直接回归较狭义的经验概念，这是正确的。因为正是每一世界行

为，不论是实践活动还是纯粹认知性活动，都是在此意义上根基于经验
53 的。实践行为、价值设定行为〔Werte-setzen〕、评价行为，都依存于前所与对象，依存于这样的对象，此对象已经在信念确定性中作为存在者呈现于我们面前并被我们处置。于是被动的信仰领域，被动的存在信念领域，这些信念基础，不仅是每一个别的认知行为的基础，每一认知的方向，以及关于存在者的判断的基础，而且也是相关于存在者的每一个别评价行为和实践活动的基础，因此也是一切人们在具体的意义上称作“经验”和“经验行为”的基础。当然不应断定，我们都必须从此存在者的被动前所与性时时地并首先地过渡到一种认知主动性；反之，产生影响者可能立即提供一种朝向一行动的刺激。当然，某种说明永远是一种最初认知主动性、一种对如此如此规定的存在者之把握的前提条件。因此，关于个别对象的最初是被动的这一经验概念，作为明证所与者、前所与者，具有这样的特征：显示出具体意义上的每一经验的基础结构。在被动的信仰中，存在者不仅被前所与为可能对其适用的认知运作之基底，而且被前所与为评价行为、实践目的设定和行动的基底。因此，为了在直接感性经验上将某物作为有用的、美丽的、吃惊的、恐怖的、迷人的等等被给予，它必须是某种感性上可把握的现前者，即使我们还不能进而达至其知觉。尽管我们还不想按此方式对其进行说明，纯粹在思考中对其进行把握，在其感性的知觉特性中对其进行解释，但它仍然立即根据此感性的现前〔Anwesenheit〕引起了我们的实践性的或情感性的
54 兴趣，立即向我们呈现了此有用的、有吸引力的或须加以拒斥之物——而这一切正是根基于以下事实：它是一具有感性上可直接把握性质的基底，而此性质可时时通向可能的解释之途。

当谈及经验时，我们必定要区分简单经验和根基性经验。世界永远作为整体已经在受动性信仰〔Doxa〕中被前所与，并为一切个别性判断提供了信念〔Glauben〕基础，此世界是在简单经验中从最低层被给予的作为感性上可直接把握的基底。每一简单经验，换言之每一具有一简单基底的存在意义的经验，都是感性的经验——存在的基底是物体，即这样一个身体，它在经验的一致性中显示着自身并具有其真实有效的存在。在普遍一致性中被观察的普遍感性经验，具有一存在的统一性，一较高

层阶的统一性。此一普遍经验的存在者为一自然整体，为一切物体之宇宙。于是，在我们的经验世界中，自然界是最低阶的，是作为一切其他物之根基的层阶。在其作为自然的简单可经验的性质中的存在者，它是这样的基底，即它成了一切其他经验方式之根基，在此根基上我们的评价和行动进行着运作。而且，自然界作为不变者，是其评价的及其相对于目的有效性的一切变化之相对性的基础，以至于从自然界所与的“材料”中生产出某种不同的东西。存在者永远在最低阶被给予，作为具有其自然的、在简单经验中可发现的性质的自然物体——虽然兴趣并非必须永远朝向于它们。

如果此经验是原初给予的，我们就称其为知觉，即外知觉。我们将 55
一切外部世界物均知觉为在全体时空自然中的物体性存在者。不论何处我们遇到动物和人以及遇到文化客体（有用物、艺术品或任何其他客体），我们所具有的就不仅是自然物，而且是技术性存在意义的表达者，在那里我们就被引向超越简单的感性经验物范围之外。纯粹作为感性知觉的知觉是简单直接朝向于单纯物体物的。与此相对的是对这样一种可知觉物的知觉，此可知觉物只有通过对表达的理解才可达及，有如对可唤起人物之“记忆”的一工具之理解那样，该人曾为某目的而制作了此工具，或者该人决定了此工具之制作，以及再者，直接地对一躯体之表达的理解，当此躯体为另一人之躯体时。两种情况均假定着对作为表达之根基的物体物的一种感性知觉，并由此假定着对一反思行为的过渡①，此反思因此直接或间接地对于作为人格（个人一类）之人的共在，或同样地对于动物主体的共在，给予了最终的确定性，而且以此根基性的方式对一存在者给予了最终的确定性，此存在者不只是物体性的存在，而且也是与其一致的并与其相关的主体性的存在。但是此主体性的存在并非直接可经验的、可知觉的，而是只有在这样的情况下才是可经验的，即当其根基于简单直接可经验物时，以及当其与简单“知觉的”存在物本身一致时。因此，反思不是人们可在其中直接朝向于被知觉物的一种

① 一表达在此应仅只意味着此体验方式的中间性。当然，一种“反思”完全不同于一般意义上的反思，例如目光从直接可把握的对象回归自身的体验。

56 知觉，而只是构建于被知觉物者，并且偏离了直接的方向。当我朝向一个人时，于是自我朝向行为，即主题性活动射线，最初直接朝向于该身体，因此是在感性知觉中。但此射线并不停止于该身体，而是进而在对表达的理解中朝向于自我主体，因此即朝向于其在这种那种行动中的存在，如朝向行为，思考行为，具有一世界，以及因之受到世界的影响，等等，只要这些都具有其各自的表达。为此，自我相关性存在的内容必然属于其躯体，即属于对我存在者。然而一人之知觉行为的此正常过程，从其身体的感性知觉，通过其表达，达至属于它并对其表达的自我主体，也可能引生一种态度的改变：我们可能纯粹注意着物体物，当我们只关心物体物时；表达仍然被理解，但此理解不再实际发挥作用，此时自我主体只是所谓存在之背景，但它已在主题之外了〔außerthematisch〕。

为了达至前述谓经验的实际上最终的及根源的明证性，我们必须从此根基性经验返回最简单的经验，并为此使一切表达失去作用。因为，每一这样的经验都指涉一对表达的理解，此经验如不是按其自然性质而是以其他方式发现其存在者的，或将其存在者作为工具之类加以确定的。因此我们只承认纯粹感性经验的有效性，将世界纯粹看作知觉世界，而将一切显示为熟悉者及确定者却非产生于纯知觉性态度，而是产生于我
57 们的以及他人的评价性态度者，置于考虑之外——因此即一切这样的规定性，它们是由本身的或他人的个人性态度所产生者。这样，我们就获得了作为受动性前所与经验基础的纯粹普遍自然，后者在感性知觉的连贯性序列中呈现为一封闭的关联域，即纯粹呈现为被我知觉的及可知觉的自然——因为在我的实际经验域中，我现在由于使表达失去功能而不再有任何他者。对于具体存在的世界，此一对表达功能之排除，意味着一种抽象——这个词最初应只表达“置于功能之外”，将对外存在者和继续有效者最初置于考虑之外。因此此词不应意味着一种忽略或这样一种理解：自然界自行独立地、分离地存在着，或者甚至在“世界观念”的、关于世界存在意识的根源性结构中，需要存在一种对我存在的单纯自然界之系统的扩展，此单纯自然界必定保持着继续扩大的存在意义。这一切都与此处的论述无关。

将经验抽象地限定于仅只对我（作为反思者）有效的范围内，已经

意味着排除了一切观念化，排除了客体前提，排除了我们的判断“对于人人”的有效性，人们永远不言而喻地假定着，正是在确定的科学最终有效性意义上朝向于精确规定性观念的传统逻辑属于判断行为之本质。因为只要我们排除了他者，就不再有指涉他者认识活动有效性的问题，也就不再有意义沉淀的问题。此意义沉淀观导致的结果是：我们的世界，只要它被给予我们，就永远已被理解为可精确规定的世界，而且由于历 58
史上展现的科学成果，它已经在最终有效性观念下被确定了。

当然，某一观念化也已存在于根据经验的判断中了，因为我们以通名来指称我们作为例证所选择的基底，于是如此被指称的对象，至少被假定为已被相关的语言社群所熟知，而判断则被假定为对于该群体有效。自然经验的对象化也如此，其意义也是已经对于人人有效的，即正是对于相关周围世界及群体有效的。被判断的对象是在“为人人之对象”的意义上被前给予的——对一切相关者。这同样适用于实践目的上的规定性。为了达至一种根源的判断行为并追溯在判断性规定中完成的最根源的运作，我们也必须对其加以忽略，并如此运作，似乎它无关于一已经同时被给予的社群，而完全是我自己的根源性的成果。当然，困难在于，我们的语言表达必定是具有一般的、沟通性的意义的，以至于在使用某种对象名称时永远至少已经暗示着此一最初的观念化——对一语言群体有效的观念化，而且我们永远需要更新我们的努力以排除表达不时会产生的不适当意义——此一困难本质上相连于最严格意义上的任何主体性研究，只要在此类研究中我们不得不永远使用日常的意义及世界中沟通性的意义。

因此我们在判断行为中似乎永远只是为我进行判断，仅只获得为我 59
自己的结果，而且完全忽略判断行为的沟通性功能以及如下事实：判断行为永远以这样的方式假定着在先的沟通性，即其具有某种意义规定的对象是前所与的。只有那时我们才达至我们的世界建基于其上的逻辑运作之原初基石。起着基底作用的对象，最初既不被认为是对于一切人的对象适用，也非对于一有限制群体内的人人之对象适用，而是仅只是对我存在的对象，而且对象在其中影响我们的世界应该被视为仅只是对我的世界。对主体之范围进行的方法论限制，对于在其最终根源性内看见实际逻辑运作是必要的，在此根源性中永远是单一的主体在运作。

§13 判断与对象的一般概念。作为“断定”〔Feststellung〕之判断

如果人们忽略我们经验世界的一切此类叠加结构〔Überlagerungen〕以及首先忽略其自身经验的重叠物，就会显示出，即使在此最低阶的判断行为（在此层次上判断是纯粹根基于经验的判断，并在进一步限制下，根基于其本身经验的判断）具有这样的结构，它们与在最终有效性观念下的判断之结构也相互一致。因此不仅是，在此方式上的逻辑性因素之范围达到了科学的意图尚未存在之处，而且通过“判断”一词显示出了一般性本质，后者按其基础结构，在其所出现于其中的一切逻辑功能层
60 次上，都是同一的。于是，在限制于最简单经验上的分析框架内之述谓判断结构所显示者，甚至当判断存于较高层次功能上时，也对于理解判断的本质具有示范性意义。

如果先前我们已经想要对此最一般的判断概念以及属于它的对象概念，作为判断基底加以准确说明，那么我们就必须返归判断行为和生活经验在完全具体的意义上存在于其中的关联域内。在此具体意义上，一切经验在最底层都存在于简单的、最终直接可把握的基底的前所与的元信仰〔Urdoxa〕上。在此元信仰上被前所与的自然物体就是一切其后规定性的最终基底，不论是认知的还是价值的或是实践的规定，它们都出现于此简单可把握的基底上。但是此元信仰的范围，简单信念意识的基础，乃是作为单纯受动的前所与意识之基底的对象，作为同一性统一体的存在者在此范围内被前所与。然而信仰的范围是一流动物之范围。受动的前所与的同一性统一体，还不是作为其本身被把握的以及被持有的对象同一体。反之，此一把握，例如前所与的感性基底之知觉性思考〔Betrachtung〕，已经是一活动，一最低层阶的认知功能。于是，在纯粹知觉中，我们允许目光在前所与的、对我们产生着影响的对象上来回移动。对象于是显示为“具有不同侧面的同一对象”，而且在反思中我们的目光朝向于这样的结果：对象在诸透视中，在诸侧显中，被给予我们，

在侧显作用中对象显示为我们的注意所朝向的同一物。于是，甚至一前所与的基底的单纯知觉性关注也显示为我们的运作功能〔Leistung〕，显示为一种行动，而非显示为一单纯受取的印象。 61

素朴的意识通过知觉对象在其中显现的一切透视、侧显等等朝向于在其同一性中的对象本身，此素朴意识的目光所及者仅为此行动的结果，即在知觉中如此如此自行说明的对象。此意识根本未知，在此感性的性质中的对象所与性本身已经是其运作的一种成就〔Leistung〕，是一较低层阶的认知成就。所以，此意识倾向于将知觉行为、思考行为视为一受取行为〔Erleiden〕、一受动的行为，而且此作为主动性的前所与对象之接受的被动性，只与狭义的实践相对立，此即前所与物在受取时之改变，以及述谓命题之制成，这些命题于是显示为客观的结构及制成物。于是，在主动的行为与被动的接受行为、受取行为之间的区别，对于素朴的、直接朝向前所与对象的意识来说，具有不同于在反思目光情况下的意义。反思目光在该前所与性接受中，在其思考性把握中，已经发现了一种主动性因素，而且相对此而言，必定获得一种比素朴意识所受取者更为彻底的被动性概念。此概念为纯粹触发性的*前所与性概念，受动的存在信念的概念，在其中尚无任何认知成就：该单纯的“刺激力”来自一周围世界的存在者，例如“刚被我们耳朵听到的”狗铃声，但我们尚未对其发送关注力或将其作为主题性对象而对其朝向。只有当出现注意力时，才 62
出现此类最低阶的主动性（活动）。

每一在感觉经验流中获得所与者的把握性转向，都是在注意性地转向并在关注中搜索其特性，这样的把握性转向已经是一种运作成就，一种最低层的认知主动性（活动），对此我们已可谈及一种判断行为。作为同一性统一体的存在者当然是已经被动地前所与者、前被构成者，但正是在此把握行为中，它才被断定为此同一性统一体，虽然无须据此推断任何述谓行为之涉入。

在传统逻辑学的意义上判断当然永远被理解为述谓判断，后者在命题句、陈述句中获得其语言表达。甚至不论何处，即使仅在实用性交往

* affektive，或译“有影响力的”。——中译者注

中，一物如被一名称所标志，这就不仅假定着一前述谓的把握，而且也假定着一述谓判断行为，或一被实行的意义成就〔Sinnesleistung〕。

但是为了相对于述谓判断的最狭义、最严格的概念来界定一最广义的判断概念，我们可以完全忽略上一论述，并断定，甚至在对存在者进行前述谓的、对象化的朝向时，已经必须在广义上谈及一判断行为。这样，例如一知觉意识，在其中一对象在我们面前作为存在者，被我们意念着，此知觉意识即一广义上的判断行为。现在当我们考虑，一方面前
63 述谓意识具有其不同的清晰性与模糊性样态，而另一方面，述谓判断行为也有其自身的清晰性与模糊性样态，那么最广义的判断概念就包括着所有述谓的和前述谓的样态。于是，在此意义上的判断就是客体化的（使对象化的〔vergegenatändlichende〕）自我行为〔Ichakte〕全体之名称，按照《纯粹现象学通论》中的说法，这就是信仰的自我行为。我们马上要详细讨论如何区别作为自我主动性〔Aktivität〕之知觉性思考与解释等较低阶的（作为接受性阶的）前述谓判断行为，和具能动性〔Spontaneität〕的较高阶的述谓判断行为。

在较低或较高层阶上的自我主动性的最广义判断行为，不应混同于受动的信念〔belief〕，后者是休谟及其后追随他的实证主义者假定为意识平面上的材料者。甚至布伦塔诺的判断概念也意指着这样的材料，无论如何，如其内意识理论所指出的，判断概念并非是从自我轴发射出的主动性之产物。每一从受动的背后基础对我们产生影响的前所与对象，都受到受动性背景的影响，都具有其受动性的信仰。对象前所与的方式无关紧要，无论一知觉的、对象化的把握目光是朝向于此前所与性，还是直接成为一实践行为的主题，甚至由背后基础凸显的一材料之被动性构成，作为一内在时间性统一体，都具有一受动的信仰。这只不过是在一综合性统一体内属于诸意向性关系被动一致性的信念确定性，后者在经受变样后进入一切再产生过程，但永远作为被动的确定性。在意向性统
64 一性中作为统一体被构成的一切，都具有此“确实”〔es stimmt〕意：存在的确定性。就此而言，我们已有存在者或（从主观侧看）信念，而在此一致性被破损时，我们就有了信念的不一致性及变样。就此而言，一切受动的意识已经是在“构成着对象”——更准确地说，在前构成着对

象。但正是对象化活动、认知活动、较低较高层阶的自我主动性，而不是纯受动的信仰，在创造着认知对象和判断对象。

因此，对象化永远是自我的一种主动性功能（成就），是对某被意识物的一种主动的、引生信念的识认〔Bewussthaben〕；而且此物在意识于其延存内的连续延伸中是"一物"，是连续中的自身。此物是在综合性的分离行为中被意识为同一化者，是综合之后的同一者，而且在重复性认知过程中永远是同一者，其中也包括任意重复的记忆中或任意可识认的知觉中之同一者（如当再次近前并看视对象时）。正是此同一性，作为在无限展开的及任意重复的同一化实行过程的相关者，构成了对象的严格概念。正如每一其他实践有其实用性目的（行动的"趋向者"）一样，存在的对象作为存在者也就是如下行为的目的：信仰行为、认知行为以及在其存在样态中的存在者的解释行为，后者被称作是规定。对存在者之内容及方式进行的此一断定〔Feststellung〕，构成了判断的对象化的功能，此断定当然只有在较高的层阶上，在述谓判断行为中（此判断行为在陈述句中获得其沉淀），才成为可反复返回的断定，而且其本身成为认知的永续存储。此断定作为一种知识存储的沉淀，当然是可自由 65
支配的、可保持的以及可传递的。创造着认知沉积和严格意义上的认知对象的只是述谓判断行为，而不是单纯的受动性的判断思考，尽管后者已经创造了知识，但此知识始终只是在惯习上被持有的。每一述谓判断都是一步骤，在其中持存的认知存储被创造出来，其本身（以后的分析将会指出如何进行）是一完全的规定步骤和主题性规定之元细胞〔Urzelle〕。①

当然，并非一切认知判断的对象化都是由此朝向"一劳永逸"的断定的趋向或在"客观的"断定中所导致的，甚至在任何场合成为述谓判断并在陈述行为中获得其沉淀时也非如此。它也可能相关于这样的一个断定，它只被用于临时性实用目的，或仅被用于一定的场合或一系列同一类型的场合。例如，有关一工具为某目的的有用性的判断性断定，只是相对于该场合才具有意义，在其中该工具被使用着。同样，关于物的

① 对此问题，参见以下§50，c)。

价值性与实用性性质的一切断定都具有对该场合的相对性，在其中该物被评价及使用。此相对性内在于一切判断行为中，该判断行为存在于一实践之关联域内，并只为其所用。因此，对于这样一种判断，构成着判断性断定意义的“一再反复性”，只能在如下限制中理解：它相对于某一类型的场合。但是，即使在此相对性中（此相对性是一切认知意向的特
66 征，一切判断性对象化的特征），始终存在如下事实：我们在临时性场合之外，努力创造一种可交流的及未来可应用的知识存储；而且对于我们相对于自身领域的抽象性限制来说，这也同样适用。当然，那时这将是只对我而言的断定问题，但即使在那时，问题也是相关于通向知识储备之断定（为我的知识储存）以及朝向于其知识之获得的。

§14 从外知觉与知觉判断开始分析的必要性，以及研究的分界

如果我们如此察知到逻辑运作与世界经验流的联系以及其在此经验流中的功能，那么现在就必定也获知该从何处开始，以便在对细节的分析性研究中，从前述谓经验中追溯述谓判断形式的起源。因为我们寻求的是最初阶的判断行为类型以及一切其他根基性关系，所以此初阶判断行为必定根基于最简单的和最直接的经验。最简单的经验就是对感性基底的经验，对全体具体世界的“自然层次”之经验。于是我们将必须朝向基于外知觉的、基于物体知觉的判断，以便以例示性方式研究一般述谓判断行为的结构及其在前述谓成就基础上的构成。

根基于感性知觉及（知觉大部分与其立即相混同的）解释之上的判
67 断行为，其本身已经假定着：必须满足对于前所与的、触动着我们的最终基底（即物体）之纯粹思考性兴趣。在前述谓领域最初所研究者，因此即知觉兴趣之一致性的效果之实现〔Auswirkung〕。但这并不是说，在具体世界经验的关联域内我们必须立即获有这样的兴趣。反之，在其由于特殊理由能够达到如此纯粹思考性兴趣之前，照例这是从简单的感性识别，朝向于行动、评价行为等的过渡，朝向对作为使愉快的、有用的物之把握的过渡。具体生存于其周围世界中的、卷入其实用目的中的自

我，首先绝不是思考性的自我。对于在其具体生活世界中的自我来说，一个存在者的思考是一种态度，此态度偶然地、暂时地可被采取而未被凸显出来。但是对直接经验世界结构、对生活世界结构的事后之哲学反思指出，思考性的知觉，只有在其发现了世界结构和成为主题后才凸显出来，这些结构也处处成为每一实用性态度之基础，虽然它们通常并未成为主题。在思考-知觉行为中获得自满足的兴趣，即成为基本性aisthēsis（希腊词“感觉”或“知觉”）的、受动性元信仰之活动化〔Aktivierung〕，后者作为基础层次成了具体意义上的一切经验之根基。于是，外知觉以及思考-知觉行为中的兴趣具有这样一种在把握物时的优越性：在其中判断行为朝向断定的倾向可以最快地被满足。然而正是纯粹知觉的对象、直接-感性地可把握的基底、自然物以及所谓在其作为自然物体的基本层次上之物，其本身不是相对性的，而且在与前所与者之周围世 68
界交流中保持着持存的对象同一性，并因此可被断定和被判断。

这样，知觉和基于知觉的判断行为不只是相关于周围世界的一切变化与相对性中的不变物，而且此不变物同时作为一致性地被自满足的〔sich auslebende〕思考兴趣存在于一变样作用中，后者包括前面提到的观念化，即那样一种态度，它成为理论科学的基础，并使得一种断定成为可能，此断定具有“一劳永逸的”及“人人有效的”客观性目的。所以，述谓判断行为正是以前述谓明证性的这种方式为根基的，正如传统逻辑学所见的那样；然而在其朝向科学的断定性和趋向科学与科学理论时，此传统逻辑从未质询认知态度与适用性及评价性态度的牵连关系问题，而且从未研究一判断行为是如何被产生的，此判断行为在此方式下并未服务于纯粹认知兴趣，而是在一切意义上服务于实用性兴趣；它也从未研究述谓明证性是如何根基于前述谓明证性这一领域的，如何根基于实用的以及情绪的明证性的。毋庸置疑，这些都是相关于存在者自给予的来源，相关于规定性的揭示，这些规定性本质上只能存在于实用性行动本身而非存在于单纯的思考行为中。但是我们所没有问询的正是这一自所与的方式，并没有问询一判断的对象化行为是如何根基于其上的；反之，我们进行着如下的虚构：自我在一纯粹思考的主动性中直接朝向着存在者（有如它是以被动的、感情的方式对自我预先所与的那样），而 69

除了思考行为外并无任何目的与兴趣涉入。换言之，我们虚构着一主体，它单纯地在思考过程中行动，而在周围环境中未被对其产生影响的存在者所激发并进行任何实用性活动。

然而，思考性知觉分析以及建立在其上的述谓判断，对于有关此理论活动与实践行为和评价行为的关系的深入研究，也具有根本的重要性。因为真正述谓行为活动建立在思考性知觉活动上的方式，是完全相同的，不论此思考性的、纯粹认知性的行为本身是否有用于一行动，不论它本身是否即为一目的；同样完全一样的是，不论在其本身方面它是前于还是后于一行动。述谓综合构建于前述谓综合之上，在两种情况下，其结构都是相同的，除了甚至在相关于一实践性行为及与之相关并对其有用的判断行为的场合，前于述谓行为的诸结构，在前述谓的层次上更为复杂，并且不是单纯的知觉。

于是，知觉的优越性在较大的简单性中具有更多的理由。一种方法论的必要甚至在于：按此分析，应该从较简单的开始然后再上升至较复杂的。在单纯思考性知觉的此一领域内，将述谓判断建立于前述谓的知觉经验行为之上，是最容易证明的；在此存在对象的明证性，后者作为
70 前述谓者是可直接明见的，甚至思考性的知觉行为和解释行为的明证性，也是无须根基于任何其他明证性的。因此，在此显示的综合获得了例示性综合的意义。探讨从实践行为向述谓行为的较复杂过渡，以及在二者的关联中探讨相关综合的性质，这些都是诸个别研究的对象。

这些分析具有获得较大简单性和明晰性的同样动机，为了获得前述谓的判断-认知性综合的例示性个项以及对根基于其上的述谓性综合，这些分析首先朝向于静止的、不动的对象，而并不涉入更难分析的运动知觉及移动存在物的判断行为。至于当我们涉入运动知觉时将发生何种变样化的问题，是完全无法回答的，因为在此情况下，综合与解释之基本结构，以及建立于其上的述谓综合的基本结构等问题，均不可能被给予答复。

在以下研究的例示性特征中进一步的理由在于，它们被限制于范畴性判断中。进一步研究的任务在于为其他判断形式进行这样一种发生学推导。因此，我们的研究主题就是以知觉为基础的范畴判断。而在此仍

然有其他的限制：在知觉中，对象作为实际存在者被给予，它与幻想相对立，而幻想仍然有其对象之所与性方式，但它不是现实的而是看似现实的对象，即“似乎”〔Als-ob〕[样态中的] 对象。如果我们使现实性与看似现实性彼此对立，使二者分别作为设定性〔Positionalität〕领域和中 71
立性领域，那么在排除了幻想体验之后仍然表达了对设定性领域的思考性限制，即对给予意念中现实以存在的意识之限制——至少开始时如此。稍后我们也将必须考虑幻想体验和以幻想为基础的判断。

在此不须再一次强调：在排除了他者的共在之后，如此有限制的分析将运作于“只为我存在的”领域，在其中不能再谈及一切观念化以及遮盖着纯粹经验世界的观念外衣。我们在此探讨着最根源的、最终根基性的明证性，从这些明证性中产生着述谓判断行为。然而，我们当然没有依据根源性断言，这些进入了现象学的构成性系统理论全部结构内的研究，在其中触及了一种最原初的层次。虽然它们进入了空间物的个别对象的知觉分析，但并不因此其主题即为知觉物构成并进而为一种空间物外在世界的构成；反之，知觉结构只在这种情况下才被纳入考虑，因必须理解逻辑功能如何建立于感性知觉的经验之上，以及范畴对象、情境对象、一般对象如何在知觉基础上被逻辑主动性所产生。

因此，在我们的分析之初，已经假定了很多构成性层次和功能，特别是假定了一空间物的前所与性领域的构成，并因此假定了构成性的研 72
究的全部层次，此研究相关于在其全部层阶内的物知觉的构成。这些研究相关于诸个别感性领域之构成，包括：诸个别性感性领域的共同作用、一完全具体物知觉的感官性之诸个别领域的构成、运动机能性〔Kinästhesen〕问题、与知觉者正常功能性躯体的关系问题，以及随着逐阶地进程，感性物的构成问题——先是静止的感性物，最后是作为与其他物处于因果关系中的感性物。因此也假定着已经完成的时间的、在时间中延伸的物之构成，以及从另一侧看，个别行为的构成，在其中空间物在内时间意识中被构成着。所有这些就是构成性研究的各个方面，它们比我们现在所已讨论者将要更为深入，而且只有此时才必须对其提及，以便清晰呈现我们的研究在全部构成性理论系统中所占据的位置。

第一部分
前述谓的(受取的)经验

第一章　受取性的一般结构

§15　过渡到外知觉分析

以下我们将相对于属于肌体性现存者意识的根本性空间物对象之外知觉行为，通过例示法来研究前述谓经验功能〔Leistung〕的本质为何，以及述谓综合是如何建立在其之上的。就此而言，此知觉领域仅只构成了信仰的、客观化的体验之全部领域的一片段部分，如果在此领域中我们要区分不同的结构，如有关受动的前所与性和主动的自我朝向性、兴趣、接受性和能动性等等的结构，那么此时就必须强调，这些区分并不局限于知觉领域，甚至一般来说并不局限于信仰性体验领域，而是相关于这样的结构，它们同样存在于意识的一切其他领域内。因此，不只存在感性对象、"感性与料"的一种根源的受动性，而且也存在感情的受动性；与此相对，不只存在一种客观化的主动朝向性，如知觉中发生者， 74
而且也存在在评价行为中、在喜悦中的主动朝向性。而且在这些情况下，也存在明证性的"相似者"，因此既有知觉的明证性，也有评价行为、目的给予等的根源的自所与性。

知觉行为，对个别对象的知觉朝向行为，对它们的思考和解释，都已经是自我的一种主动的功能与成就。于是其中假定着，我们在知觉中能够朝向的某物，已经是前所与的。而且前所与的不仅是相互分离的诸单一客体，而且永远存在一前所与者之场域，个别物从此场域中凸显出来并（可以说）激发了知觉，激发了知觉性思考。我们说，那种刺激我们朝向知觉者的是在我们的周围世界中前所与的，是从周围世界中对我们产生影响的。但是，按照我们在导论中的说明，我们在此要忽略以下事实：知觉永远是世界中的，首先是我们周围世界中的知觉。因为这意味着：存在着客观的存在者，它不仅是对我可知觉的，而且也是对他人、对我的同胞可知觉的。我们只是在所说的限制中假设：我在知觉中所朝向者为一凸显者〔Abgehobenheiten〕场域。此一场域本身之构成正是我们的包罗极其广泛的分析之主题。在此研究框架内，提出一些简短的说明应已足够了。

§16 受动的前所与性场及其联想的结构

让我们在其自然仅只是抽象产生的根源性中来研究受动的“前所与
75 性”场，也即忽略一切已知性与熟悉性，由于此已知性与熟悉性对我们产生影响的一切已经是根据先前的经验对我们存在着了。如果我们将此“前所与性”场看作在自我主动性对其施予〔Leistung〕任何意义之前所是者，那么它就还不是一真正意义上的对象场。因为，如已谈到的，对象就是一对象化的、自我施作功能的产物，而且在严格的意义上，是一述谓判断性施作的产物。但是，即使如此，此场域仍然并不是一混沌物、一“材料堆”，而是一具有确定结构的场，一凸显性因素及分离性个别物之场。一感觉场，一感性所与物场，例如光学场，即最简单的模型，据此模型我们可研究其结构。即使一感觉场，一感性所与物（如颜色）之分节性统一体，也并非直接作为经验中的对象被给予，因为在经验中颜色永远已经被“统握”为关于具体物的颜色、有色的表面、一对象上的“色斑”，如此等等，于是抽象的目光朝向仍然是时时有可能的，在此目光朝向中我们使此统觉的底层本身成为对象。这意味着：抽象地凸显的感性所与者本身已经是诸同一物的统一体，此同一物显现于多种多样的方式中并作为统一体于是自身可能成为主题性对象。在此目光中对白色之“当下看视”〔Jetzt-sehen〕等等，并不是该白色本身。于是，感性所与物（我们在其上将其作为具体物之抽象层而可时时投以目光）已经是一构成性综合的产物，此综合作为最低层假定着在内时间意识中的综合之施作成就。这些施作功能属于最低层，它们必然联结着一切其他层次。时间意识就是一般同一物统一体构成之“元位置”〔Urstäte〕。但时间意识只 76
是确定一普遍形式的意识。时间构成所提供者，只是一普遍性的连续体之次序形式以及一切内在所与物共存的形式。[①] 不过，形式如无内容即无意义。持存性的内在与料只是作为其内容的持存性与料。于是，产生一感觉场统一性的综合，已经是（可以说）构成性施作的一种较高层的活动了。

让我们现在看一下一统一的感觉场，如在一“内在性现在”中所给予者，并研究在其中一般来说一被凸显的单一物意识如何可能，而且再者，为了产生一被凸显的诸相同物或类似物之复多体意识，须满足何种基本条件。

每一这样的感觉场都是一对自统一之场，一齐一性〔Homogeneität〕统一体。它与每一其他感觉场处于异质性关系中。在该场中的个别物是通过与某物的对比而凸显的，例如，在白色背景上的红色色块。此红色色块与白色表面形成对比，但它们并非以对比方式相互融合，当然也不是以相互渗透方式融合，而是以一种间距性融合〔Fernverschmelzung〕的方式相互融合。当然，在每一对比中某物始终具有类似性和融合性，红色色块与白色表面作为视觉所与物彼此在根源上是相似的。而此齐一性与其他种类的、（例如）声学的所与物是不同的。于是，关于被凸显的诸感觉所与物的最一般的内容上的综合（这些感觉所与物在一意识的当 77
下现在中永远是统一的），是按照近似性（齐一性）和异他姓（异质性）形成的综合。人们当然可以说，诸个别性所与物之间的类似性并不产生实在的联结。但是我们现在所谈的不是实在的性质，而是诸感觉所与物的内在性结合的类型和方式。

近似性或类似性，在最完全近似性的、无间距相同性的限界内，可以具有不同的程度。只要在无完全相同性之处，对比性就与相同性（近似性）同时出现：从一共同性基础上凸显出非相同性。当我们从相同性过渡

---

① 对此问题，参见下面§38。

到相同性时，新的相同物重复出现。在其内容方面前后二者完全无间距地达成相符，这就是我们所称作的融合者。甚至当我们从类似物过渡到类似物时，也出现了一种相符性，但只是一种部分的相符性，后者发生于非类似物之间在同时形成对立时。于是在此类似性层叠〔Ähnlichkeitsüberschiebung〕中也存在某种类似于融合者，但只是相对于类似的因素而言，而非纯粹的即完全的融合，如在充分相同性中那样。在一纯粹静态描述中显现为相同物或相似物者，其本身应该已经是被视作某种相符性综合的产物，我们在传统的用语中称此种相符性综合为联想（其意思稍有变异）。正是联想性生成现象支配着此受动的前所与物领域，它是建立在内时间意识综合基础上的。

78 在此关联域内，“联想”一词指称着一属于一般意识的本质形式，即内在的发生之法则性的本质形式。联想可以成为现象学描述的一个一般性主题而不仅是客观心理学的主题，这意味着指号〔Anzeige〕现象是某种可以现象学方式显示者。（此一在《逻辑研究》中已经提出过的观点，那时也已形成了发生现象学核心。）因此，将联想与其法则性作为一种通过客观归纳法所获得的心理物理自然法则性的一切理解，在我们的讨论中始终须予排除。在这里，联想完全是在“某物使想起某物”（一者指向他者）的纯粹内在关联域中成为研究主题的。我们只能在此具体地察觉此现象，即在当我们从一场域中抽出单一的凸显物、单一的所与物时：一者使想起他者。而此关系本身是可在现象学分析中显示的。它自身呈现为一发生过程。一个成分在意识中具有激发者特征，另一成分具有被激发者特征。当然，联想永远也不可能按此方式被原初地给予。也存在间接联想的情况，此时中间性成分被忽略了，因此在此联想中，中间的成分以及在诸中间成分之间出现的间接类似物，并不明显地呈现于意识中。但是，一切直接的联想都是相同性联想。这种联想本质上只是经由相同性才可能出现的，此相同性具有程度上的差异性，直至其达至了充
79 分相同性限界。[①] 于是，一切根源的对比也出现于联想上：非相同物〔Ungleiche〕在共同性〔Gemeinsamen〕基础上被凸显。齐一性与异质性

---

① 对此问题，参见本书 § § 44 及以下。

因此为两种不同的联想性合一化〔Einigung〕的结果。另外一种不同于此二者的合一化，即现存者〔Präsente〕与非现存者的合一化。一感觉场的统一性因此正是由于联想性融合（齐一的联想）才成立，正如其秩序与分划以及每一组群和相同物都是经由联想的作用才在该场中产生的：类似物是由类似物激发并与非类似物形成对比的。首先这可以显示在一齐一的感觉场结构内，但这也以同样的方式适用于一切所与物，甚至是较复杂的所与物。而且我们称作知觉场者，如受动的前所与物场，此场是知觉把握朝向的，以便“从中”将单一物“把握为”〔herausfassend〕知觉对象。此场已经是一具有极其复杂结构的“场”，它由综合的一体化〔Vereinigung〕以及若干感觉场的共同作用所构成。

§17　触发与自我朝向。受取性作为自我主动性之最低阶

一场域中一切凸显者、场域按照相同性与不同性的分节以及从中产生的群组结构、个别项从齐一性背景中的自凸显，都是多种多样方式的联想综合之产物。但是，它们并非意识中简单的受动性过程，反之，这些相符性综合具有其触发性力量。例如我们说，由于非类似性而从齐一的背景处凸显者或自凸显者〔sich Abhebende〕“引起了关注”〔fällt 80
auf〕，而这意味着它对自我展现出一触动性倾向。相符性综合，无论是无区别性融合的相符性还是在非相同项冲突中的相符性，都具有其触动力，在自我朝向性中对自我实行着一种刺激，不论自我是否应接该刺激。如果在场域中出现对一感觉材料的把握，那么其发生永远是根据此凸显性的。感觉材料是由于其强度而从杂多的触发性因素中凸显出来的。例如当在感觉领域，出现了多多少少具有强加性的〔aufdringlich〕一种声音、一种气味或一种颜色时。这些感觉材料存在于知觉场内并从中凸显出来，虽然还未被把握，但对自我实行着某种或强或弱的刺激。同样，一种突然出现而强加于我的思想，或者一种愿望、一种欲念可能从背景中强加于我。此种强加性〔Aufdrängen〕是由其尖锐性不同的凸显作用所决定的，在感觉领域内它是由对比性、由较为显著的性质非连续性等所决定的。在非感觉性对象领域，当然没有这类性质非连续性问题，然而在此

仍然存在某种可类比性：在对我们触动的不同的晦暗思想流动中，（例如）诸多思想之一被凸显出来，它对自我产生了一种可感受到的作用，此时它似乎在强使自身面对着自我。

我们现在必须在那种“引起”一种强制行为〔Aufdrägen〕的非连续性（在感觉领域首先是性质的或强度上的非连续性）以及在类似方式中于其他方面作为坚持行为之条件者与坚持行为本身之间加以区分。强制行为具有程度上的逐渐区分性，于是强加者在逼向自我时有远近之别：
81 它在强加于自我。因此我们也在实行强加者与被施予强加性的自我之间进行区分。按照强加性的强度，强加者与自我具有或近或远的距离。我们在意识领域内的回顾反思中可以不难证实（这是可在现象学分析中指出者），强加性和与其对应的、对于自我的刺激，正如我们可证实在此程度性与其他因素之间的联系性一样，如连续的凸显性、强度以及一切其他属于最广义的联想领域内的更为间接性的因素。

当自我应接刺激时，一种新的因素出现了。意向性客体在其对自我的朝向中产生的刺激，对于自我具有使其相对顺应的或强或弱的不同力度。一种程度分级的倾向联结着这样的现象：意向性客体倾向于从自我的背景地位过渡到相对于自我的地位；这是一种转换，它相应地从全部意向性的背景体验转换到前景体验：自我朝向于客体。此朝向性本身首先是一种居间的过程，此转向终止于自我存在于客体旁并经由触及客体而对其把握。由于自我的屈顺，一种新的倾向出现了，它从自我朝向于客体。我们因此必须进行以下区分：

1. 在“我思”之前的倾向，作为意向性背景体验的刺激之倾向，带
82 有其不同的强度。此“触发”力越强，对其屈顺、把握的倾向就越强。如前所述，此倾向具有其双侧性：

a）对自我的强加性，所与物对自我产生的吸引力；

b）从自我侧的屈顺倾向，自我本身的受吸引性和受触发性。

与此“我思”〔Cogito〕的倾向相区别的是：

2. 作为倾向之“顺应”〔Folgeleisten〕的朝向性，换言之，意向性的背景体验的倾向性特征之变换，在其中“我思”成为有效的。自我现在朝向于客体，自我本身具有朝向于客体的倾向。于是，一般来说，每一

我思，每一特殊自我行为，都是一种由自我完成的努力，此努力具有不同的完成形式。它可以不受阻碍或经受阻碍，较完全或较不完全地被完成。我们马上会对此进行详细讨论。

此倾向也有不同程度的张力强度。自我被一触发者所吸引，可以发生于不同的活跃度上、不同的强度增加速度上，以及或许也在一种突然的强度流冲击下。与之相应，触发结果的性质与速度具有类似的区别性，但此区别性并非因此而仅被性质所决定。自我并不必定需要一强烈刺激以便完全屈顺，它可以按照不同的强度来应接刺激。虽然触发力的增强必定由客体的知觉所与性方式的一定变化所决定，（例如）在我们身旁驶过的火车笛声变化，但是这样一种所与性方式本身并不需要引起自我的注意转向。人们可能注意不到一强力的刺激，如当他在与一“重要”人 83
物说话时。而且甚至当人们只是一时在出神时，对此刺激，可能只引起了附带的注意、未加重视的注意，或者也仅是引起一种一时性的触动而并未对之“详细地”注意。

我们称转向的实行为自我的醒觉〔Wachsein〕。严格说，应该区分作为自我行为的实际实行之醒觉与作为潜在性、作为行为可能实行状态的醒觉，此状态构成了行为事实实行的前提。醒觉行为是将目光朝向某物。被醒觉意味着经受一种有效的触发，一背景变成“活跃化”，意向性对象从背景或多或少向自我靠近，某物吸引自我积极地朝向它。当自我朝向对象时，自我即靠近了对象。

只要自我在此转向中应接了触发性刺激对其前所与者，我们在此就能谈及自我的接受性。

此一现象学的必不可少的概念——接受性〔Rezeptivität〕，绝非与自我的主动性处于排他性的对立中，此自我的主动性应该理解为包括一切特别从“自我极”发出的行为；反之，接受性应被看作是主动性的最低阶。自我允许后才使某物进入。于是就“知觉”一词而言，我们区分（例如）以下二者：一方面是原初显现中的单纯被意识者（那些在原初的活跃性中呈现对象者），在此方式中一完全的知觉场出现于眼前（已经在其纯粹受动性中）；另一方面“知觉”一词是指作为对对象主动把握行为的主动知觉，此对象在超出它的知觉场中被凸显出来。同样，我们可以 84

有一回忆场，而且甚至可在纯粹受动性中具有它。但是再一次，此简单回忆中的显现行为还不是主动进行把握的，并相关于显现者（“击中我们者”）的回忆。显然，正常的经验概念（知觉、回忆等等）意味着主动的经验，后者于是起着说明者的作用。（参见下章）

§18　注意性作为自我倾向

就特别相关于客观化体验的、信仰性体验的领域而言，其中“存在者”被（即使也是处于背景上的）我们所意识到，那么一般来说，此存在者就是相应的信仰性朝向，后者通常被心理学家称作注意性。然而，当人们完全沉浸于图画的美丽，体验着图画带来的欣喜，而非持有着存在信念，即非存在于对存在者的意向中时，或者同样，当人们在实行其积极行为时完全生存于特意的实践中，那么此类现象在日常生活中就被称为“注意性的”，即对美的注意，对其劳作活动的注意，后者处于不同的实行阶段，直到其最终完成。当然，存在信念中的存在把握（或存在解释，对其存在方式的解释）和评价行为或劳作行为，这二者之间的相互结合具有很多不同的方式；于是（例如）一信仰的行动成为一劳作的行动之基础，而且对已完成者或已完成的工作的继后信仰性的断定，是与一暂予搁置以备未来使用的实践行为相结合的。同样也很明显，每一
85 非信仰性的（注意力）朝向以及对某物的连续施作，敞开了导致态度变为一种信念性态度的可能性，此信仰态度将该（来自先前态度的）“运作形成”〔Leistungsgebilde〕理解为存在者，并将积极地对其如是加以解释。

一般来说，注意性就是自我对意向性对象的倾向性行为，对连续呈现于所与性方式变化中的统一体的倾向行为，此倾向行为属于自我的一特殊行为（严格意义上的自我行为）之本质结构，此即作为一实行中的倾向行为。以转向开始的实行，行为实行的开始点，也就是自我对对象的一连续实行中的朝向性之开端。此开端标志着一继续综合统一的实行过程（虽然它可能以多种方式被实行着），在其中此过程的原初倾向，连同其从已实现者中所发展者，被逐阶加以充实，但同时由于其倾向性

〔tendenzios〕而被继续扩展，并展现了新的充实阶段。于是此过程一直持续到“结束”或达至中断，也许以“如此等等”的形式。此一开端因此具有一意向性的视域，它超越自身，指向一空的、只是在继后的实行中被直观充实的方式。它隐含地指涉着一连续的综合过程（某种要采取的方向或许在可能过程的多向度上始终是不确定的），通过此过程，一种连续的统一倾向被全面展开着。在其进程中，它连续地改变着充实的样态，每一种样态都具有“中间性充实”〔intermediären Erfüllung〕的特征，此中间性充实仍然在视域中指涉着新的充实。

此一倾向样态中的本质性区别属于一切意向性体验，即自我或者主
动地生存于经验“内”，在其中朝向于意向性对象，对其介入，或者并不 86
介入。在前者的最好情况下，从体验中（背景体验样态）或从其中的意向性对象中，产生了激发性吸引力，一种具有不同触发力的激发性刺激逼向自我（如果自我已经醒觉或在其他情况下已经活跃化）。

§19 经验性自我倾向作为对被经验者之“兴趣”及其在自我“行为”中之效果

朝向于存在者（或者在其变样化中，即可能方式的存在者，假定的存在者，非存在者，等等）的信仰行为，就是意向性的注意体验的一种特殊状态，存在于实行中的自我行为的一种特殊状态，其中包含意向性的直接性或间接性的不同样态的直观经验，以及最后是给予存在者本身的明证性经验（严格说，信仰性经验，因为经验和直观可如此普遍地被理解为包含着一切种类的行为和对象）。我们下面谈到注意性时，特别是谈到知觉和记忆时，我们所指的永远是信仰性行为。

如同我们已经一般地说过的那样，在此同样真确的是，对存在者的朝向行为、注意行为的投入，即在运作一种倾向性行为，一种努力的行为。这是一种朝向实现的努力，一种包括着其不同的中断形式或完成形式的作为。带有朝向性的知觉行为的开端，虽然已经是在客体本身之旁
的存在意识，知觉肯定为在其所谓肌体性地现前中之客体把握的意识。 87
但是，自我的倾向并未随着朝向性的开始而完结。虽然它朝向于客体，

但最初仅只是对其瞄向着。我们可以说，由于此朝向性，对于作为存在者的知觉对象的兴趣被唤起了。我们连续地朝向于对象本身，我们实行着对其进行经验的连续意识。对对象存在的意识在此是一现实的信念。知觉显象，在根源性的现存、持存及预存中，作为连续自行肯定的一致性，也一致性地流动着，由于此一致性信念即连续的信念确定性，后者在其躯体性现前存在的此对象根源性内是确定的。但是在此对对象的稳定朝向中，在其经验行为的连续性中，存在一意向，它超越所与者及其临时的所与性样态而趋向于一继续展开着的“在外者”〔plus ultra〕。它不只是对某物的意识之继续性具有，而是一对新意识的继续性努力，此新意识具有对对象的“自身”丰富化的兴趣，而此对象当然随着把握行为的持续而相应展开着。于是朝向的倾向性继续成为朝向完全充实性的倾向性。

触发的对象最初在未分离的统一性中吸引着自我对自身的目光。但此统一性立即被分划为其诸构成性因素，它们开始凸显自身，如一因素落于目光的中央，而属于客体的其他因素在对象的意向性统一体内彼此在主题上相互关联，并起着刺激的作用。同样，随着一切实际上所与者
88 的出现，视域遂被唤起，例如当我从前侧看静止的物对象时，我在视域中意识到未见到的物后侧，瞄向〔abziel〕对象的倾向于是朝向于〔gerichtet〕企图达到的对象的后侧。正是随着此所与者的丰富化，随着突入细节及“从一切侧面”被给予者，倾向遂从开始的“瞄向〔Abzielung〕样态”过渡到“达成〔Erzielung〕样态”，后者还继续含有其不同的程度：如不完全的各种达成、部分的达成，带有未实现的诸瞄向成分。

于是倾向实现于自我的多种多样的“行动”〔Tun〕中。其目的在于将自我对外部对象的显现（呈现）转换到其他的、另一其他的“对同一对象之显现”。倾向在“可能显现的封闭性复多体”内移动。它不断努力于新的显现改变，以便使对象从一切侧面被给予。此倾向于是朝向同一对象，后者“呈现于”一切显象中，从这一侧面到那一侧面，从近处从远处朝向于同一对象。然而此倾向也从某物的一种显现方式（“如何”）转变为同一物的其他显现方式（“如何”）。它朝向永远更新的显现方式之“产生”，此显现方式也可称为“图像”〔Bilder〕——此一“图像”概念

当然无关于“复制”概念，但后者在言语习惯中也完全可行。于是当人们（例如）谈到形成一物之图像时，意思是指人们察看它的方式，即它如何呈现自己的方式。

在此意义上，每一外知觉对象都是在一“图像”中被给予的，而且它在从图像综合过渡中构成着自身，在此过程中诸图像作为同一物的诸 89
图像（诸显现物）彼此大致地具有综合的相符性。在此方位化〔Orientierung〕中将客体呈现于我的每一知觉，都实际上形成一种向同一客体的其他显现方式过渡的开放性，即向某些显象系列的开放性。此过渡可能性也即实践的可能性，至少当相关于一不断持续地被给予的客体时。于是存在一种如此穿越诸显象的自由，以至于我可移动眼睛，转移头部，改变我的身体姿势，围绕客体走动，朝向客体注视，等等。我们将这些运动称作动觉，这些运动属于知觉本质，并被用于尽可能地从一切侧面使知觉对象成为所与者。它们是知觉的倾向之结果，是在一定意义上的“活动”，虽然不是意志性行为。在此我并未（一般来说）实行意志性行为。我非意志性地移动眼睛等等，并未因此“想到眼睛”。相关的动觉具有主体活动过程的特性，与其同时移动的是属于它们的视觉的或触觉的变化的“图像”系列，而“被给予”我的仍然是在静止的时延中或在其变化中的对象。我一方面以接受性方式，另一方面以产生性方式，相关于对象。图像的显现是“在我的掌控中的”，我也可以使该系列中断，例如，我可以闭上眼睛。但是不在我掌控中的是另一图像之呈现，如果我让动觉起作用的话；对此而言我只是接受性的：如果我使此一动觉或彼一动觉相对于客体起作用，此一图像及彼一图像将被呈现。无论是对于 90
静止还是运动来说，对于改变还是不变来说，情况均如此。

于是，从自我的第一次转向开始，知觉即被知觉倾向活跃化，从统觉向新统觉的连续性融入的倾向，穿越着动觉复多体，并因此促动着“图像”流动的倾向。我于是永远针对着图像中的显现者、呈现者，特别是针对着它们的此一、彼一因素和形式等等。诸倾向的此种作用，由倾向调节的动机化的动觉过程的作用，属于外知觉的本质内容。一切活动的过程，诸倾向的过程，都发生于此进程中。

前面的论述假定着，知觉倾向是在第一次朝向后实行的，以及此实行是在朝向性的指引下继续着的。但是现在我的视觉域对象，例如，运作其刺激并产生了倾向，对此倾向我以眼睛移动顺应之，却并未给予注意的转向。此统觉过程作为活动的过程没有我的朝向也是有可能发生的。另外，此朝向，或自我朝向中的统觉之实现，在“我知觉”的形式中，首次导致客体成为我的主题，我的关注中的客体，而且导致了这样的结果：此关注本身，动觉的流动，显象的动机化的使流动行为〔Ablaufen-lassen〕，都成为我的流动，都是我通过图像对对象进行的思考。自我生存于“我思”内，这使“我思”的一切内容都特别与自我相关。朝向本
91 身具有“我做”〔Ich tue〕之特征，而且同样，注意的目光的射线移动，在朝向性样态中的目光的移动，也属于“我做”范畴。因此要区分以下二者：

1. 一个不是“我做”的行动〔Tun〕，是一在朝向性之前的行动。

2. 如前面所说，我做还并不必然包括意志性行为：当我注意地朝向对象时，我非意志性地移动着眼睛。

§20 较狭义的与较广义的兴趣概念

我们也曾谈到一种兴趣因朝向于对象而被唤起。现在指出，此兴趣尚未与特殊的意志行为相关联。它并不是引生（如）计划和意志行为者的那类兴趣，它只是一种努力之契机〔Momente〕，此努力属于正常知觉的本质。我们在此谈到兴趣的理由是，一种情绪与努力同步发生，这是一种肯定的情绪，但不应将其与一种对对象的快感相混淆。当然，对象本身可以触动我们的情绪，对象对我们有价值，因此我们朝向它并停留于其上。但是同样可能的是，它没有价值并正因其可厌性质而激起了我们的兴趣。于是，属于兴趣的情绪是一种完全特殊的被朝向者。在一切情况下，不论对象因我们对其感到有价值还是无价值而触动我们的朝向性，一旦我们把握了对象，对它的感觉内容都必然被丰富化，部分上由
92 于其在知觉中的纯粹直观的时延，部分上由于其晦暗的视域之继后的苏醒，此视域相关于永远更新的、丰富化的可能性与期待性。与此相连接的是对此内容丰富化的一种特殊的满足感，而且针对此扩大的和提升的

丰富化视域，一种努力要“一直对其靠近”，一直要更完全地掌握其本身。于是，在较广层阶上，此努力可以采取一真正的意志行为形式，一种具有精心目的设定的认知意志形式。然而我们现在还不拟讨论此问题，而是专注于纯知觉领域以及仔细思考与其相连的问题。

另外一种兴趣概念必须与此处发展的兴趣概念相区别。如果我只是一般地朝向于对象的话，此一进入对象的努力以及对其本身丰富化的满足就还没有发生，而是只有当我在该词特殊的意义上将其作为主题而朝向于它时才会发生。在此严格意义上的主题和自我朝向的对象并非永远相符。例如，我可以在主题上专注于一科学工作并在此时被街上的噪音扰动。噪音强行灌入我耳，我暂时朝向它。然而我先前的主题并未被放弃，而只是暂时退居背景处。但是它此时仍然是我的主题，当噪音过去后，就会立即返回。与此相关，人们能够形成另一种更广义的兴趣概念或兴趣行为概念。于是在这类行为中应被纳入的不仅是那些我借以在主题上朝向于一对象者，如对其知觉并之后加以详细观察者，而且是一般 93
地纳入每一种自我朝向行为，不论是暂时的还是连续的自我朝向，纳入每一种共在〔inter-esse〕行为。

§21 倾向的阻断与确定性的样态化起源

让我们再次返回初步的、严格的意义上的兴趣。具体知觉的发生乃是在倾向性上朝向同一对象的、永远更新其所与性方式的持续努力之结果。此倾向性之实行过程可能受阻或未受阻。

这意味着如下结果：倾向并非仅只是朝向对象之永远更新的所与性方式的盲目的持续努力，而是与期待意向，与潜在的期待同时发生的，后者指涉着在对对象的知觉性思考的继续过程中成为所与物，例如期待相关于迄今尚未看到的后侧等等。于是，每一“知觉相”〔Wahrnehmungsphase〕都是现实的和潜在的期待意向之一发射系统〔Strahlensystem〕。在知觉的正常例中，在知觉相的未受阻碍的连续过程中，在通常所说的知觉中，出现了实现刺激的连续性过程，然后发生了期待之连续的充实，在此过程中充实行为永远同时也是对对象之更精细的规定行为。

兴趣的满足，也即期待意向的一种充实，即从知觉相向另一知觉相，从
94 对象的所与性方式向另一所与性方式的持续努力中的倾向之充实。这就是意向的未受阻过程的正常例。于是对象存立于直接信念确定性中，作为存在者以及作为在我们面前的存在者。

相反的例子是倾向受到阻碍。于是我们似乎始终有一对象的图像。对象不是全侧地而只是“一侧地”被给予。于是知觉中断，不论是因为对象退出了知觉场，还是因为被其他在前堵塞物所遮住，或是因为虽然它仍然在我们眼前是可知觉的，但另一更强的兴趣的出现产生了另一主题性实践，于是对对象的兴趣受到排挤，而其倾向因此并未完成及充实。此兴趣始终或多或少未被满足。

a）否定的起源

但是还存在另一种阻碍，它可能进入倾向的充实过程：对对象的知觉兴趣可以持存，对象被继续思考，对象被这样继续给予以便其可能被思考。然而出现的不是期待意向之充实而是对其“失望”*。例如，假定我们看见一均匀红色的球，一段时间内知觉如此流动以至于此统握在一致地被充实中。但是现在在知觉进程中逐渐显示出一原先未看见的球的后侧部分，而且与最初以为是“均匀红色，均匀球形”的特征相反，出
95 现了使该期待落空的其他意识：“不是红色，而是绿色”，“不是球形的而是凹陷的”。但此时不管如何只要一意向性过程的统一性仍然可加以保持，就是在假定着某种程度的连续性充实之持存。与此相对应：某种对象感觉的统一性在变化着的显象之流动中必定被维持着。只有当我们在其显象体验过程中具有一意识的一致性、遍及一切知觉相的统一意向性时，才存在此对象的知觉意识的统一性和朝向此对象思考的倾向统一性。因此一统一的意义框架持存于连续性的充实中；只有规定着期待的意向之一部分是具相关性的，它正属于相关的表面位置，而对象感觉的（被意指的对象本身的）对应部分保持着如下特征：“不是此，而是彼。”此时，一种冲突性发生于仍然活跃的意向与出现在刚确立的根源性中的感觉内容之间。但是出现的不只是冲突性：新构成的在其活跃性中的对象感觉就像是

* Enttäuschung，即预先期待被证实为错判。——中译者注

将其对立方排挤了出去似的，因为后者仅只是空洞地被预期着，所以它以其活跃的充实性将其遮蔽，将其压制。感觉在其印象性的充实力〔Erfüllunskraft〕中的此新对象是“绿”的，具有一种“元力能”〔Urkraft〕，它将对红色存在物的预期确定性加以压制。然而作为被压制者的确定性仍然在意识中，虽然它具有“无”的特征。另外，绿色联结于其他的感觉谱系。出现在新知觉相中的“绿色与凹进形的存在物”，以及相关侧上之物的一切方面，均持续着先前的显象系列，此系列仍然持 96
存于意识中，并与感觉系列相一致。

当然，由此在知觉的全部感觉内容中产生了某种双重性：正像被期待的新的“他者”遮蔽了先前知觉系列中潜在地规定的感觉“红的和球形的”并使其空无化一样，在回顾全部先前系列时也同样地发生了相应情况。例如，知觉感不只是在一时的新知觉段中进行改变；诺耶玛的变化也在持存的领域内的回顾性抹消行为的形式中向回流射，并改变着其来自先前知觉相之感觉功能〔Sinnesleistung〕。先前的统觉与连续流动的“红色与均匀的圆形”协调一致，此统觉被间接地“再解释为”“在一侧为绿色及具凹进形”。本质上这意味着，当我们在一显在的再忆中使该持存的内容具直观性时，此持存的内容即为意识中仍然新鲜的但已变为完全晦暗的显象系列，我们将在其全部视域中，不仅是以记忆的方式发现在旧的期待结构和充实结构中的旧的规定，如同它们最初被触动时那样，而且在此基础上发现了适当改变了的规定，后者现在显示为“绿色的和凹进形的”，而且是以这样的方式，与其相冲突的旧的性质规定因素被刻画为无。但是，只要这些感觉因素是一统一的并在稳定统一性中被组织的感觉因素，显象系列的全部感觉在样态上就改变了，并同时双重化了。因为旧的感觉仍然被意指着，但被新的感觉遮蔽着并被对应的因素抹消了。

“否定”、“无”或“撤销”〔Aufhebung〕、“其他”等等的根源性现象 97
就是这样被加以描述的。在外知觉例子中被分析者，按类比方式也适用于每一以意向中设定着其他对象的（设定性的）意识及其对象性。因此这意味着，否定首先并不属于述谓判断行为一类，而是说它在其元形式〔Urgestalt〕中已然出现在受动经验的前述谓领域中。不论对象为何类型，一种新感觉叠加于一已被构成者之上并相应地排挤了后者，对于否定来说它们都具有本质的重要性。而且与之相应，在诺耶斯方向上，第二次统觉的形成也是具有本质的重要性的，此统觉不是并存于被排挤的第一次统觉之旁，而是在其之上，与其处于相互冲突中。信念与信念冲突，一种感觉内容的信念和直观样态与在其直观样态中的另一种感觉内容相互冲突。

在我们的例子中，冲突存在于对一预期性的意向，也即对通过一新印象进行的期待之真正取消中，“失望”（证误）只是对此同一现象的另一表达。事实上，“取消”只相关于一片有限的内容，而充实的一致性与其他内容继续维持着一致性。直接受取消行为触动者，最初载有“无”特性者，即对象的因素“红色”和其曾被预期的“存在”。只是因此，在信念中作为被假定的红色之基底的物本身被“抹消”了，结果，“被意念为”全为红色的存在之物并不存在，反之，此同一物处处皆为绿色。随
98 着原初简单的、正常的知觉由于经受抹消作用而发生的变化，我们再次有一类似于该正常知觉的知觉，只要与抹消行为同时发生的感觉变化产生了具有统一的和协调一致的感觉的知觉，在此知觉中我们继续发现意向的连续的充实行为：替换掉“绿色和凹进形”之后，一切再次协调一致。但是，与前不同之处在于，对于意识来说，旧的知觉统觉系统仍然在持存的形式中被保持着，它与新的统觉部分地相互交融。此旧的统觉仍然被意识到，虽然具有被撤销的特性。人们也可以说，旧的感觉被解释为无效以及另一取代它者为有效。这只不过是对于否定以及对于用新的充实的感觉对曾被意向的感觉进行取代的另一表达法。

因此我们得出下面的结论：

1. 否定，在此于根源性中，假定着正常根源性对象之构成，我们将此对象构成称为正常知觉，即对象兴趣的正常的未受阻碍的效果〔Auswirkung〕。知觉必定在那里，以便能够在根源的层次上被变样。否定作用是一种意识变样化作用，后者按其自身本质显示着自身。它永远相当于部分的抹消作用，后者根基于因此而被维持的一信念确定性之上，并最终根基于普遍世界信念的基础之上。

2. 一知觉对象的根源性构成实行于意向中（在统觉性统握中的外知

觉），意向按其本质可能时时由于潜在的期待信念而承受变样作用，此变样的发生与在此情况下本质上出现的、彼此方向相反的诸意向之叠加相互一致。

b）怀疑意识与可能性意识 99

但是，不仅否定的根源性现象已经存在于前述谓领域，而且构成传统形式逻辑的核心部分的所谓判断样态〔Modalität〕也在前述谓经验事件中具有其起源及其基础。一正常知觉过程的突然中断，属于该知觉的预期意向之一的彻底失望，并非永远必定发生。不是简单的抹消行为，可能也出现单纯的怀疑行为，在其中一先前简单地视为有效的知觉统握并未被直截了当地抹消。怀疑呈现了一种向否定性撤销的过渡样态，然而否定性撤销也可呈现为延续状态。例如我们在一橱窗内看见一物之形状，我们最初将其视作一真人，例如一正在那里布置的职员。但之后我们开始犹豫，不知它是否仅只是一模型。在靠近看时，怀疑消失，结果或者是真人或者是模型，但是仍然可能存在不知结果为何的怀疑所带来的犹豫期。此时两种知觉统握相互重叠着，其一在我们一开始具有的正常发展的知觉内持存着，在此期间，我们前后一致地、没有冲突地看见那里有一个人，正如周围环境中的其他东西一样。它们是正常意向，部分地被充实，部分地未被充实——在知觉过程的连续流动中正常地被充实着，没有任何冲突，没有任何中断。但之后发生的不是在一决定性失
望形式中的突然中断，因此不是一预期意向与由于抹消了前者而新出现 100
的知觉的一预期意向之间的冲突。反之，真正显象的充分具体内容现在突然获得了一种挤压于其上的〔sich darüber schiebenden〕第二内容：视觉显象，充满颜色的空间形状，此前具有着一堆统觉意向，后者一般地给予了“人的身体”的感觉，现在则叠加上了“穿着衣服的模型”的感觉。真正被见者什么都没有改变，甚至共同所见者还增多了，在两侧都看到了衣服、头发等等，但前一次看见的是血肉之躯，后一次看见的像是染色的木材。在感觉材料上的同一内容是相互重叠的两次统握的共同基础。在怀疑期间二者均未被抹消，它们处于相互冲突中，每一显象某种程度上都有其力量，都受到其前的知觉状态及其意向内容的触动或（几乎是）“要求”。但是“要求”与“要求”对立，其一挑战着另一，反

过来也一样。一种非决定性的冲突停留在怀疑中。因为该空视域仅只在与共同的直观的核心一致的方式中构成对象，于是我们之后具有一种根源的正常知觉之分岔，此知觉只是在一致性中构成了一种感觉，此知觉分岔几乎成为一种双知觉。由于共同的核心内容，它们成为相互贯穿的两个知觉。然而实际上不是两个知觉，因为二者的冲突性同样意味着某种相互的叠加性。如果一次统握占有了共同的直观核心，它被实现了，那么我们（例如）看见的是一个人。但朝向模型的第二次统握并未成为
101 空无，它被压制了，力量全失。于是（例如）统觉“模型”突然闯出，我们看见模型，之后是该统觉“人”失去了功能，遭到了压制。

双重化因此实际上并非一种知觉的双重化，虽然知觉的基本特性——躯体性意识，出现在双侧。如果人的统觉突然变成模型的统觉，那么最初是人存在于躯体性内，之后则是模型。但事实上二者中任何一个都并非像怀疑开始之前“人的存在”那样存在。显然，意识的样态改变了，虽然对象感觉及其显现方式前后都具有躯体性样态。同样，信念样态或存在样态发生了本质上的改变，躯体性显现者之“被意识方式”变成了另一种方式。不是像在正常的、毫不含混的并同时一致性持存的知觉那样被意识为直接存在着，而是现在被意识为可疑的、令人怀疑的、有争议的：彼此的争议是由于另一知觉相内的一躯体性所与者所引致，实际上二者在冲突中相互贯穿着。

人们也可将此情况这样来表达：以原初的、躯体性的方式使对象被意识到的意识，并不仅仅具有躯体性样态，后者使其区别于准现前性意识和空意识，此两种意识并非在躯体性中使同一对象感觉被意识到，而是也具有一可变的存在样态或有效性样态。根源的、正常的知觉具有元样式〔Urmodus〕“存在”或“直接有效性”，这正是直接简单的素朴确
102 定性，显现的对象存在于无争执的和无中断的确定性中。无争执者指涉着可能的争执或（甚至）中断，正是指涉着（像我们前面刚描述者那样）那种具有在分岔性中实行的一种“有效样式”〔Geltungsmodus〕的变化。在怀疑中两种相互冲突的躯体性具有相同的有效性样态，即“有疑问的”，而且每一“有疑问者”都正好是“被争执者”，即与另一者发生着争执。

但是这不仅是对在其“现在时相”中的一时知觉状态有效，而且正像在否定中一样，冲突性也同样本质上反作用于已经流失的时相。在这些时相中单义的〔einsinnig〕意识也分裂为多义的〔mehrsinnig〕意识，即被分裂者与其统觉的重叠都进入持存的意识中继续展开着。之后如果我们明确地实行发生在怀疑前的知觉段的准现前，那么它现在就不再像在其单义性中的其他记忆行为那样存在，而是接受了同样的双元化。“模型统觉”处处重叠于“人统觉”。这也同样适用于说明再忆行为。由于向持存回射并因此向解释性的再忆回射，在其中同样实行了样态化。当然，在此情况下仅只思考同一对象的过去时段，此对象仍然以躯体的方式现前地持续着。而作为一正常知觉之重复的正常的回忆，使我们将正常的作为“确定性”之“有效样式”中的被重复者，意识为确定的存在者。由于该回射而带有分裂性的记忆，提供了变化了的“疑问性”之“有效样式”：对是否如此或如彼之存在的疑问，对是人还是模型的疑问。

在此变为怀疑的状态下，正像在否定的状态下一样，知觉兴趣倾向 103
的实现过程中也存在一种阻碍。虽然不是达到像否定情况下那样具有突然失望形式中的知觉倾向之阻碍，但也仍然并未达到属于知觉的期待意向中一致性满足和充实的结果。它们的过程以及随之产生的兴趣的满足，是在这样的方式中受阻碍的，即自我在顺从于触发倾向时，并未达到直接的确定性，也未达到对确定性的抹消，而是导致在诸信念倾向中被这样或那样吸引着，以至于不可能在怀疑的情况下做出决定。自我在人统觉和模型统觉之间摇摆。属于知觉的在先期待意向并未给予清晰的性质规定，而是给予了一种含混的性质规定。这导致与朝向哪一侧的信念倾向发生了意识内的冲突。也就是，当自我最初实现了倾向于一侧、倾向于人统觉的动机化时，接着发生了朝向另一侧的一致性要求。当自我似乎完全倾注于这一侧时，而且偏向另一侧“模型”的主张不起作用时，自我经验到一种吸引的力量，一种在确定性中朝向这一侧的倾向。但是，对立倾向也以同样的方式被实现了。

于是，知觉的正常的自我行为，被其在行为中的直接信念确定性样态化，我们将此信念确定性称作信念假定〔Glaubensanmutung〕。从诺耶玛侧看，即从被意识的对象侧看，我们也说存在假定。这意味着，触发

来自对象，以至于自我假定着对象及其对立方〔feindlicher Partner〕的
104 存在及如是存在。我们也称此被假定者（在其独立于与自我的关系之外被考虑时）为可能者；可能性概念在诸信念倾向的冲突中，与之对应，在存在假定的冲突中，有其根源。“是可能的”，可能性，因此是一现象，此现象像否定一样已经出现于前述谓领域，并以最根源性方式固存于那里。在此情况下，存在着一种成疑问的诸可能性，它们彼此冲突着。我们也可以称之为可疑的〔fragliche〕可能性。因为在假定的两种怀疑项之一的决定中的意向，从怀疑中产生的意向，称作质疑性的〔fragende〕意向。假定性与反假定性只有在此才相互作用，才涉及对某物的赞成和反对，因此才能谈到可疑性〔Fraglichkeit〕。但是对这种可能性的最准确表达也就是假定的可能性。

只有在此谈到某物之可能性的情况下才可使用或然性一词：根据全部知觉状态，相关于二决一的信念倾向或存在假定才可说成是较大或较小，“或许那是一个人”，即一人的可能性较大。因此，或然性指涉着属于存在假定的“分量”〔Gewicht〕。被假定者多多少少是假定性的，也就是说在比较一切多种多样成问题的可能性时这也适用，这些可能性属于同一冲突状态，并由此冲突被综合地联结在一起：因为甚至是冲突性，在交互障碍中的一意识之分裂，都创造着一种统一性，从诺耶玛侧看，这就是对立面的统一性，即彼此因此而被绑接在一起的诸可能性间之统一性。

105 **c）有疑问的可能性与敞开的可能性**

从怀疑状态产生的成问题的可能性之特性，将仍更清晰地呈现出来，如果我们将其与另一种可能性相对比时，此后一种可能性被我们称作开放的可能性，而且此开放的可能性之出现也是根据知觉过程的结构，不过过程是未受阻碍、未被中断的。当然，在一知觉的统觉视域内意向性地规定者，不是可能性，而是确定性。然而可能性永远存在于这样的规定中，实际上多种多样的可能性均包含于其内。在一物之前侧知觉中被给予的对未见侧之规定，具有一种不定的一般性特点。此一般性是“空显示”之意识的一种诺耶斯特性，与之相应，对于被规定者来说是其对象性感觉的一种特性。例如，物背侧的颜色不是被显示为完全确

定的颜色，如果我们并不熟悉该物的话，而且如果我们也还没有看到物的其他侧面之时。但是，“一种颜色”仍然是被规定的，而且或许还不止于此。如果前侧含有图案，那么我们也期待着在后侧看到图案；如果前侧满布着均匀的颜色，那么至少我们期待后侧也如此。但是不确定性仍然是存在的。现在此一显示，正像在正常知觉内的一切其他意向一样，具有素朴确定性样式；但是它具有此样式，正是因为它所呈现于意识者，而且正是相关于其如此被呈现于意识的方式。可以确定的是存在“某种颜色”，或者某种“由斑点隔开的颜色”等等，因此即非确定的一 106
般性。

当然，在此使用“一般性”一词仅只作为权宜之计，以便通过间接描述来指涉现象本身。因为此处要考虑的不是逻辑概念，不是分类学的或概括性的一般性，而是简单地思考知觉的此一“前意念”〔Vormeinung〕，如现象以其“非确定性”意识样式出现于知觉中。

在准现前形式中的可解释性，属于每一空意向的一般性本质，因此也属于此一非确定的“前解释”〔Vordeutung〕。我们可以自由地形成对于未见者的图示性的准现前，如想象我们就在对象的旁边。如果我们这样做，就出现了完全确定的颜色之直观。但是我们显然可以在非确定性框架内自由地变异该颜色。这意味着，如果我们纯粹朝向图示化本身，因此借助准现前的知觉系列朝向知觉的一“准充实化”〔Quasi-Erfüllung〕，那么带有确定性的颜色的一具体直观将确实总会呈现。然而此确定的颜色不是被规定的，因此也不是被要求的：此准现前物确实存在着，即作为此物的该后侧存在着，但正是在一不确定性意识中。当带有另一种颜色的另一准现前的直观呈现时，此直观将甚少展开至此一确定性程度，因为没有任何直观是预先被构成的或被要求的。

对于此前尚未见者的准现前的直观也是如此。如果我们将其与知觉的实际进程的一次实际实现的欠缺性加以对比就会看到，实现着非确定性的规定的颜色显现本身被描述为具确定性特征的。由此达至（而且在 107
确定性中）一种规定的特殊化以及认知的提升。此新出现的知觉段在其确定性内容中带有非确定的一般性，此一般性在一更具精确规定性的具体化（此具体化则被包含在知觉确定性的统一体内）运作中被加以规定，这样的知觉段于是统一地充实着规定行为和预期行为。此一充实同时即认知之提升。但是，在例示性的准现前过程中情况并非如此，任何其他一种颜色也可起直接出现的颜色的作用。准现前只是在这种情况下才具有确定性样式，即尽管在其中出现了确定的颜色作用，它相对于此颜色作用仍保持着其非确定性样式。只是因此，准现前才肯定区别于一确定的回忆，如当我们在实际知觉到了该背侧后再次将其呈现于我们时会具有的那种回忆。

因此不言而喻，在实际获知之前，每一相对于“准规定性的”〔quasi-bestimmenden〕内容而言仅只是直观性的准现前，必定有一样态化的确定性特征。但是此非确定性具有如下特征，其中偶然被给予的颜色正是一偶然的颜色，因为取代它的并非可能是任何其他物，而只可能是任何其他颜色。换言之，一般的非确定性具有一自由变异性范围，落入范围内者，是以同样方式被潜在地环绕着，然而并非被肯定地促动着或被肯定地规定着。它是较精确规定的开放范围内的一项，此较精确规定与该范围相符合，但在此之外则是完全不确定的。开放的可能性概念因之被构成。此可能性表示着一种与成问题的可能性相对立的、完全不同种
108 类的样态化，因为样态化的意识在两侧都具有根本不同的起源。在成问题的可能性中存在着由知觉状态促动的、彼此处于冲突中的信念倾向。这种有所表示的可能性在任何情况下都具有其分量。对于开放的可能性来说就谈不到具有分量。不存在替代物，而是在一定的一般性范围内，一切可能的特殊化都以相同的方式开放着。在此样态化只是一种不确定的一般的意向，其本身具有确定性样式，在某种意义上相对于一切可设想的特殊性潜在地含有一种“确定性分层化”。例如，如果在不确定的一般性中要求一彩色斑点物具确定性，那么该充实化就被限定到这样的程度，即它必须正好是具有“某种”形式斑点的“某种”颜色物，而且此种类型的每一特殊性都是在同一方式上实现着此要求的。

因此，从简单素朴的确定性之元样式出发，封闭的及精确限定的一组样态可以被这样规定：它们的样态化〔Modalisierungen〕来源于以下二者的冲突：一是原初简单的确定性要求，二是与该要求对立的要求。成问题的意识与其成问题的可能性属于此领域。因此极为重要的是区分

由冲突产生的样态与开放的特殊性样态。二者共同形成了一种确定的信念样态或存在样态的概念。在此，样态化与信念确定性或存在确定性相对立。

d）“样态化”一词的歧义性

但人们也可按另一种意义谈样态化*。对怀疑现象的另一种思考将使此意明了。怀疑的本质包含其解决的可能性以及最终的积极决定。怀疑本身意味着与其非决定性之对立，而且怀疑的意识意味着非决定的意识。在知觉领域，决定必定以如下形式（作为最根源的决定形式）被实行，即在向新显象过渡时（例如，在相应动觉过程的自由运作中），一适当的、期待中的充实，与相互冲突的诸空视域之一相互适应。所出现的被变化的或完全新的感觉材料，在给予的意向性状态下要求着这样的统握，此统握如此扩大着诸非冲突的任意性意向综合体，以至于终止了冲突的根源，而且特别促动了怀疑的因素被一新印象的力量所排除。我们更靠近了，我们或许触及它，而仍然在怀疑中偏向于木料（而非偏向于人体）的意向获得了确定性之优先性。它由于一致性地过渡到新显象而获得了此优先的确定性，此新印象并不相符于人统觉的未被充实的视域，并且新印象由于其躯体性在充实性中具有的重量〔Wucht〕而否定了人统觉。因此，在此相对于人统觉一侧的决定中，出现了否定，此人统觉曾经引导着该原初的知觉并被变样为怀疑性。在相反的例子中就会出现对其给予的肯定〔Bejahung〕或类似的样式，如对后来被怀疑的原初知觉的认定〔Bestätigung〕。躯体性的显现者于是获得了样态的“有效性特征”：“是的”，“真的”。因此，在某种意义上，虽然存在信念和存在之确定性，认定中的“是的”，正像“不是”一样，是一种与完全原初的、完全未变样的某一“有效性元样式”相对立的样态化，在其中知觉对象的构成被一致地、完全无冲突地加以实现了。于是，“样态化”一词获得了一种歧义性。一方面，它可能意味着相对于原初的、所谓素朴的确定性的每一有效性样式的变化，此确定性未因分裂、怀疑而被损坏。另一方面，它可能意味着确定性的有效性样式的一种变化，由于此

（页边码：109 位于“但人们也可按另一种意义谈样态化”一行；110 位于“初知觉的认定”一行）

---

* 或译“变样化”。——中译者注

变化它不再是确定性的了（在前述意义上的可能性、或然性等样态化）。元样式是确定性，它是在最直接的确定性形式中。一旦通过怀疑过程出现了肯定的或否定的决定，我们就恢复了确定性。“事实上”证明为真的或非真的之时，我们就重新获得了确定性。但是现在确定性意识改变了。通过怀疑达到决定赋予意识的正是决定性特性，并赋予其诺耶玛意义以相应的特性，后者被表述于“是的”“事实上”“真是如此”等等词语中。

然而如果我们谈到真正意义上的决定，我们就已经超出了受动性领域而进入了自我之能动性立场抉择领域。在接受性的知觉中这只是相关
111 于被动发生的综合问题，此综合或一致地持续着或在冲突中中断，或者在统觉变化的过程中再次通向一致性和怀疑的消解。所有这些现象于是都在较高的层阶上提供了通常意义上的判断样态形成的、被变样的述谓判断形成的契机。对此问题我后面再来讨论。如果像在传统中那样，我们仅只相对于述谓判断来讨论，如果不在前述谓领域探讨一切这类样态化现象的起源，那么判断样态理论就有如空中楼阁一般。而且我们在此将样态化看作根源性知觉兴趣过程中的阻碍。这样的起源性阐明显示出，最直接的信念确定性就是元形式，而且一切其他现象如否定、可能性意识、通过肯定或否定所恢复的确定性等，都正是通过此元形式之变样化呈现的，而非相互等价并列的。

因此应该区分知觉兴趣的这种受阻碍的实现，即作为样态化的这种阻碍，与最初提到的那种阻碍，即作为知觉过程中断〔Abbruch〕的倾向性阻碍，不论此阻碍根源于对象的所与性方式（由于知觉场的消失、被遮蔽等等）还是由于对知觉中仍然持续被给予者的兴趣被其他更强烈的兴趣所取代。两种阻碍可以共同作用并相互交替决定。知觉过程的中断
112 可以导致进一步的、不可消解的怀疑，一种对作为结果已经被看见的对象之返回性的样态化，或者此样态化可以促动一中断，促动对对象的兴趣的减弱，此对象相对于其性质来说变为令人怀疑的，或并非如此，而是显示为其他的结果（例如，不是人而是着衣的模型）。

第二章　直接的把握与说明

§22　思考性〔betrachtenden〕知觉的层阶作为进一步分析的主题

下面我们限于知觉的未受阻过程的方式，因此限于这样的知觉，在其中既无样态化也无由于过程的中断而发生阻碍。甚至在此存在不同层阶上的运作，其中之一已经可见于样态化分析中，虽然到现在为止我们还没有明确地提到过。如果一般来说我们承认，样态化以我们描述的方式出现，也就是对象相关于其或为此或如彼而成为不确定的，那么就已经假定着，对象思考过程中至少一个部分也是未受到阻碍的。它的单一因素和性质必定被凸显出来；相对于未来者（如还未看见的背面）的期待必定因其而被引生，而之后变成失望并变样化为“不是如此，而是其他”。简言之，这些变样化的发生均已假定着知觉对象的一部分解释的存在，而且这样一种说明确大多数情况下已经为知觉兴趣倾向所要求。通 113
常，对对象的主动把握立即成为一种思考，朝向于认知获取的自我，倾向于深入对象，不只是全面地而且也是在其一切细节上，因此是通过解释地，对其加以思考。为此当然不需要立即完成此过程。通向这样的解释之路可能受到拖延，努力的实现可能被阻隔。如果我们，例如，对间接视域中的一视觉对象发生兴趣，那么它可能如此不清晰地显现，以至于我们最初不可能对其特殊细节加以分辨。对象没有凸显出任何特征。

在改变眼睛位置时，显现方式也会改变，但情况可能仍然是，在这个对象的连续综合辨识中并无任何内部的特征凸显出来，因此不可能取得任何特殊认知。一般来说，在正常有利的经验关系中，情况自然不同，我们会立即达至一实现兴趣的解释过程。但是即使没有阻碍，可能发生的是，并未立即出现一种针对对象的解释性的强力深入〔Eindringen〕，只要我们，例如，首先朝向于对对象的一种完全的把握，并在某种意义上已经朝向于对对象的完全思考，此对象在其变化的显现方式中呈现为一统一体。对象首先呈现于不利的较远显现方式中，之后我们通过改变显现方式靠近对象，使其处于我们的适当动觉运作形式中，此动觉的主观过程决定着显现的改变。同时，在正常知觉的情况下，虽然多种多样的、随着我们靠近对象而变得越来越丰富的凸显因素出现了，被凸显者会相对地逼近，甚至被模糊地把握到，但是自我仍然并不必须屈从于该
114 把握倾向，它通过在诸显象连续综合变化中坚守着其对对象的简单一致的视象，始终纯粹朝向着此连续综合的同一性统一体。因此我们能够区分以下对一对象的思考性知觉之层阶，并因此获得对以后分析的一种引导：

1. 思考的直观在每一解释之前，此直观朝向于“全部”对象。直接的把握与思考是较低客观化活动的最低阶，知觉兴趣未受到阻碍实现的最低阶。

2. 实现着的兴趣之较高阶是对象的真正的、解释性的思考。第一次的把握和最初简单的思考的确已经具有其立即被共同激发的视域，最初为一内视域（对此参见前面 § 8）。对象的存在从一开始就具有一种熟悉性，它被统握为这样一种类型的对象，此对象虽然在某种方式上已被熟悉但还处于模糊的一般性中。对象的显现唤起了相关于其存在内容的、还未被看见的背面的等等预存性的〔protentional〕期待，一般来说即相关于在进一步思考后性质即可被给予的预存性期待。如果现在思考过渡到解释，兴趣就会转到被唤起的期待方向，在此它仍然集中于此一被凸显的对象上，并努力于解释对象为何，在内在的规定方面它显示了什么，在内容上强力深入其内以把握其诸部分及诸因素，并再次分别地强力深

入其内，并使它们显现自身——所有这一切都在一持续的综合性统一体 115
框架内，后者则“基于”对象之全部显现及全部把握的统一体。解释即知觉兴趣方向对对象内视域之一种“突入”〔Hineingehen〕。在兴趣的无障碍实现的情况下，预存式期待将这样被充实，即对象在其性质中显示为它被预期为所是者，除了被预期者现在达到了原初的所与性之外。结果出现更准确的规定，也许是部分的更正，或者——在有障碍的情况下——是期待之落空，以及发生的部分的变样化。

3. 一种知觉功能的另一层阶出现了，当兴趣未因对对象的内视域之解释性突入而被满足，而是使这样的对象成为主题，此对象在外视域中共同现前着，与其同时存在于知觉场内并对其产生影响，而且相对于它们思考着知觉对象。这样，相比于其内部规定或意义〔Explikat〕，出现了相对性规定，它显示了在相对于其他对象时它之所是：铅笔放在墨水瓶旁边，它比羽毛笔更长等等。如果此相对的规定被把握了，那么知觉兴趣就不会均允地分配至知觉场内大多数对象上，而是集中地停留于其中一个对象上；其他对象将只在这样的情况下被注意到，即当它们在相对于该对象而有助于其进一步被规定时。外部相对性规定的此一发展，
因此取决于在现前知觉场内的知觉外视域中其他对象的“共同所与性”， 116
而且取决于它们的出现或消失，而内部的规定性在大多数共同发挥影响的对象中仍然未受到环境内此一变化的影响。

§23　直接把握与思考

a）知觉作为内在时间统一体。“仍然被把握着”〔Das Noch-im-Griff-behalten〕作为把握行为主动性内之受动性

思考性知觉的三层阶的每一个都需要分别分析。让我们先看直接的把握。尽管其具有直接性却绝非一简单的与料，而是显示出一种复多性结构，在其中它作为内在的时间统一体被构成。即使是时间构成问题——在构成系统学中的最初步者——在此还不能充分讨论（参见导论§72），它们仍然须在这样的幅度上被考虑，以期必然能使我们在其根源处理解直接把握与解释之间的区别。

对一持续的铃声的聆听提供了一直接把握的简单例子。铃声在时间流动和其铃响时相〔Phase〕连续变化中是连续同一的和始终未变的（在强度和高度上）。铃声出现在诸单一时相内，它们是时间对象——声音的显现方式，此声音在时间中延续，而且其时延连续地时时刻刻扩散着。铃声似乎存于具体现前的形式内，此具体现前含有现在时刻、连续性的
117 过去视域和未来视域。此现前现象存于稳定原初的时间流中，此时间流从现在流向新的现在，并处于过去视域与未来视域的相应变化中。再者，此声音在大部分情况下是作为空间上被定位者给予的，被把握为空间上或远或近的响声——这些规定与一空间的零点，即与我们自己的身体相关，一切此处和彼处都是朝向于该空间零点的。在此方式上，声音是作为时延统一体被前给予的。

如果我们现在对铃响的声音进行主动的（受动的）把握，那么此把握本身也是一种连续时延物——“只要”声音在响动，把握就延存着，即可被听到。正如在一现时刻永远发生的那样，把握朝向于声音，此声音本身在其活生生的延续中永远是在现刻响动着的。但是，把握的目光并不是朝向该永远为当下响动的时相的，就像是被把握的声音在此完全仍然就是在现在片刻中听到的声音似的。为了把握住这样一个现在，这样一个作为片刻〔Moment〕的延存之时相并使其成为独立的对象，宁可说就是一种特殊另类把握之成就。在把握持续性的声音，即“此声音”时，我们并非朝向此一当下的、却是连续变化着的现前（该现刻响动的时相），而是通过并超越变化中的现前而朝向于作为统一体的声音，此统一体本质上呈现于此变化中、此显象的流动中。进一步看，把握的活动朝向于活生生的、现前的、连续的声音，其具有如此的连续现前性，以至于自我最初把握的射线穿透了原初现在之中心的片刻（朝向于在此形
118 式中显现的声音片刻），也即朝向于在其连续的过渡性流动中的现在，即从一现在朝向一新的现在，并因此朝向在原初出现的片刻流动中显现着的更新的现在。没有任何现在始终是原初的现在，每一现在都将成为“刚过去者”，后者将成为“过去的过去者”，如此等等。而且此相关的片刻，在此显现变化之连续性中，在作为同一者的受动的“自一致性”〔Selbstdeckung〕中，始终处于连续的主动把握中。于是“仍然被把握

者”之被变样的主动性，连续地穿越了过去连续体，有如它与实存在的现在相联结着。而且被变样的主动性，与原初涌现的新的主动性一致，是一主动性之流动统一体，并如此存于此自相符的流动中。当然，类似的情况也适用于预存中显现的未来视域，虽然此未来视域不仅仍然在被把握中，而且连续地在预期性的前把握〔Vorgriff〕中，不过是与“仍然被把握者”处于相互作用中。

我们由此看到，（具体时延中的）声音的把握主动性具有一种复杂的结构，后者根基于活生生的时延的构成法则，此构成发生于前于一切主动性的一种特殊的受动性之中。此结构属于纯粹被看作是主动性的主动性之本质结构。这是一种连续流动的主动性，一种“原初涌动的”主动性之连续流，它与一种连续地“随继涌出的”、在其视域中被变样的主动性一致，此主动性具有“仍然在把握中”之特性，而且从未来一侧看，具有另一种被变样的、前把握性的〔vorgreifenden〕主动性，因此，就不再是原初涌动的主动性，而是作为共同结果〔Mitfolge〕被缠入序列中〔sich einflechtenden〕的主动性。一般来说，只要声音的主动把握发生并应可先天地发生，那么存在于不可分割的统一性中，并在一连续体中发生的、不变的自一致性的主动性，（具体说）即相当于一自我的行为，即 119
从自我流出的行为。但是在此主动性中必须区分以下二者：自行连续涌出的主动射线和一种固定的、受动的规则性，然而后者仍然是主动性本身的一种规则性。在双重方向性上及在双重变样作用形式内，与主动性把握同时发生的是一种本质上属于它的、被变样的主动性。因此，存在的不仅是一在主动性之前的受动性，作为原初构成性的却只是前构成性的时间流之受动性，而且也是一种在其之上形成的、真正对象化的、即将对象主题化的或“共同主题化的”〔mit-thematisierende〕受动性。这样一种受动性，不是属于作为基础的行为，而是属于作为行为的行为，它是一种在主动性内的受动性。

此种表述显示，主动性和受动性之间的区分不是固定的，在此不是相关于一成不变的具有确定定义的术语问题，而只是相关于描述和对比的工具性问题，其意义在每一个别事例中都必须相对于分析的具体情境而原初性地重新确立——此一结果适用于解释意向性现象的一切描述。

在此最简单的事例中被凸显者，当然也适用于一时间上绵延的（不论是不变的还是变化的，不论是静止的还是运动的）对象。只有根据此受动的-主动的“被把握者”，它才可在一直接的知觉中被把握为时延的对象，被把握者不只是现在存在，而且也是如前一样的存在，并将在下一现在中存在。但是，对“被把握者”的此一第一次描述还不完全。只
120 有通过它与易于与其相混淆的其他现象的对比才能将其特征鲜明地凸显出来。

b）“被持续把握”之不同方式及其相对于“持存”〔Retention〕的区别

如果自我接连地朝向于多个对象，一种仍然在把握中者也可发生，这些对象彼此无关，其中每一个都以如此方式引起其各自的兴趣，即这些兴趣彼此之间无关。如果这些对象进入了它们所引生的意识现前统一体，而且如果自我最初也只跟随兴趣之一，那么自我能够在一预存的前把握中转向其中另一兴趣；于是如果自我跟随后一兴趣，那么第一个兴趣虽然不再是初次把握的客体，但并不需要因此而被完全放弃。它仍然在把握中，即在此转向发生后，它不只是在一纯粹受动的持存中沉入意识的背景，而且自我在变样的方式中也仍然主动地朝向于它。此一“仍在把握中”的主动性必须区别于前面提到的那种主动性，在其中被变样的主动性与相对于对象的原初把握的主动性相互一致。这样一种相互一致性当然并未呈现，虽然根据两个对象的综合把握，出现了某种重叠性。对此问题以后我们还要讨论。（参见§24，b）

在此还可简略提及，在此两类的“仍然把握中”还可能有其他的复杂因素出现。如果自我转向一新的对象而前一对象仍然在把握中时，此
121 情况或者可能这样发生，第一个对象仍然延存着，仍然在延存中被给予；或者可能那样发生，第一个对象不再被原初地给予（例如声音停止响动，或者——如果在视觉对象情况下——它被从视觉域移开），虽然当我们转向新对象时，其持存的声音在渐渐消失中仍然被把握着。因此，“被持续把握”可能是一种印象性的被持续把握，一种在对象的延存的被给予性中的“被把握”，或者是一种非印象性的被持续把握，在对象的原初所与性终止后仍然持存着。

除了在“a)”中所考虑的对一延存性对象之主动把握者外，它还包

括这样的类例：在自我朝向一新对象时仍然在延存中被给予的对象是“在持续被把握中”的。

同样，一非印象的被持续把握在两种情况下都是可能的：一方面，一种不再被原初给予的对象可以仍然被持续把握着，当自我转向一新对象时；另一方面，当此对象的所与性终止后，自我仍然可以注意地朝向此同一个对象，在其持存的声音渐渐消失时。于是相对于对象的感觉，一种在持存中的主动的把握和其在前以印象的方式被给予的曾经延存〔Dauer〕之“仍然在把握着”之间，存在着一种综合性的相符性。“我刚才听到的声音”是同一个声音，我现在仍然注意地朝向着它，虽然它已消失，或许怀着一种要找回“那可能是什么声音”的意图。

从此描述中显然可见，被持续把握，作为一种被变样的主动性，作为主动性中的受动性，必须区别于持存之保有〔Behalten der Retention〕， 122
后者更经常地被称作是“新鲜的”回忆。持存是一种在纯粹受动性范围内的意向性变样，它按照一种绝对固定的法则性起作用而没有发自自我中心主动性之任何介入。它属于内在时间性的原初构成之法则性[①]，在内时间性中一原初片刻的现在之每一印象的“意识具有”〔Bewußthaben〕都变化为“刚才如是”之样态（刚才如是存在的现在）中的“仍然具有意识”〔Noch-bewußt-haben〕。此持存本身再次经受持存性变样，如此等等。于是可见，一种具体现前的意识包含着一种持存的过去片段，即当具体现前结束时，一具体的、流动的、持存的过去必定插入。对于将来者也同样如此，每一种在体验流中出现的体验都包含着一原初的、即使完全空的期待视域，一种最初纯粹受动的期待（预存）。一种具体现前的意识也不仅包含着持存性过去片段，而且同样包含着预存的、即使完全空的未来。

此法则性相关于一切现象学的所与者，无论是纯粹受动的所与者还是出现在意识流中的自我行为。每一自我行为，例如一对象的直接把握的每一行为，都出现在时间场内，作为时间上自构成的与料。在此原初

① 对此参见作者关于内时间意识现象学讲演，由海德格尔编辑，出版于《哲学和现象学研究年鉴》，第 9 卷，1928。

123 涌动中出现的样态中，在一现在片刻或在一连续现在片刻序列中，自我行为在其每一时相中都服从着持存与预存的法则——即使自我将对象从其主动性把握中放开。在此情况下发生了在一纯粹受动持存的持有〔retentionalen Behaltens〕意义上的元涌出性的〔urquellende〕主动性之变样。与此相反，在被持续把握中，元涌动性的主动性虽然也是一种被变样的主动性，但不是在一单纯持存的形式中，而是在持存性的声音渐逝之时相仍然实际地在作用着，即使它们是在一实际行为的具体化中被变样的内容片断〔Bestandestücke〕。只是作为这样的内容片断，该持存才"仍然"是实际的主动性，或者更准确地说，才是在"仍然样式"中的实际主动性。同样，在一行为中断后，预存的受动法则性继续起着作用，未来视域失去了主动被预期者，该预期也就不再是"前把握"样式中的实际主动性。

另外，如果我们考察在其不同的形式中的"仍被持续把握"，那么它已经不同于持存现象了，因为如其所显示的，它可以既在印象的方式上也在持存的方向上相关于被意识的对象，而且一般来说，成为每一可能意识样态中的对象——正是作为一种相关于这些对象的、被变样的主动性形式。如果将此主动性从对象中撤除，如果自我将其"注意力"完全从对象上移开，因此不再持续把握它们，那么它们将作为印象，或作为持存，或作为任何其他被意识者存留于意识场内，按照其被凸显的方式仍然继续发挥着作用。但是，此时它们将在纯粹受动性中被给予，在其意向性的变化中完全经受着受动性的法则的支配。

124

§ 24　进行解释的思考与解释性的综合

a）解释性的综合作为范畴"基底"及范畴"规定"之根源地；对其分析的任务

让我们现在过渡到客体化〔objektivierenden〕的主动性，过渡到进行解释性的〔explizierenden〕思考。我们可以预先将其刻画为知觉兴趣的方向进入了对象的内视域，此对象在其所与性中被立即共同唤起〔mitgeweckt〕。这意味着：假定在知觉兴趣的一未受阻隔的实现情况下，自我不可能长时间停留于单只直接的思考和把握中；反之，思考的倾向立即向前推进。在直线连续的流动中的思考成为一种简单的凝视，如果它未消逝，并在诸分离的消逝步骤中过渡到诸个别行为的诸个别把握的系列中，这些步骤内在地结合在一起，就形成了一个将诸个别设定加以联结的多设定统一体〔polythetische Einheit〕。诸个别把握彼此相联结，朝向于对象上的诸个别点。对象，以及每一对象，都有其特点，有其内在的规定性。用现象学的术语说：每一一般可设想的对象，作为一可能经验的对象，都有其所与性方式的主体样态：它可从晦暗的意识背景中出现，并从那里影响着自我并决定着自我进行注意性把握。此时它有其“近”和“远”的显现性区别，有其从远到近的移动方式，因此永远凸显着更多的个别性因素，决定着特殊的影响作用和特殊的朝向性。例如， 125
最初引起目光注意的是其全部表面颜色和其形态；之后是对象的一确定的凸显部分，例如房屋的屋顶；再之后是此部分的特殊性质，其颜色、形态等。而且按照对象的所与性方式的种类，同时被唤起的，并相关于对象在性质上将显示出来的期待，是或多或少被决定的。对象从一开始就呈现出一种特殊熟悉性，它被把握为这样一种类型的对象，此对象已经在某种方式上被知悉，并或多或少被模糊地规定。因此，对于进一步思考将在性质上显示的预期之方向，是被预先规定的。

原初直观解释的每一步骤已经发生于此熟悉性视域内，因此并非是直接给予一完全新的所与性，而只是进一步规定和对预期的修正，对此我们最初企图并尝试找出一般的本质，借此本质以区分解释过程与一单纯直接的思考行为。只有这样我们才将考虑解释之不同实行方式，后者在顾及解释永远存于其中的视域意识的充分具体化时才有可能——但是这些实行方式都具有其相同的基本结构。

让我们来看一对象，称其为 S，其内在的规定是 α，β 等等，由对 S 的兴趣产生的继续过程并不是如下的序列：S 的把握，α 的把握，β 的把握，等等，好像是几个把握之间互无关系，好像是发生着主题的改变。 126
因此，此过程并非像是这样的情况，在其中对一对象的认知兴趣减弱后，在此兴趣被对第二对象、第三对象的兴趣所取代后，我们才朝向那些对象，后者是由于相应有力的触发作用而迫使注意力转向它们的。反之，在诸个别行为的全部过程中，此过程从把握 A 到把握 α，β……我们学会认知了 S。此过程是一展开性的思考，一被分节式思考的统一体。S 通过整个过程保持着主题的特性，而且当我们逐步地一个一个地把握着“因素”与“部分”时，正是因素、部分（一般地）被称作性质、规定；于是，其本身什么也不是而只是对象 S 的某物，从对象而来，存于对象中。在把握这些性质时，我们得以认识对象并将诸性质看作是属于对象的。在展开中，未被规定的主题 S 变成了出现的诸性质的基底，而且诸性质本身在对象中被构成为对象的诸规定性。

但是，自我在把握 α，β……时是如何意识到在诸性质中认知 S 的呢？α 是如何以不同于 S 或不同于任何其他 S’（在 S 之后我们所要朝向者）的方式被意识的呢？换言之，是什么使得 S 在优先的意义上被看作是连贯性主题，以至于 α，β……即使依序被把握着并因此在某种意义上同样成为主题，与 S 相比仍然都失去了同等的正当性。的确，为什么这些性质只是这样的主题，在其中对 S 的主导性兴趣连贯地实现着，而且为什么对它们的过渡并不是进入另一个对象并因此是对 S 的兴趣的偏离和弱
127 化，而是此同一兴趣的连续实现和提升呢？因此必须描述这样的意向性功能，它决定着解释之“对象”在“基底”的意义形式上呈现于我们，而被解释的因素在一种完全不同的形式上呈现为对象的“性质”“规定”，以至于我们能够谈及一种解释〔Explikation〕，S 在其规定值中的一种展开，并可以说，这个 S 被规定为 α，被规定为 β，如此等等。

在其原初性中的解释之过程为，在此解释中一最初给予的对象成了明晰的直观。其结构分析必须阐明，在其中一双重的意义形成〔Sinnbildung〕是如何被实现的：对象作为“基底”和“规定 α……”；它必须指出，此意义形成是如何实现于一种以分离的步骤进行的过程中的，然而通过此过程一彼此相符统一体连续地展开于其内——这是一特殊种类的、专门属于此意义形式的相符统一体。我们也可以说，必须指出，此过程是一“明证性”过程，因为在其中某物原初地被直观为“基底对象”本身，并因此具有某种类似于“规定”者。我们因此处于所谓“逻辑范畴”的第一范畴之根源位置上 。的确，我们只可开始谈及在述谓判断领域中的真正意义上的逻辑范畴，如规定部分，后者必然属于可能的述谓判断

形式。但是，一切在那里出现的范畴和范畴形式都建立在前述谓综合中，并在其中有其根源。

b）解释性相符〔Deckung〕作为重叠〔Überschiebung〕综合的特殊方式 128

在从把握 S 向把握 α 过渡时，此一解释过程中最初引起注意的是两种把握之重叠。然而这绝不足以说明解释的特征。因为，所有把握的这种重叠性对于一切可能类例的解释都是共同性的，在这些情况中自我在一综合的行动中，在一兴趣的结合性统一体内，都是从一把握前进到另一把握的。此一重叠性同样地被实行着，当一物最初在未区分的统一体内，之后在特殊的形式、声音、气味中，即在任何凸显的部分中被把握时，如当最初被综合把握的是一物，之后被把握的是一形式、一声音、一气味，这些被凸显的部分与该物分离，不再作为规定性属于它。在每一这样的综合中，即使完全不同的对象如被视为统一的时，都在实行着一种重叠。自我在该全部步骤序列中起着连续积极的作用，在第二步骤中它仍然朝向着第一步骤中的对象，因此，尽管新的、主要的被把握者具有优先性，自我仍然同时朝向二者，即和新的被把握者一起并通过新的被把握者朝向旧的被把握者。二者一起被自我主动地受取，不可能区分的自我存于二者之中。注意射线与把握射线的相继联结成了一单一的双射线。

但是，存在一种本质的区别：在此综合性的主动性中，发生了一种在对象意义上的相符性综合，以及例如一种特殊同一性的综合，还是说并未发生这类综合。如果我们从一颜色过渡到一声音，那么情况就并非 129
如此。但是如果我们永远是综合地从一颜色过渡到另一颜色，那么就已经出现了一种相符性综合，诸被重叠者在“相同”或“类似”方式内彼此重叠。如果我们现在看物与物的性质间的综合，以及一般地看对象与对象的性质间的综合，那么我们在此看到的就是一种非常特殊的同一性相符的综合。相对于在此分离地出现的意向性对象的综合（单一把握行为的意义内容）是一定的、连续贯通的同一性相符之综合，它连续地贯通于明显分离的行为步骤中。

我们将谈到的解释性相符不应混淆于相对于对象意义的全部同一性

相符，如当我们从同一对象的一观念〔Vorstellung〕（所与性方式）综合地过渡到另一观念，并因此而使对象自同一化时所发生的那样。例如，这样的相符属于每一连续前进的外知觉，如在同一物（连续同一之物）的意识中复多变化的显象之连续性综合，但它也属于感性直观的每一不连续的同一性综合，如同一物的一知觉的和一回忆的综合。但在解释性相符的情况下，问题就相关于另一种完全特殊的同一化，在其中连续性与不连续性显著地联结在一起。基底与规定在解释过程中被原初地构成为一种相符关系之诸相关项。当 α 被意识为规定时，它并非简单地被意
130 识为与 S 相同，也并非简单地被意识为与 S 相异。在每一对 S 进行解释的规定中，该S均存在于其某特殊性中，而在不同的、作为被解释者出现的规定性中，它仍然是同一的，只是存在于作为其性质的不同特殊性中。

c）解释中的被持续把握对立于直接把握中的被持续把握

解释性相符的特性在与直接把握对照时明显地出现。如果我们进行直接把握而尚未进行解释性思考，例如，如果我们在一段时间内把握时朝向于一在时间中延存着的对象而还未对其进行区分时，那么此把握就是一自我动作，一从自我极原初涌出的主动性行为。在此过程中我们在断续开始的积极抓住〔Zugreifen〕和连续握紧〔festhalten〕之间加以区分，后者由前者过渡而生。抓住是一自我把握的主动性之连续进行的原初性涌现。

让我们现在过渡到部分把握。例如我们注视着面前的一只铜碗，我们的目光“罩住了”它，一段时间内凝视在其圆形上，并进而注意到其上凸显的部分，一种与均匀的圆形差异之处。然后我们的目光跳跃至一较宽光亮处并顺着变化的光泽延伸，之后继续向前，并见到浮雕，一组浮雕统一地凸显出来，我们现在对这组浮雕逐一地注视着，如此等等。在此过程中我们连续地朝向全部客体，我们把握着它，并将其握紧，使之作为主题的基底。当我们特别把握诸细节时，我们永远实行着新的积
131 极的特殊朝向性和特殊把握，它们使得被把握者优先地被凸显出来。这些部分的把握当然是积极的“活动”，正如最初简单的把握一样。

如果我们现在进行部分把握，在此过程中全部把握，即对铜碗的把握，会如何呢？它永远仍然如我们“注视”的那样。在把握中我们一直

朝向它，但是部分把握与全部把握以这样的方式相互符合，我们在每一部分的把握中来把握整体，只要整体与被把握者的特性在此相符中重叠，并在此重叠中呈现于意识。但是在此再次出现了在“原初把握”和“仍然被持续把握着”之间的区别，此区别我们在相关于简单把握时已经注意到了。在对整体最初把握而未注视其细节时，一种最初从自我涌出的主动性之流朝向于未被区别的统一客体。如果解释性的思考起作用，一股新的原初主动性流就朝向于相关的特性。但是现在另一方面，例如，最初涌出的主动性没有被保持并在此原初的形式中朝向于整体。只要解释性的思考开始，其意向性的样态就发生着显著的改变，当然，我们在把握中仍然朝向于整个客体，此正是思想之客体，但是对整体的主动性把握并非始终是存于原初的及赋予其最初生命的形式中，主动性是通过一意向性变样被保持着的，正如“仍然在把握中”者一样。

从一解释意义〔Explikat〕向另一解释意义的过渡也是一样。不再当下被部分把握的，而刚刚曾经被把握的因素，在过渡到一新的主动步骤
中时，恰成为仍然被坚持把握中者。此坚持性的* 把握，在“仍然”样式 132
中的把握，是一继续延存中的活动性状态，而不是一连续活动中的持续握住行为或把握行为。也正像在直接思考中那样，在“坚持〔Behalten〕样式”中的这样一种把握，可能在某种程度上或紧固或松弛，或者松弛后再紧固；但是它也可完全终止：对象被放弃，从把握中溜失。毋庸赘言，在此处所考察的解释作用中，问题相关于印象的“被持续性把握”。

因此，正像在连续的直接把握中那样，在每一解释步骤中都有基底的一种“被持续把握”发生。但是在此被持续把握完全不同于在直接把握中也存在者。这就是包含在基底连续被持续把握中的对象把握，它逐步地采纳着一切凸显的细节：被解释的客体在“已把握”〔Im-Griff-haben〕中，其“已把握”并不是一种内容上无变化者，因此是同一客体的一种“仍然已把握”，“如同”它是在此步骤之前所意识者一样，反之，由于连续的新的部分相符关系，它永远是各种不同的“已把握”。在每一

* behaltende，或译“持续性的”。由于此词具有的心理行为特征的描述性特点，中译本在不同上下文中有时换用“持续”“坚持”“保持”等代表此同一德文词。——中译者注

步骤中，单一的被把握者由于相符性而被包含进基底的意义内容内。单一的把握行为并非变为单纯保持的个别把握，如在直接关注中或在朝向一新对象过程中的“仍然保持”〔Noch-behalten〕，而是变为全体把握行为的变样作用，或者变为其内容的丰富化作用。

在此前的阐明中已然包含着这样的意思，S 的“仍然保持”方式本质
133 上不同于 α，β……的保持方式。我们有开始把握行为之连续的“元涌出性的”主动性和实际的“被持续把握”性〔Im-Griff-haltens〕——构成一连续进行的把握行为和曾把握行为者——直到解释作用开始，以及其后第二个“仍被持续把握”的被变样主动性出现。在两种融合为一连续统一体的形式中，主动的自我连续地朝向于并始终朝向于 S。反之，在解释意义〔Explikate〕一侧，现象完全不同。开始的和元涌出地进行的主动性再次变化了，在此主动性中一解释意义成为原初性的把握，直到把握的时间流逝止，直到一新的解释意义被把握时。然而前者并未消失，在整个进行过程中它始终是有效的，只要我们在此也谈到它仍然被把握着。但是在这里，此“持续被保持者”〔Behaltenbleiben〕在主动相符关系里所描述的意向性中具有其特殊来源，由于此相符关系，解释意义以及每一在 S 中被采取为规定成分者，都被包括在内，作为自此之后持存的 S 的意义规定之沉积。S 在对 α 解释后，成为 Sα；在 β 出现后，成为（Aα）β；如此等等。于是，α，β……不再被把握，不论是初级地还是次级地被把握；自我不再特别朝向它们，而是朝向 S，此 S 将它们包含在内作为沉积。于是我们看到，一种解释的意向性始终在运动中，在一种连续的内部变换中，并且同时在一系列分离的步骤中，然而这些步骤的意向性都被连续性贯穿着。此连续性是相符性的一不断的综合，此相符性既相关于统握内容也相关于主动性本身；主动的把握和对“整体”的朝向性，或者正确地说，对
134 基底 S 的朝向性，都是潜在地“共同”朝向 α……的，而且 S 在 α 的“出现”中，“相关性”于 α，被把握和被说明。

d）解释与多重性把握

如果我们已可确信此解释过程的特殊类型，那么现在就不难将其与一虽相似却须严格区别的综合类型加以对比，此即出现在多重性把握〔Mehrheitserfassung〕中的一种综合。当然，一种多重物，例如一组星

球，一组彩色斑点，根据统一的凸显和触发作用，也可以成为统一的主题，并被把握为对象的（作为其规定性部分的）个别性因素中的解释。于是我们所面对的只是一种解释之特殊状况。它也是一种观念性边界状况，如果多重性被理解为统一的整体而欠缺任何多重性统握的话。

但是，正常的情况是，一开始，形态的〔konfugurative〕统一体被统握为多重的存在者，被统握为对象多重体，而且此统握"被实现"了。这就是说，多重存在者并未通向一统一的对象朝向性，而是作为"多重的诸个别项"预先激发出了兴趣，并立即以个别方式被主题化：个别方式地，但不是单纯分离地，而是主题上彼此连接地。即只要该兴趣追随着在背景处已经与一形态联想性之其他因素相联系着的近似性或相同性，而且每一个别兴趣，通过一种兴趣相符关系，不只是全面地贯注于每一新的个别项，而且也贯注于每一先前曾被把握者，并一直坚持下去。由 135
于现在兴趣被个别地充实，并继续朝向新的个别项，就发生了一统一的主动性过程，在其中每一已经被把握者仍然持续被把握着，以至于事实上所发生的，不只是一主动性连续系列，而且是一在此连续系列中持存的主动性统一体。于是，全面贯穿于多重性中的主动性，连续地运动于此多重性所构成的恒定基础上，而此多重性连续地显现于统一的结构中。因此，在某种意义上，在此所讨论者也相关于一出现于意识内之整体中的部分性把握的问题上。

但是，不论与一个别性对象解释之例的类比性达到何种程度，以及不论我们对于直到上述一点为止在一多重性的贯穿过程上所指出者在本质上也多么适用于对我们领域的解释：一种本质的区别仍然一目了然。被解释的主题的对象属于解释，而且此对象在解释中为其解释意义获得了基底的特性。但是在目前的例子中，不论多重物在原初直观中如何显示为统一的结构，该多重物不是主动性活动之目的，不是通过经验获知的目的。它不是首先被把握的并在单一的把握中仍然被主动把握着；在单一把握中并未出现那种特殊种类的部分同一化，后者我们称之为解释的相符性——这样一种相符性，两侧的主动性均参与其中。同样显明的是，在多重性贯穿〔mehrheitlichen Durchlaufen〕内的诸个别主动性，正因此并未按照与解释的原则一样的原则那样被统一化。一般来说，在多

重性过程中诸主动性统一体，并非是在主动性中形成的，而是在与被动
136 性来源之联结中形成的。如果与多重性过程同时发生了一种主动的聚合行为〔Zusammennehmungen〕，情况自然不同。但那时联结的主动性显然完全不同于赋予解释以统一性者。这是一种较高阶的主动性，我们稍后还要谈及，一种能动性，在其中多重性被构成特殊的对象，成为“群”〔Menge〕。① 但是在解释本身，我们并未对解释意义进行任何特殊的聚合行为；需要一种特殊的、新类型的兴趣，以便也在这样的形式中实行解释，此形式将诸解释意义集体地联结在一起。然而对于在其正常流程中的解释来说，对诸解释意义的这样的集体性聚合不是必需的。从一开始，解释就有其统一性，因为客体连续地即主题，并在一种我们描述的变样的主动性中始终如此被把握着。

§ 25　解释的习惯性沉积。铭记〔Sich-einprägen〕

因此，我们就像其在原初的直观性中被实行着那样描述着解释的过程。此原初性当然绝不意味着一完全未知对象之简直的、第一次的把握和解释；在原初的直观中实行的过程永远已经是贯穿着预期性的，永远已经是比现实直观所与者更加统觉式地被一同意指着——正因为每一对象并非都是被隔离者，而是永远已经是在其典型的熟悉性与前认知性
137 〔Vorbekanntheit〕的视域中的对象。但是此视域是在不断地运动中的，随着直观把握的每一新的步骤产生了对象中的新的特征，产生了对被预期者的进一步规定和改正。没有任何把握仅是某种瞬间性的及稍纵即逝的。当然，作为对基底把握和解释意义把握的此一体验，它像每一体验一样具有其在当下中的原初出现样态，与其相连的是渐进地降入〔Herabsinken〕对应的非原初的诸样态中：持存性地渐逝以及最终沉入〔Versinken〕完全空的、无生命的过去。此体验本身连同在其中被构成的对象可能被“忘却”，但是它绝不可能因此消失得无影无踪，而是变为单纯潜在者。相对于在其中被构成者，它是一习惯性的具有〔Besitz〕，时时准

① 参见本书 § 59。

备着被一主动的联想重新唤醒。在解释的每一步骤上，在先前未规定的，即视域模糊的、前认知的、预期性规定的把握对象上，形成了一习惯性的认知之沉积。在原初性样式中的解释过程完成后，对象，即使其沉入被动性中，始终被构成由相关规定性所规定者。对象将在解释的行为中被原初构成的感觉形式纳入自身作为习惯性的认识〔Wissen〕，于是对一对象的一切深入的思考行为，相对于对象都有一延存性的结果。被实行的主体功能仍然习惯性地联结于作为意向性对象的对象。从现在开始，相关的主体将对象看作一熟悉的对象，此对象，尽管它在经验所与者及一般所与者之中断后返回它，具有通过解释性的认知所赋予它的规定性。 138
这意味着，新的认知，即使对象再次被原初地给予，即在知觉中给予，而不只是实行于记忆中，新的认知具有一种感觉内容，它本质上不同于在前的知觉。对象被前给予一新的感觉内容，它连同该当然是空的、被获得的认知的视域呈现于意识。主动的意义赋予之沉积，一规定之先前赋予之沉积，现在是知觉的统握意义的组成部分，即使不是实际上被重新解释者。但是如果解释重新进行，那么它就具有已经被获得的“认识”的一种重复性及再活跃化的特性。

原初直观性把握结果的此一习惯性转化〔Habituellwerden〕，按照意识生命的一种一般法则性被实现，可以说在没有我们的助力〔Zutun〕下，而且因此甚至在这样的情况下发生：对被解释的对象的兴趣是一次性的及稍纵即逝的，在对对象实行一次性解释的思考被满足时，而且当对象本身或许被完全“忘记”时。但也可能是人们有意努力形成的一种习惯性。我们于是说，兴趣是朝向于对知觉形象的一种“自注意”〔Sichmerken〕、“自获取”〔Sichaneignen〕和“自铭记”〔Einprägen〕的。这样一种兴趣经常引起一种解释性综合的过程重复性，首先如在其原始现前中的一种对对象的多重性思考行为，但之后或许也引起在新鲜的记忆中的一种解释过程的重复行为——此一情况我们还将回过来讨论。（参见§27）在解释中被凸显的诸特点成为特性〔Merkmal〕，而且对象全体被把握为、被保持为诸特征统一体。在此情况下，兴趣不是平均地分布于 139
一切被凸显的特点上，而是目光朝向于特别容易铭记的性质上，借助于这些性质，正是此确定类型的对象或此个别性对象区别于具相似类型的其他对象。例如，某人引起我们注意的是他的驼背、斜眼等等，我们将其作为特别的特征铭记住，以便其后在一组人群中再次认出他。因此，如果此兴趣并不是在一单纯闪过的认知中被满足的，而是朝向于对知觉形象的一自铭记行为，那么该兴趣将按照一最初解释性的诸特点之过程重复性，挑选出具该特征者，并将目光首先朝向于它们。在大多数情况下，这将自然与一述谓作用同步发生——述谓作用是一过程，此过程稍后将被加以分析。但是甚至没有任何预期时，在纯解释性的思考中的这样一种自铭记行为〔Sicheinprägen〕仍然可能是一种自注意行为〔Sichmerken〕的兴趣倾向。思考成为贯穿性的〔eindringlichen〕思考，在其中知觉兴趣，在解释行为中显露的诸本质内容〔Washeiten〕的多重体内，朝向特别引起注意者和具有特性者。

§26　解释作为视域性被预期者之阐明及其与分析性阐明之区别

我们在导论中已经谈过（参见前面第 30 页及以后），在每一解释步
140 骤中，在每一按其特点认知一对象的步骤中之习惯性形成，不只是某种只与该对象本身有关者，而且同时也规定了一种类型格式〔Typik〕，按此格式，通过统觉的过渡，也有另一种类似种类的对象一开始即显示为在一过去熟悉性中的此类型的对象，后者在视域中被预期着。于是在一存在者的原初性把握和解释的每一阶段上，全体被经验者的视域都是在变化中的；新的类型规定和熟悉性被建立起来，而且赋予统觉的期待以其方向性和其规定性，此期待则与新对象的所与性相联系着。相对于此，每一解释（如同在原初性直观性中所实行的一新被经验对象之解释）都也可被刻画为说明或阐明，被刻画为在视域形式中未规定的“被含蕴者”〔Implizierten〕的进一步规定。每一实际的解释都具有一实现着视域意向（作为零预期）的解释之意向性特征，在诸确定的步骤上对其实行着，在其中某些未知的规定性成为相应的规定性并自此以后成为被知者——在视域中未规定的被蕴涵者之说明的方式中成为被知者。此蕴涵义，正是由于对象统握（而且还有按照区域、种与类等等进行的其他统握）具有

一种特殊的意义，一种已经包含在其内的、但“未被界定的”“模糊的”“含混的”东西之意义，被呈现的解释意义〔Explikat〕是对一相应的含混性进行阐明者〔Klärende〕。在其与被把握的（并同时在其类型中被把握的）对象的相符性中，解释被一含混性之“余存视域”〔Resthorizont〕所包围，此含混性现在成为有待进一步阐明者。清晰性，虽然永远是充 141
实性的，是对先前零规定者、预先意指者之自显示性〔Sich-selbst-zeigen〕，但从来不是纯粹的和单纯的自所与性，有如这样的情况似的：该规定性能够达到这样的程度，以至于在绝对规定性内该被规定的意义已经被预先意指着，并直接过渡到“其本身”的直观清晰性。甚至当对象“被完全认知”时，此完全性并不与其理念相符。空的被预先意指者具有其“模糊的一般性”，其开放的未规定性，后者只有在进一步规定的形式中才被充实。因此它永远是一空的意义框架，而非一充分确定的意义，但此意义框架本身并非被把握为一确定的意义。其幅度随情况而非常不同（一般对象、一般空间物、一般人等等，取决于对象如何在其行为中被统握），最初揭示于充实过程，其后只能在特殊的、在此无法讨论的意向性行为中被界定，并在概念中被把握。于是，随着阐明行为，简单的充实同时提供了一种意义丰富性。如果现在随着视域被统握的对象获得解释，那么此视域在每一步骤中都通过进行充实的同一化而获得阐明，不过只是部分地被阐明。

我们可以更清晰地说：视域之原初完全模糊的、未区分的统一性，通过此充实行为而被赋予解释意义〔Explikat〕，后者对其阐明着、显露着，此解释意义自然只是进行部分的阐明，因为一未被阐明的余存视域〔Resthorizont〕持续存在着。现在被规定为 p 的 S 再次有一被改变的视域，此视域，由于 S 的连续自相符（具有仍然模糊的视域意义），与先前的、完全未规定的视域相同，后一视域还未被 p 所阐明。于是，此进行中的解释在进行过程中成为在视域中对被模糊意指者的充实性阐明。一 142
方面，此阐明当然永远仍然呈现为 S 之现在诸分离因素的一种进行中的展开行为，呈现为规定，按此规定阐明具有了其特殊性；但另一方面，同时作为永远新的空视域的充实性阐明，此空视域永远是原初视域之新的余存形式〔Restgestalten〕。S 始终是同一“统握”之 S，始终作为一对象意义统一体内之同一物呈现于意识，但此同一物是在一不断变化的统握中，在一统握的不断更新的空与实的关系中，呈现为 S 自身之展开，呈现为对其自身进行解释者。结果，阐明〔Krärung〕同时永远展开为“进一步规定”，或（最好说）展开为说明〔Verdeutlichung〕，因为在此“规定”一词具有了一新的意义。正是实际的阐明在被界定的清晰性中指出了被预先意指〔vorgemeint〕者。

如果按此方式一切解释可被看作说明，那么应记起，此惯常用语“说明”在词汇学上具有另一意义，即此解释之“说明”不应混淆于在该词正常意义上所指称者，即分析的说明。它当然也陈示着一种解释，但却是一种在空意识中的解释，而在我们的研究中我们永远是在直观范围内移动的。我们在每一判断中，每一作为述谓的判断意义中谈到分析的说明。一种判断中的意指行为〔Meinen〕可能是含混的，而且，按照其中所意指者，它可被“说明”，因此它成为一种清晰的判断行为，一种“真正意义上的”判断行为。此说明在空意识内是完全可能的。这意味
143 着，在判断中的所意指者并不必须是直观所与的，只要使判断的意义本身清晰就足够了。[①] 这是因为述谓的判断行为具有一种有根基的意向性，对此我们后面要详论。在此我们仅需满足于此一提示，因为目前前述谓的领域仍然被规定为对我们分析的框架予以限制者。

然而仍然需要指出，作为这样一种发生于空意识中的此分析的说明，只是一种变样作用之特例，此变样作用是每一空意识（一般来说）可能经受的。

§ 27　解释的根源性的与非根源性的实行方式。在预期中和在回忆中的解释

如果我们回顾解释过程一方面在其原初性中与预期的不断交织，另一方面与随着解释的每一步骤产生的习惯性形成的牵连，那么我们就可区分以下之解释的可能实行方式：

---

① 对此参见《逻辑学》，§ 16a，第 49 页及以下。

1. 出发点自然是原初性解释的实行方式：一种对象完全是第一次被规定的。但是如我们所看到的，它永远是预先以如此如此统觉的方式被统握为此一或彼一类型中的对象。此统握的意义一开始即含蕴着在此对象上尚未被经验到的诸规定性，然而该规定性已具有一已知的类型，只要它们指涉着另一对象上的先前类似的经验。

由此产生了在被预期者和在直观中当下自所与的解释意义之间的不同综合相符性，按照其是简单地相关于对完全确定的被期待者之确认， 144
还是相关于一种对确定的预期性规定之失望（“不是这样，而是那样”），或是按照这种情况——如在还完全未知对象的情况下：预期是如此地不确定，以至于该期待仅只朝向将出现的全新者，朝向“任何一种性质”，等等。于是在真正的意义上存在一种既可能认定又可能失望的空间。随着对象的自所与产生的充实性，只是在这种情况下才成为认定，即当一般而言只是在某物被给予而不是“无物”被给予时才如此。

2. 但是一对象在被给予前也可能由于一种想象中的直观描绘而成为预期中被解释者，在此过程中对于曾经所与的相同的或近似的类型的对象之记忆也起着共同的作用。此一情况，当我们从一述谓判断的纯分析性说明过渡到其直观化的“阐明”时，特别会常常出现。但是，直观所与的阐明也能够发挥与在此列举的一切其他解释样式完全一样的作用。①

3. 还有另一种不同的解释样式，即返回一种已经被解释的对象，而且与此相连的或许是在其规定性中已经在先被确定的对象之显示〔Auseinanderlegen〕。被蕴涵的已知者再一次成为被解释者，因此成为再次被实现的认知。在如此再返回若干可能样态时，我们应区分：

a）已经被解释的对象被重新再解释，如同它在记忆中呈现于我们的 145
那样，而且有如在其他经验的对象中可能发生的那样，它同时被再次知觉。在记忆中的解释与再次进行的知觉的诸个别性步骤之间具有综合性相符关系，并在其中被认定。对于对象的存在方式及其维持不变，我们重新获得了确信，对此我们具有了新的和原初性的认知，并同时对旧的

① 对此参见同书§16c。

认知具有了再记忆。

b）然而我们也可能返回记忆中一先前被解释的对象，而它并非同时在知觉中被再次给予。这可能在以下两种方式之一中发生：

人们在记忆中的一次把握中返回已经被解释的对象，在一种相对不清晰的记忆中，当对象仍然是在记忆中呈现的，而不是一先前还从未被解释过的被再记忆者。因为在此记忆中对象已经具有其记忆中的视域，后者有可能重新进入已知的规定性。

或者，先前的解释之诸步骤在记忆中被重新以分节方式完成，而且一切先前在知觉中被给予者都变成了在记忆中的图像式的、再次被直观的所与者。就从基底过渡到规定性而言，就不同的被持续把握方式等等而言，在记忆中的这样一种解释，与知觉中的一种解释自然具有完全相似的结构，只是此时问题相关于一种非印象的“被持续把握行为”。

146 4. 当我们谈到记忆中的解释时，还可能在此有某种不同的理解。一对象可在原初知觉的一次把握中被给予，而且当它本身已经不再被给予时，仍可被我们初次地将其过渡到解释。例如，我们在路过一花园门时曾经不经意地瞥见它，而当我们已经离开花园门后才清晰地意识到“我们刚才在那里所见为何”。这是在记忆中的一次解释，根据此解释，先前之一简单的在原始把握中者被给予。于是它成为现在原初性地被解释者，虽然并非以自所与的方式。

此一事例的另一变样作用如下：在前进性解释的部分过程中，对象始终是在原始知觉中被给予的，但是那时其知觉中的所与性终止了，虽然解释在记忆中仍然继续着。可以说这是前面的例子与上面小节“1”中的例子的一种结合。

在所有这些有关记忆中的解释的例子中，仍然需要考虑视域意向，此视域意向，根据每一对象的类型熟悉性，甚至已经在其初次被给予时永远被预先唤起了，而且属于每一解释之本质者，在此都提供了错误之特殊可能性的机会，因为对实际上原始给予的过去存在者的记忆中所保持者，在现实中它仅只是根据此类型熟悉性进行的预期性描绘

147 而已。

§28　多层次的解释：基底与规定间之区别的相对性

到此为止的分析均以一种解释过程的图示性简单化方式进行，因为仅只有那些在未加以分划的直线方式中进行的解释才被考虑。现在到了超越此简单化并上升至复杂形式的时候，也就是上升到进行分划的解释作用的阶段，在此过程中基底与规定性概念和此区别的意义均将进一步阐明。

解释的分划是这样发生的，在从一基底出发时，该规定似乎不只是从直接途径开始的，而是反过来规定本身再一次起着继续解释的基底作用。它以两种方式进行：

1. 自我放弃了其原初的基底，不再继续把握它，虽然它在主动的把握中保持着刚刚刻画为解释意义者。例如，如果一花坛吸引着我们的注意并成为思考对象，那么可能发生的是，在解释中被把握的花朵之一特别引起我们的兴趣，我们特别将其作为主题，而将花坛的其他部分遗留于兴趣之外。解释意义，在此即该花朵，因此失去了其作为解释意义的特殊特性，它成为因自身之故而单一化地成为一对象，它成为一继续获知的特殊基底，成为产生其特殊性的基底。先前的 S 于是沉入受动的背景，仍然继续产生着影响，只要它始终是凸显的。其行为于是类似于先 *148*
前非对象主体多重性贯穿对比例子中的情况，此多重性我们先前也可能认为是作为对象加以把握的。在一新基底内被改变的解释意义仍然与先前的基底相符，但后者现在具有一背景显象的受动性形式。先前的主动的相符性综合，随着它们失去了从主动性源泉产生的综合性的基本特性，进行着变化。

2. 但是我们最感兴趣的例子是，原初的基底在其规定性获得独立性后仍然继续是主要兴趣的对象，而且一切特殊的、继续出现的规定之解释，仅只间接地有用于其自身的丰富性：有如当在过渡到该个别花朵及其解释时花坛继续停留于主要兴趣内。此种分划性可以重复下去，如果花萼、雌蕊等的特殊形式被突出，其本身并被解释的话，而且对于花坛的每一新的部分均如此。

在先前描述的变化中连续进行的“主题化的主动性”，在特殊的意义上使得对象侧的 S 成为前进性获知的主题，这样的主题化之主动性在诸个别把握的主动性中实现了自身。这些个别把握被包括在和从属于与 S 之把握的相符性中。S 的把握，作为在特殊意义上的主题把握，在其对象中具有其目的，此目的即具“自在与自为”有效性之对象本身。这对于解释意义并不适用。它们不具有自身有效性〔Eigengeltung〕，而是只具有一种相对有效性，如同某物，在其中 S 获得规定，或者更准确地说：在其中它处于特殊性中，而且从主体侧说，它显示在躯体的层次上，在
149 主体的知觉中 S 被经验着。有效性之独立性的此一欠缺性，属于被解释者之本质。现在当解释意义本身再次被解释，而同一 S 仍然继续是主题时，那么它本身在一定的意义上当然成为主题，并相对于其解释意义获得了基底形式。但是它作为 S’ 的自身有效性于是只是相对性的，它并未失去 S 的解释意义之形式，而且其自身的解释意义保持着第二阶的中间性解释意义的形式。这只有通过在解释的进程中的诸被持续把握者的一种重叠作用才有可能。如果，在所谓单层次的〔einschichtigen〕解释中，S 在过渡到 α，β……时作为被不断丰富者被把握着，而解释意义本身并未被保持着，只是作为 S 的丰富化因素，那么，在从 α 过渡到其解释意义 π 时，S 就不仅被其所包含的 α 丰富化，而且 α 本身在与 S 重叠时也被保持着。但是它不是作为一基底为自身保持着，而是在与 S 的综合性相符中，作为与它相连之物被保持着。因此，此保持〔Behalten〕以另一种方式发生，它不同于在 S 的直接解释的进程中的那种方式，即从 α 过渡到 β 时，α 根本不是为自身保持着，而只是由 α 所丰富化了的 A 保持着。如果此双层次的〔doppelschichtiger〕解释的初次步骤完成了，而且 $S\alpha_\pi$ 被构成了，那么解释就可以在不同的方向上继续下去。

a）它可以通向 S 的另一其他直接的解释意义，通向 β。于是被持续把握的仅只是 S，有如由 α_π 在双层次上所丰富者，以及由 π 间接地丰富者。但是，α 不再为自身而被保持着。

b）但是它也可通向 α 的另一个解释意义，我们称其为 ρ。于是 ρ 的
150 把握一方面发生于保持 $S\alpha_\pi$ 的基础上，另一方面发生于 α_π 的基础上（α 被 π 丰富化），α_π 具有与 $S\alpha_\pi$ 一样的综合相符性，但仍然作为新解释的基

底，在主要基底 $S\alpha_{\pi}$ 旁，为自身而被保持着。α 的一切丰富化当然不直接作为丰富化归于 S，而是只在它自身具有 α 时才归于 S。

于是，如果继续下去，S 能够间接地在多步骤上被解释，在一任意可重复的过程中。π 本身可以再次成为基底，如此等等。在每一步骤上都出现了相对性基底的形式和相应的解释意义的形式。但是在步骤系列中，支配性的基底始终具有优先性；与其相对的是，一切其他基底都具有从属性、辅助性。主动的同一性综合在诸步骤上被实行，一切步骤，不论可能发生多少分划，都集中于连续朝向 S 的主动性上，而且都在进程中以相应的方式对其进行变样。我们持续地瞄向作为中心主题的 S，而且此支配性目的在诸解释意义之联结及阶次序列中被充实着，在诸解释意义中，由于阶次性方式的相符作用，永远只是 S“存于”并显示于其特殊性中。在可能解释的事件中，由于其所特有的、直接的自身有效性〔Eigengeltung〕，该主基底在一种特有的意义上成为对象。以其他方式成为主题者，只是在相对的意义上才如此；它并非主题本身，它能够成为主题只是因原初的对象被放弃了。这样的独立化作用自然在任何解释的阶次上都是可能发生的，不论是多高阶次上的每一解释意义都可成为独立的主题。

§ 29　绝对基底与绝对规定，以及此区别的三重意义 151

在基底与规定之间的区别因此最初显示为具有纯粹相对性。一切进行触动者和成为对象者，都可同样起着如下作用：或作为基底对象，或作为规定对象，或作为解释意义。正如我们可以继续地并在较高阶次上使解释意义具独立性并因此使其成为基底、使其基底化〔substratisieren〕一样，我们也能够同样地使每一对象、每一独立基底与其他对象相聚集〔kolligieren〕，之后使作为整体的集合物成为主题，在解释中进入其组成部分，以此方式我们通过对其规定来显示该整体，结果每一先前独立的基底对象现在都具有了解释意义的特征。或者从一开始它就是由诸独立基底组成的集合物，作为一个整体触动着我们，就像一单一的对象一样。基底的概念于是敞开着，不论是否相关于从一规定的主题独立性中发生的基底，不论是否相关于原初统一的或者是多重性对象（独立对象的复多体)。在任何情况下，经验中的解释行为都含有基底与规定的区别，此区别展开于永远更新的基底把握中和向其中被把握者的解释过渡中。不论什么可能进入注意的目光中，我们都能够使其成为基底，特别是成为主基底，而且据此来思考一般基底观念，以及思考基底与规定间的区别。

但是，只要我们从生成的观点研究经验功能〔Erfahrungsleistun-
152 gen〕，按此经验功能，在原初的明证性中发生了基底与规定的此一区分，此种任意性就不再有效。在经验流程中，在基底与规定的区别之无限连续的相对性具有其限度，而且我们应该在绝对的和相对的意义上区分基底与规定。自然，在一经验的行动中出现的规定，都可以随时在一新的经验行为中采取一基底的新形式和身份，它将在其特性中被解释。在此一规定性变为一新规定性的基底中，而且现在其规定性，尽管功能改变了，但仍被意识作同样的原初的规定性，即自所与性。如果一基底如此经常地所谓通过一规定性的基底化〔Substratisierung〕发生，那么仍然可以立即指出，并非每一基底都可如此发生。被基底化者在其存在意义上正是保持着此起源，而且如果它现在是经验主题，那么十分明显，它只按照以下方式才可能成为原初性的：先前另一基底曾经被解释，据该基底它作为其规定性而发生。在此我们最终并必然达至并非从基底化中产生的基底。在此名称的语境中它们称得上是绝对基底。但是我们并非因此说，它们的规定性已经直接地可被称作绝对的规定性（绝对的规定对象）了，宁可说我们在此被引向一种新的相对性：

相应的相对性经验的每一行为虽然都朝向于经验领域的相对性基底，但是此“对其朝向性”行为〔Sich-darauf-richten〕，经验行为的开端，是
153 以经验中的活动为中介的，在经验活动中相关的绝对基底被解释着，而且相关的规定性（直接的和间接的）最终被基底化。一绝对基底因此具有这样的特征，它是直接立即可把握的，直接可经验的，而且其解释可直接被运作的。外在感性知觉的个别对象，即物体，首先是直接可把握的，并因此是典型意义上的基底。在此可发现外在知觉的一个绝对的优越性：它为经验的以及述谓性说明的主动性提供了最原初性的基底①。

---

① 对此参见导论§14，第66页。

但是，在此特殊意义上的一种简单可经验物也是一复多性物体，作为一时空组合物，或作为一因果性的物体之总和，后者是可统一地被经验的，因为诸物体在相互关联中彼此一致地相互决定着，（例如）就像一部机器那样。此处可能的简单直接的把握行为，在经验中的意向实现中，成为复多体的规定性，成为其本质内容〔Washeiten，在其个别性中者〕。在此情况下，在规定性名下，我们达到诸部分，诸部分的复多体，以及最后无论如何达到诸个别性物体；而且当然不是单纯地达到物体，而是最终也达到本身不是物体的诸规定性。因此我们遇到了一种新类型的功能改变：绝对的基底，在此即诸物体，可以起着规定性作用，可以担负着诸部分之功能，担负着整体内的、高阶基底统一体内的诸个别项的功能。但是这根本没有改变如下事实：它们是绝对的基底，只要它们是简单直接可经验的，是可解释的。因为现在这样一种多重性整体也是绝对 154
的基底，结果，并非一切在一绝对基底上出现的规定性，因此之故，其本身必定也是绝对的规定性。因此，绝对基底被分化为二：由复多体构成的并在复多体内的统一体，以及其本身即为复多体者。最初，此区分是相对性的。但是它——在经验中——通向绝对性统一体和复多体，在此复多体本身可能再次成为复多体之复多体。然而按逆向过程，每一复多体最终仍然通向诸绝对统一体，一物体复多体通向最终的、不再是组合物的物体。

此处的问题无关于分解一问题的因果可能性——按此，诸部分最初来自因果性的分划活动，只是其后被归诸整体，后者潜在地将诸部分包含在其内，而且问题更无关于一种无限分划的观念的可能性。在现实经验中并不存在无限的划分，而且首先并不存在可经验的复多体，后者在持续的经验中（如靠近行为时）可无限地分解为不断更新的复多体。

因此，如果我们考虑绝对基底的规定性，虽然遇到其本身可能是绝对基底的规定性，因此遇到复多性基底（实际上遇到可经验的整体，它含有诸部分，诸复多体之统一体），但是仍然显然可见，每一绝对基底都具有其本身不是绝对基底的规定性。最终的统一体，在物体世界中的最终诸物体性统一体，都肯定具有这样的规定性，它仅只作为规定性是原初地可经验的，因此它只可能是相对基底。于是，就像在形状、颜色这 155

样的例子中，它们仅可能原初地作为物体的、有形状的、有颜色的、空间物的对象之规定性而出现，这些对象都是它们的基底。首先，对象必定凸显出来并触动着我们，至少在背景处，即使自我根本没有朝向它，而是其兴趣立即越过它后转而只把握对象上的颜色等等，于是正是颜色直接夺占了主要的主题兴趣。但是多性基底也具有这些规定性，它们最初只能如是出现，即脱离了其个别物体的规定性，后者间接地也是它们的规定性。这些规定性显然赋予多重性（复多体）本身以统一性，这就是广义结构性的或复合性的规定性，而且从中产生了一切相对规定性，后者在可经验为统一性的复多体内达至每一个别组成成分（正如每一“部分复多体”〔Teilmehrheit〕），使其处于与复多体的关系中①。

于是在经验领域内，在作为可能经验对象的存在者的自所与性中，存在诸决定基底间的基本区分性：一方面是作为直接可经验的及可规定的个别对象，另一方面是绝对规定性，后者只有通过基底化才可被经验作存在者，即作为基底。一切可经验者或者均具有某种自在自为〔für sich und in sich〕者的特征，或者具有某种只与另一自为〔für sich〕存在者相联系的特征。换言之：绝对基底，其存在不是单纯规定性之存在，因为对它来说规定性的形式不是本质性的，因此其存在意义不是只显示
156 于：在其存在中“如是存在着”另一存在。绝对的规定性就是这样的对象，规定性的形式对该对象来说具有本质性，其存在原则上必定原初地被刻画为另一存在之如是存在〔Sosein〕；它们能够在原初的自所与性中只出现于基底形式中，因为它们预先曾经作为规定性而出现，而且因为它们作为规定性出现于其内的另一对象，最初是作为基底被给予的。它们只是由于作为一种特殊主动性的独立化作用，才先天地获得了基底形式。在此意义上绝对基底是独立的，绝对规定性是非独立的。

此外，绝对基底被区分为统一体〔Einheiten〕和复多体〔Mehrheiten〕，而且如果我们将统一体理解为绝对的，那么就发生了绝对基底的区分：那种“只”由绝对规定性规定者和那种其本身必定仍然由绝

---

① 对此问题的进一步讨论参见 § 32，b，第 168 页及以下，以及 § 43，b，第 216 页及以下。

对基底规定者。

关于“绝对基底独立性”一词的意义，当然必须在某种限定性内加以理解。没有任何我们在经验中使其具所与性的单一的物体是因自身被分离的。每一物体都是存在于统一的关联域中，此关联域，普遍而言，归根结底就是世界的关联域。于是，普遍的感性经验，在普遍一致性中进行的经验，具有一种存在的统一性，一种较高阶的统一性，此一普遍经验的存在者就是全体自然，一切物体的宇宙。我们也可朝向于此世界全体，正如朝向于一经验主题。对于个别性物体的经验的有限性与世界解释的无限性形成了对比，在世界解释中，世界的存在展现于如下的无限性中：经验的可能进程从有限的基底永远通向新的基底。当然，在全体 157
自然意义上的世界不可能在简单的经验中作为基底被经验到，因此不可能直接地呈现于基底因素或“性质”中；反之，全体自然的经验是根基于先前的诸根本的物体经验上的。但是全体自然也是“被经验的”，我们也是可能对其朝向的——即使在此经验的是诸个别性物体，也是在其特殊性中对其加以解释的，全体自然之存在仍然显示于其特殊性中。于是一切基底都结合在一起，如果我们在作为宇宙的世界之内运动，其中没有任何东西与其他东西，与一切其他东西，是没有“实在的”关系的，不论是直接的还是间接的关系。

这导致对绝对基底的一种新理解。一“有限的”基底可因其本身被简单地经验着，并因此具有其“为自存在”。但是与此同时，它必定是一规定性，即它作为规定是可经验的，只要我们想到一个将其包含在内的更广泛的基底。每一有限的基底都具有作为“在某物内者”的可规定性①，而且其有效性是无限的。但是，在这方面世界是绝对基底，即一切都在其内，但它本身不是一“在某物内者”〔In-etwas〕，它不再是在一更广泛的复多体内之相对统一体。它是“大全存在者”〔All-seiende〕，不是“在某物内者”，而是“含全体物者”〔All-etwas〕。与此相关联者为另一绝对性：一实在的存在者，一有限的实在复多体，即这样一种复多体，它作为实在〔Realität〕统一地存在着，它持存于其变化过程的因果性中；

① 参见导论第 29 页。

而且一切因果的结合体，作为相对持存的多重性统一体，其本身都再次形成着彼此因果性的联结。这意味着：一切世界物，不论是实在的统一
158 体还是实在的复多体，都是最终非独立性的；只有世界，在严格的意义上的此绝对独立性之基底，才是独立性的；世界不是像一有限物相对于其外部环境那样持续地存在着。

但是，我们的经验世界，具体来说，并不只是全部自然。在世界内还有其他物，如人群，而且事物并非只带有纯自然的规定性，而是被规定为文化客体，作为由人所形成的事物，带有其价值属性、功利属性等等。我们关于世界实际上所直接知觉者是我们的外部世界。我们将一切外部世界物都在感官上知觉为时空自然内的物体物。在时空自然内我们面对着人与动物以及文化客体，在此我们所有者不仅是自然而且是精神性存在意义的表现，在此我们被引导超出感性的可经验者[①]。现在，这些规定性，在其基础上的一存在者不只是自然物体，而且是被规定为、被经验作人、动物、文化客体等等的存在者；这些规定性在类型上完全不同于物体作为物体的规定性。它们并不出现于基础性的时空物上，如同（例如）颜色那样地作为物体的规定性。反之，它是这样的存在者，它不仅是自然的客体，而且也被经验作人、动物、文化客体，它具有其人格的〔personalen〕规定性；它本身就是相对于它们的基底，并在这样的意义上为原初性的基底，它并非最初由于规定性之基底化而成为基底，该规定性必须预先被规定为在（作为其基础的）物质物内的规定性。

159 因此产生了广义上的一种基底与规定性之间的区别。尽管这些对象根基于作为简单知觉的、简单经验的存在者（物体性存在）上，它们是原初的基底，虽然在此，相对于其有根基性关系，“绝对性”一词是不适当的，或只是在一种松散的意义上才可成立的。作为基底它们具有其独立性，此独立性当然不意味着起根基性作用的对象之非依存性，并因此只是一相对的独立性——但此相对性的意思完全不同于其后才被加以独立化的原初规定性之相对性：此处所说的基底从来也不原初地出现于“在某物中”的形式上，而是永远呈现为原初的基底，后者可以在其自身

① 参见导论第 55 页。

内，在人格的规定性内，于经验中被解释。

总结而言我们可以说：相关于基底和规定性的相对性在一绝对的区别中是有其界限的，表现在以下三种方式上：

1. 在一突出的意义上的绝对基底就是全体自然界，物体之宇宙，绝对基底呈现于其中并因此依存于它，而且可视之为其规定性。其绝对性体现于其独立性中，但它不是在如下意义上的原初性基底：它作为整体可以简单地成为一直接把握行为的主题。

2. 在原初直接可经验者的意义上的绝对基底是外部感性知觉的、物体经验的个别性对象。它们在如下意义上是独立的：它们作为单一的及复多的存在者可以成为简单直接的经验主题。与此相对的是，其规定性 160
是绝对规定性，其非独立性的意思为：它们只可能在对象之内按规定性的形式被原初地经验到。

3. 在松散的意义上，根基于被简单给予的对象之上的对象性也可被称为绝对基底，其绝对性的意义是：它们只在（即使不是简单直接可经验的）基底之形式上，相对于它们呈现于其内的规定性，可被原初地经验到。

另外，一种绝对基底概念是逻辑上完全未规定的某物之基底，个别性的“此在者”〔dies da〕之基底，一切逻辑活动之最终实体性基底之基底——此一基底概念在此将仅只略微提及，相关的讨论属于下一节①。此一绝对基底概念，在其形式的一般性上导致一（不论是简单的还是有根基的）对象之经验性质因未予规定而呈现出开放性，而且它自身仅只包含着任何逻辑形式化之欠缺，包含着在作为规定性的基底上由较高阶的逻辑活动所引生者之欠缺。

§30 独立的与非独立的规定性。整体概念

关于可直接经验的基底对象，也即与个别的时空物体物所相关者

① 关于此最终基底的概念，参见胡塞尔的《纯粹现象学通论》，哈雷版，1913，该书第 28 页，以及参见《逻辑》，第 181 页。

（在第 2 节意义上的绝对基底），按其性质，在与外知觉接受性分析相关
161 的方面，是首先引起兴趣的，于是时空物体物之规定性本质仍须进一步阐明和区分。

我们已经指出，在此意义上的绝对基底既可以是统一的也可以是复多的对象。意思是，一切在其之上呈现为规定者，必然已经是绝对性规定。的确，一构型组合的诸单一成分，一复多体的诸单一成分，在其解释中呈现为规定性；但是它们按照兴趣的触发和定向的方式，同样可以原初地呈现为独立的基底（参见上面第 153 页及以下）；从一开始同样可能的是，无论多元性还是整体性都可被把握并成为基底，而且这对于任何单一体也同样如此。对于一构型组合的、一复多体的诸成员来说，规定性的形式无关紧要。于是，绝对的、简单可经验的基底的规定性可区分为独立的和非独立的，即原初的规定性：独立的，如同林荫道旁的树木，或非独立的，如一对象的颜色。此区别性包含着一种所与性方式的区别性，对此我们将马上讨论。

让我们谈一下与整体概念相关的问题。

对于可能的内部规定性来说，每一基底都可被看作一整体，它具有在其内被加以解释的诸部分。无论是整体概念还是部分概念于是都是在广义上被理解的①：整体被理解为每一统一的对象，后者容许部分的把
162 握，因此容许深入的、解释中的思考，而部分被理解为由此产生的解释意义。在此意义上，纸张与纸张的白色被视为整体-部分关系，如果我从最初作为对象使我关注的白色转移至纸张，那么纸张仍然是相对于白色的“整体”。因此我在目光中受取了更多的东西，正如当我从作为其部分的烟灰缸底座过渡到烟灰缸时的情形一样。在两种情况下都发生了从解释意义向基地的过渡。因此广义上的整体概念包含着每一对象，此对象一般而言对于解释行为来说可能成为基底对象，不论它是一原初的、统一的还是多重的基底对象。

与此相对的是较狭义的整体概念，它只包含着原初的基底对象。在

① 此一关于部分（Teil）的广义概念，也参见《第三逻辑研究》（1913 年第二版），第 228 页。

此意义上，于是每一整体都具有规定性（即在我们广义上的“部分”），即或者是独立的或者是非独立的部分。在一甚至更狭义的、真正严格的整体概念中包含着那类整体，它们是由诸独立的部分组成并可被分解的。我们将称它们的作为独立部分的诸部分为“组成部分”〔Stücke〕，并将与其相对的非独立部分称作非独立的“因素”〔Momente〕。（在《第三逻辑研究》中也称之为“抽象部分”。）在此严格意义上的整体概念含蕴着它是可被分解的，这意味着，其解释行为通向独立的规定性。但是，如我们将看到的，单纯的诸组成部分之合，如一集合〔Menge〕，其解释并非 163
也通向独立的规定性。对于“组成部分”和“集合元素”来说，规定性的形式并不重要，对于“因素”来说，基底的形式也不重要。基底的形式只是通过独立化的特殊主动性才获得基底形式的。

§ 31　对组成部分与非独立因素的把握

组成部分的独立性如何相对于因素的非独立性来刻画呢？问题是一种从解释运作中发生的构成性根源问题。一独立性对象之原初的所与性之达成，不同于一非独立的对象，而且在一广义的整体之内，独立的部分〔Teil〕（组成部分）之凸显方式，不同于不同阶次上的诸非独立部分。思考与解释的可能性属于每一这类整体之本质。此整体呈现为统一的对象，在其之中作为其部分的另一对象凸显出来。此整体是一触动作用统一体，其中包含诸特殊触动作用。现在的问题是相关于由诸组成部分构成的整体，于是我们看到，一方面，组成部分的独立性如此被实现，以至于其中每一个都可被把握和思考，而并非整体被把握，如在林荫道上的树木例子那样。另一方面，整体可被把握而并非每一部分或全体部分被把握。然而，整体是作为整体被把握的，并在充分的清晰性中被给予，如果它最初在一统一的主题上被把握和被思考，然后其诸部分被逐步地把握和思考，在此过程中它以我们知晓的方式被持续把握为一统一体，此统一体在从部分到部分的过渡中不断地被丰富化，而且它在其不同的部分中与自身相符。

那么，整体的组成部分本身，作为属于整体的组成部分，是如何被 164

把握的呢？为简化起见，我们来看只由两个组成部分组成的整体。它被称作整体，只要它只具有这两个直接部分，它只可被“分解为”此二者。从一开始它就具有这些特殊促动作用〔Affektion〕*，这些促动作用汇聚为一促动统一体。让我们现在假定解释行为是朝向于两个组成部分之一的，此解释的本质意味着，由于在整体中这样的对译组成部分的解释的分离，凸显出来一剩余〔Überschuß〕，一“增添物”〔Plus〕，后者具有自己的促动力〔affektive Kraft〕，并被把握为与第一个组成部分相联结的第二个组成部分。我们可以理解：因为此凸显作用并不意味着，被凸显者实际上已经因其自身而被加以把握。一开始只有一个组成部分根据被思考的整体被把握。它与整体相符，但是以完全独特的方式，此方式不同于基底与一非独立因素之间相符性方式。在两种情况下，因此，在每一解释的相符关系中，凡出现以一整体为基础的部分之分离处（二者均按广义理解），即有某物被分离出来并留下了未被分离者。这意味着，此一致性只是一种部分的一致性。但是，此一未被解释的“余下部分”〔Rest〕之被意识方式，在组成部分的解释中与在非独立因素的解释中完全不同。在一种情况下，对象上的一种颜色被把握，如铜制烟灰缸的红色；在另一种情况下，一组成部分被把握，如烟灰缸底座。如果一组成部分被凸显，那么未被解释的“余下部分”就是“在它之外”的，并相对于它而被凸显的，即使是与它相联结时；对于非独立因素来说，在我们的例子中即红因素，它似乎是完全地覆盖着烟灰缸，因此没有任何被凸显者是“在它之外”的。烟灰缸的其他非独立因素对我们的“触动”
165 并不与颜色分离并只与其相结合，反之，被解释为红色并被持续把握的基底，同时地触动我们，作为粗糙或光滑物，而且之后可以在进一步的解释中被相应地把握。通过此描述，我们可从主体侧理解在《第三逻辑研究》（§21，第276页）中纯粹诺耶玛观点所论述者，即诸非独立的部分是“相互融通”的，而反之诸独立的部分是“彼此外在”的。

因此，在组成部分的概念（严格意义上的独立部分的概念）中具有

---

* 胡塞尔对Affektion一词的此一特殊语法，意在表示在受动性行为状态中主体对整体和部分关系的感受方式中所具有的那种非意识的或低意识的主动随意性。——中译者注

如下意涵：在整体中组成部分与其他部分相接合（作为其独立性的结果）；在非独立的因素概念中，也即在一直接的、一品质性的因素概念中具有如下意涵：在它与之连接的因素中并不具有可使自身完整化者。另外，正是此“在此结合性中”成为一整体的诸组成部分之特点，尽管它们的独立性不同于集合之元素。一集合之诸元素不是彼此结合的。这意味着，其整体大于其诸部分之和。

由此产生了如下重要命题：

整体被诸组成部分划分为诸相互结合部分的一关联体，使整体相联结的此一联结体的每一成分即一组成部分。

一组成部分之凸显性已经划分了整体，即至少在这样的组成部分中，它与其全部的补足部分〔Ergänzung〕相结合，此补足部分也具有一组成部分的特性。例如，如果A是一组成部分，那么A与B的结合体也是一组成部分，如此等等。因此一整体绝不可能具有一单一的组成部分，而是至少有两个组成部分。

不言而喻，诸独立对象的每一结合体都仍然是一对象。

以上我们一直将组成部分与非独立的因素相对比，而且后者被看作 166
是直接性的部分。对此我们须补充说：一非独立因素是直接性的，如果它是一对象的因素，而不是任何组成部分的因素或（对此我们将在下一节讨论）若干组成部分的一联结体因素的话。

这意味着，一直接因素的本质蕴涵着：作为结果，它不可能在整体中与对象的其他组成部分（广义的诸部分）“相结合”。

因此，因素本身能够被分解，可分划为相互结合的诸因素。于是，相对于这些因素，它被看作是一种相对的基底，可被进而划分为相对独立的诸对象。

只有彼此相对独立的诸对象才可能相互结合，才可能按其本质成为一“结合因素”之根基。因此在整体的严格概念中蕴涵着：它呈现着诸独立组成部分的一联结体。

在此仍然未回答的问题则是，独立的对象在何种方式上必定成为结合之根基，人们对于每一独立对象是否可以说，按照其属种，它可为联结体提供根基，以及在这样的种属内的两个对象之间的联结是可能的。

同样，是否每一基底对象都是严格意义上的整体，因此必定是可分解的整体。当然，每一个都具有“性质”，而且每一个都肯定具有“非独立因素”。每一组成部分也具有非独立因素，它们是“部分”〔Teile〕，但不是组成部分〔Stücke〕。

167 还须再次强调，所有这些区别，正如以下诸节中讨论的那样，首先只相关于简单的基底对象，相关于外知觉的时空物对象，而并不可能直接通过一种形式化而转移到高阶类型的、以它们为根基的对象上，例如文化客体，然而在这些对象中，像整体与部分的关系、性质关系等等，必定也能够被显示，虽然是按照一种特别适合这些对象的方式来显示。

§ 32 非独立因素作为“结合”〔Verbindungen〕与作为“性质”

a）直接性质与间接性质

此前，我们一直选择“性质性规定”，因此即由非独立性因素产生之规定，作为原初非独立规定性例子。性质的概念是由此原初非独立性充分予以规定的吗？性质与原初的非独立因素是意思相同的吗？还是也存在其他种类的非独立因素？

例如，让我们考虑一物质物的边缘，或者考虑将其界定为空间形态的整个表面，于是它们肯定是非独立因素而不是组成部分：我们不可能从该物中这样地取走表面或边缘而因此使其划分为两个独立的部分。然而，对其界定的表面肯定不是物的性质。于是由此得出：每一非独立的物因素都不属于作为性质的物。

物的性质是其颜色、粗糙、光滑、全部形式等等。然而如果我们分解该物，那么单独的组成部分的颜色等等为其性质而仅间接地为整体的
168 性质：该物在这一点上，在这一组成部分上，是红色的；在那一点上，在那一组成部分上，是蓝色的；如此等等。该物在此处发光，在此处光滑，在彼处粗糙，等等。如果我们简单地说“此物是粗糙的”，那么接着必须补充说“就此一、彼一组成部分而言”。与之类似，当我们这样说

时："此物是由其表面界定的。"严格来说，物首先是具外延的（外延作为其直接性质）；其外延（作为其抽象因素）具有作为其直接性质的此一、彼一形式的界限（外表），于是该性质只是整个物的间接性质。非独立的物因素并不属于物作为其直接性质，因此是间接性质，即其独立的组成部分的或其非独立的因素的性质。当我们直接谈到性质时，于是通常是指直接性质。

b）性质的严格概念及其相对于结合概念的区别

现在，一对象的一切直接的非独立因素（属于作为整体的对象之一切）都应被直截了当地称为性质吗？

以下的说法相反：诸独立的组成部分的联结形式，例如整体的一被突出的组成部分与"其他部分"（整体其余的组成部分）的联结，肯定也是整体的非独立因素，然而人们很难能够称之为整体的性质。

因此我们应该说：性质是一对象的非独立因素，此对象并不属于作为其因素的组成部分或者作为其结合的诸组成部分的任何总和。于是， 169
在一基底的可能内部规定性中我们需要区分三事：组成部分〔Stück〕、结合〔Verbindung〕、性质〔Eigenschaften〕。

人们也可以一起考虑作为非独立因素的联结和性质并做如下区分：

1. 一总体〔Inbegriff〕、一集合体〔Kollektivum〕的非独立因素，不是其成员的非独立因素（总体的广义上的性质：结合性质、形式性质）。

2. 一非多重基底的、一单一客体的非独立因素，属于作为整体的基底、对象，因此不属于其组成部分或其集合〔Kollektion〕（狭义上的性质：直接性质）。

3. 此外，还有一更具广泛可能性的性质概念应该在此提及，它包含着一切属于对象者：一般来说一切可谈述者、具有部分者、部分之性质、诸部分总体之性质，如此等等。

另外，如果我们考虑较狭义的、真正意义上的一性质以及一联结如何被构成，那么就将产生另一种划分法和区分法。于是就在非独立因素中出现了所与性方式的本质区分法，按照它们是整体的直接性质或其他的非独立因素，不论是组成部分的性质还是联结形式的性质。整体的一直接性质已经出现于整体的直接解释中。一组成部分的非独立的因素可以只在如下情况下被把握，当该组成部分被突出并因其本身被把握时；
170 因此，按照其构成方式，它就是整体之间接的解释意义。自然，对于非独立因素本身的非独立因素而言也是如此。

就结合形式而言，于是只有当它们作为被结合项〔Verbundenen〕时才可被把握，这就意味着，它们必须先被把握，然后该结合才可被把握。因此结合是一非独立因素，后者只是在相对于其诸部分的整体的解释后，因此在已经被分化的整体内，才达至其所与性。其发生方式如下：在被坚持把握的整体基础上每一组成部分因自身被把握，并被加入整体使其丰富化，以至于整体现在成为被分化的整体。此时联结不是显现为第三个部分，有如整体在同一意义上具有另两个部分那样，而是显现为整体的一间接规定性，或最初显现为间接因素，它不是一个部分或另一个部分的直接因素，而是它们的总和。只有当该总和本身被给予时，它才能出现，这意味着，当整体在其诸部分内被解释并因此被分化为诸部分时，它才出现。于是一整体的诸联结因素也是间接特性并首先是间接解释意义。

如果我们限于考虑直接解释意义，那么就仍然只存在两种：或者直接解释通向一组成部分，或者通向被解释者〔Explikanden〕的一直接的非独立因素。

整体的一个直接组成部分（每一组成部分都是可直接把握的，当然
171 如果它不是一因素的组成部分）被其解释方式区分于直接的非独立因素，以及后者永远并必然是“性质”。我们可以将性质也定义为一整体的直接的非独立因素，或者定义为一整体的一直接的部分，此部分在整体中除自身外不具有它与其“相联结的”任何其他部分。

第三章　关系把握与其在受动性中的基础

§33　视域意识与关系性思考

经验的对象（在我们的思考方向限制内，问题仅相关于简单经验的，即外知觉的对象），通过解释的作用，按照其一种类型的可能规定被揭示。然而在经验一对象时，人们几乎绝不可能限制于在这样一种深入对象之内的思考。在大多数情况下，从一开始对象即被置于与在经验域内被给予的、共同进行触动作用的其他对象界之关系中。于是，在最初的概观论述中（§22）我们已经对比了解释中进入对象的思考与超越对象的、关系性的思考，我们现在就转向对后者的分析。此研究最初就在预期的方式中被刻画为思考的目光对对象之外视域的进入，按此我们首先想到其在同样原初直观性中被共同现前的对象环境，此环境永远是作为一同时共同进行触动作用的基底多重体，在背景中被共同给予的。在环境中被共同前所与者的此一复多体，为一触动作用〔Affektion〕的多元联合体〔Vieleinigkeit〕，后者是按照支配着受动性域的法则构成的。每 172
当我们将我们的关注目光朝向对象时，其共同触动的诸对象环境都在背景中被意识到，但是诸对象环境的触动力较不强烈，因此并不深透自我，并不迫使自我朝向它们——但是同样，内视域激发了主动性把握，激发了主题性对象与其环境的关系形成，并激发了对与其相关的特性和属性之把握。

但是，并不只是在对象背景中作为原初可知觉的共同所与者引起了“关系性思考”和相关规定性之获得，而是此结果也相关于类型式的前熟悉性〔Vorbekanntheit〕视域，在其中每一对象都是前所与的。此种典型的熟悉性，共同规定着作为（即使不是同时现前的）外视域者，于是仍然时时影响着对象的经验性规定。此熟悉性在受动的、联想的相同性〔Gleichheits〕关系与类似性〔Änlichkeits〕关系中，在“晦暗的”相似者记忆中，有其基础。现在，不是像在内部解释中那样，根据这些一直被隐蔽的关系来深入研究对象本身，这些关系本身也能够被主题化；回忆可以成为清晰的和直观性的，而且直观的自所与的对象被主动地置于与被回忆的、被联想的诸对象的关系中，被置入一种与它们的直观统一体中。思考性目光可以在自所与者和准现前者之间来回移动，在此过程中，相同性关系和类似性关系首先在真正的意义上被主动地前构成了〔vorkonstituiert〕。

173 对于我们是一简单直观地自所与对象者，如在其内部的和相对的特性中可被把握者，因此不是只存在于在其本身直观地所与者上，并能够直观地自所与为对象的直观环境，而且也存在于与曾经存在者的大部分为一直未揭示的关系中，或者进而与准现前者的关系中，或者——只要任何相同性关系可确立——与自由幻想对象的关系中。为了在其完全的范围内理解根据直接原初经验之上的前述谓把握之可能运作以及之后理解述谓的规定性运作，我们因此将超出自所与物的领域，甚至超出设定意识，并进而必须考虑准现前的和幻想直观的领域。只有这样我们才将一切有助于直观自所与者的关系性思考与相对性规定纳入目光之内。

因此，存在不同种类的直观统一体，在其基础上关系性的思考目光在基底对象和关系对象之间移动：有时是在一知觉内的自所与统一体内，有时是在这样的统一体内，在其中自所与者与非自所与者相互统一，而且此统一体再次以不同的方式发生。按照这种统一体会出现关系性思考形式的一种个别化。如果按此个别化我们达到了关系行为基本形式的一种区分，后者显示了较高领域内被构成范畴对象的关系及关系形式，并因此显示了一种关系理论的基本成分，那么我们目前研究的结果显然还
174 不是关于关系的全部基本形式的概观，而只是相关于那些正是在外知觉

中个别对象之接受性的、简单的经验中被前构成者。而在较高根基性的对象范围内，正像在生产性的自发性之较高层阶上一样，再次出现了新的、特殊的关系形式。

当然，在前一章中关于被给予的规定性之习惯性的沉积以及此沉积参与一对象的一再更新的规定性对于内部的规定性来说所说明的一切，也完全适用于一切发生于根据关系性思考的对象之规定性。同样，按照与解释相同的方式，在以下二者之间存在着区别：一者为，一次性的、转瞬即逝的兴趣，纯粹一次性的瞬间思考；另一者为，铭记行为〔Sicheinprägens〕，例如这样的倾向，它在其本身状态中，在其相对于其他共同给予的对象的大小关系中，保持着一对象——所有这些问题都是发生于朝向述谓关系过渡之前的。

§34　关系性思考的一般特性

在我们考察关系性思考的诸特殊形式之前，我们将试图获得关于它的一种普遍特征说明，并确定其一切形式共同具有的本质特征。

a）集合性的聚合与关系性的思考

有关的问题永远是相关于一对象复多体必须在一前所与的意识中被聚集。一开始我们先不考虑此复多体作为一触动性统一体是如何构成的以及如何产生的。复多体原初被动地被确立，但也可能被自我的一主动 175
性加以构成，并之后“退沉入”受动性内，有如当彼此相关的对象原初地被聚集行为聚合一样。这已经意味着，诸对象的一单纯主动的聚合行为，将其他对象加予初始对象之上，还并不是关系性思考，这至多只能够是为关系性思考行为创造前提条件。在对象的相继关系中单纯地把握一对象复多体时（参见§24，d，第134页及以下），问题只相关于将其他对象不断聚集进来，而先前被把握者仍然在把握之中，例如，当我使我的目光“滑过”桌子上的诸对象，如墨水瓶、书、烟斗、笔杆等等，并相继穿越着它们。我并未在一次特殊行为中主动地将一组或若干对象聚集在一起，在每一新的把握中先前存在的对象仍然在把握中；一被穿越的对象多重体的意识出现了——但是有关一种关系的意识在此过程中并未被把握，此关系可使一个对象与其他对象相关联。

反之，对此而言，需要——在我们的广义上——有一种特殊兴趣，一种对这些对象之一加以思考的兴趣，此兴趣使该对象被把握为主要主题。例如，我们在认真注视笔杆时，我们的目光从笔杆移向桌面，此笔杆仍然是作为我们的主题被持续把握着。我们把桌面拉进思考的范围，不是作为主要主题，而仅只是相关于笔杆的主题。我们不须在新的原初
176 把握中再次转向笔杆，它现在对我们来说成为“放在桌面上的笔杆”，只要它仍然被持存地把握着。同样，当我们思考放在笔杆旁边的铅笔时，出现了对“放在旁边”情况的把握，但此时仍然没有形成任何述谓关系。在此也发生了两个被把握者〔Erfasstheiten〕的综合性重叠：一个是被持续把握的主要主题（笔杆），另一个是与其相关的主题（桌子或铅笔），于是存在的不是一单一的两个相继的把握及注意射线，而是一双射线（参见前面 § 24，b）。（这样的对象空间关系如何被特别构成的问题，属于空间构成的一般问题系列，在此将不可能进一步讨论，我们只应当通过一个例子来指出关系把握的一般结构，以及对关系性规定的把握问题。）于是，根据二对象在其中被把握为共存者的此统一意识，笔杆的新规定在原初直观性中被构成：例如，它比铅笔粗。在此，我们再一次具有相同的结构：笔杆作为主要主题被把握着，而且随着注意力移向铅笔，根据重叠性相符关系，铅笔上凸显了某种相对于此外延的“增多者”〔Plus〕。铅笔仍然在把握中者，现在它获得了规定性——“较粗”①。反之，如果我们从一开始就使铅笔成为思考的主题，铅笔当然可以同样的方式被把握为“较细”——两个把握具有在同一意识中的共同存在统一
177 性基础，正如在此基础上“相互并存”或“存于其上”此前曾被把握为该基底的规定性一样。

b）关系性思考的可逆性与关系基础〔fundamentum relationis〕

在此重要的首先只是：根据这样一种不管如何被确立的统一体，在一意识中的复多性对象共同存在的统一体，在从一目光中被把握为主要主题的对象过渡到另一对象时，在新的对象上积存了新的规定性。此对

① 也参见 § 42 内的更详细分析。

象复多体中的哪个对象首先被目光把握，决定于当时兴趣的方向。因此根据这样的统一体可以产生完全不同的规定性，有时是此一对象的规定性，有时是彼一对象的规定性；有时是此一对象被凸显为“较粗”，有时是彼一对象被凸显为“较细”；有时是此一对象被凸显为“在上”，有时是彼一对象被呈现为“在下”。在此并无固定的秩序被规定，像是在内部解释时那样，在内部解释中，作为原初性基底的对象，本质上前于最初只能作为规定性出现的其他对象。在关系性思考中，我们一开始只对独立的对象思考，而且两个关系项的每一个既可以是原初的主要主题也可以是作为相关性（仅只在相关性中思考的）主题的关系之基底，这些均依当时的兴趣要求而定。此关系将可为我们稍后在较高的述谓阶段上理解每一关系事态的可逆性问题奠定基础。

在我们到此为止的研究阶段上尚未谈及作为一种事态的关系问题， 178
而是仅只涉及思考行为之诸步骤。然而考虑到这些步骤为关系的构成设定了前提，我们可以将作为关系性思考行为之基础的此统一体（不论其如何形成）称为 fundamentum relationis（基础关系）。

c）关系行为与解释行为

显然，此一统一体，在一关系性思考行为被确立前，其本身并不需要被主题化；反之，它以纯被动性方式起作用，相当于对一意识内的前所与的诸对象的一种联合触动行为，并因此促使从一对象向另一对象的综合性过渡成为可能。于是，此关系性思考还不应这样理解，好像是一目光必须首先遇到该统一体，因此此统一体必须被主动地把握为统一体，好像只有这样，首先在该统一体的基础上，关系行为〔Beziehen〕才能够被确立为对此先前确立的统一体的一种解释。但是，原则上，解释不同于此关系行为，因为对于解释来说，永远出现有一种部分的相符性，借其之助，被解释者〔Explizierte〕被理解为存在于“待解释者”〔Explikanden〕之旁或之内〔an oder in〕，好像是属于后者似的。另外，关系规定虽然出现在基底上：此基底显示为较大或较小；但是此规定性并不出现在二关系项间的统一体之旁或之内，有如当关系性思考应当是统一体的一解释行为时必定会发生的那样。反之，关系规定是在前所与的统一体基础上发生的，此统一体本身并不成为主题，而只是按关系性方式思

考的对象。于是我们说，相对于对象而言我们把握相关的性质，正如我
179 们相对于对象把握内在的解释意义〔Explikate〕。但是，一方面，我们同时将内在的规定把握为包含在对象内者，与对象部分相符者；另一方面，相关的规定永远不在对象之内，而是首先发生于向相关的对象过渡之时，可以说是在将“（乌贼）触角”伸向对象。

当然，一种相符性综合也出现在关系性的思考中，即在小节 a 中描述的那种重叠性，在其中相关性规定出现了而且被把握着。但是此相符性意识，作为断续性意识，必须严格地区别于连续的相符意识，在其中一对象的统一体被连续地意识到，不论是在简单的把握中还是在对其的解释中。

§ 35　确立关系的统一体之本质的问题

到此为止我们一般来说完全在讨论关系项统一体，后者是每一关系性思考行为之前提。然而我们已经暗示，存在不同种类的直观统一体，根据此统一体的关系性思考目光，可在基底对象（主要主题）和关系对象（相关性主题）之间来回移动。在知觉中可直接存在一自所与统一体，但在此也可有这样的统一体，在其中自所与者和非自所与者（被呈现者、被想象者）彼此统一。我们现在必须探讨那样一些统一体形成之类型，以便对于关系行为的可能的特殊形式，至少相关于其基本类型，获得明
180 见。我们以外知觉内个别空间物对象之自所与性为出发点，在至今为止讨论的关系性思考例子中，曾将统一体看作是在知觉场内的同时性直观中的前所与者与触动性对象之统一体，将其看作是一触动者的同时性统一体：一切在一知觉场内作为原初所与者的存在者，或者通过目光移转可能如是者，统一地进行触动，刺激从这一切通向自我。诸知觉场的这种统一性到此为止一直都是前提条件，在该同一性基础上任何针对触动的个别对象的把握性朝向，以及其解释和相互发生关系的行为，都是可能的；而且所提及的只是，它们是时间意识的被动性综合之运作，通过此时间意识此统一体基本上成为可能的（§16）。现在这些成就必须被进一步探讨，以便理解触动行为的这样一种多元统一体的结构。在此知觉

场的基础上出现的自我行为、朝向行为、把握行为，其作为行为来说本身也是有其时间结构的，对此我们已经讨论过（§23）。因此现在所要讨论的不是此结构，而是被动性场本身的时间结构，后者在一切行为之前，因此要讨论的是构成着多重知觉物之前所与性的被动性统一体。

我们必须从此最切近的统一体出发，即从一知觉对象复多体的统一体出发，此复多体在一单独的现前〔Präsenza〕内被统一，之后再进一步探讨，除了此原初直观性统一体外，是否可能还存在以关系为根基的其他统一体，而且特别是，那种可导致知觉对象之关系性规定的统一体。

§36　知觉之受动性（时间）统一体 181

因此，一多重个体的知觉统一体之可能性在于，它必须被给予为一"意识中现在"内的同时进行触动者〔affizierende〕。这意味着，一感性知觉统一体，一直观对象意识统一体，是一感性意识统一体，在其中一切对象，不论它是一自足的个体还是这些个体之一多重体，都在一时延形式之内并与其一同地达到了原初所与性，此时延形式使包括性〔umspannende〕的及对象的统一体得以成立。

如果我们最初假定一个直观中的个体，那么此个体的直观统一体的范围就正好达到了原初时延统一体的范围，也就是在原初的时间意识中被构成的个别性时延的范围。此个体再次从直观中出现，即使其本身也继续在时延中，并甚至可能在意识中以某种方式被意念为在时延中，而并非是在直观的意识中被意念着，如果继续的原初时间构成并未将此时延构成为该个体的时延的话，也就是构成为由其实质性因素的个别性充实所充实的时延的话。

对于一诸个体之复多体来说以上结论也适用。但是它们只是在那时才在一直观性统一体内被共同意识到，即当一构成着原初时延及一般时间性的意识的统一体，在同时性和相继性的方式中，统一地包含着此复多体的话。那时一般来说不只是这些个体的每一个都被直观到，而且每一与其共同在一时延中者都被意识到，它们都一起在一时延中被原初地 182
意识到；它们共同构成了一感性统一体，因为将它们连在一起的时延，是在原初的感性形式中被直观地构成的。只要原初被构成的时间延伸着，可能对象的原初地和感性地（即在一切主动性之前被动地）被构成的统一体就同样延伸着，此可能对象或者是单独的个体或者是诸共存的独立个体的复多体。这样原初地被给予的复多体不是一当初经由主动聚集行为汇集的集合体，而是这样一个对象统一体，它作为单纯在时间中形成的统一体，当然不是一新的、似乎有根基的“个体”。

随着此一论述明显可见的是，一复多体，一前所与的诸个别对象之单纯共存，就是一相互一致性联结的统一体：不是在创造性自发性中产生的范畴统一体，而是像一单独个体一样的统一体。它本身当然也不是一个体，而是具有一切直接所与对象的现象学的基本性质：它必定是作为感性统一体被原初地给予的，而且对它来说，每一主动把握都要求一种感性之一种统一的前所与性。当然，原初已经被动地预先被构成者，通过主动的把握，首先成了主题。于是，时间形式不只是诸个体的形式，只要它们是延存的个体，而是反之，时间形式进而也具有将诸个体结合为一相互联结的统一体的功能。一个体复多体的知觉统一体因此是建基于进行联结的时间形式之上的统一体。它是这样的统一体，此统一体成
183 为所谈及的“并列性”关系之基础，因此一般地也即空间位置的关系之基础。知觉的诸个别对象，根据其在一时间内之共在，相互具有其空间位置。

更准确地说：诸对象在其中被统一的时间，并不是知觉体验的主观时间，而是共同属于此体验的对象意义的客观时间；知觉的体验不仅是内在地同时性的，或者一般地说，与复多体的此一唯一的知觉相联结，而且在这些体验中被意念为实际存在者的诸对象，也被意念为客观上同时延存着的。在此存在的直观统一体因此不只是以在一现前体验内的多重体之直观被意念者为基础的，而且是一客观共在行为统一体。此一结论在与另一例子对比后将更为明显：在该例子中，直观统一体虽然是存在的，但是该被直观统一者〔Geeinigten〕客观上被意念为存在于不同的时间内，或者像在被想象的对象中那样，一般来说被意念为并不存在于客观时间中。

在比较这些例子时我们不得不进一步超出该具有特殊性的范围，在

该范围内我们的研究在某些方面仍然受到限制（参见导论第 56 页及以下）。如果到现在为止，讨论的都是知觉的问题，因此都是关于将对象意念为存在者的设定性意识，于是这些对象只被设想为为我的对象，被设想为只是为我的一世界之对象。但是，对客观时间的指涉性，对于深入理解在此及其后要讨论的如下问题来说都是不可避免的：一方面为知觉与记忆和另一方面为幻想体验之间的对比性问题，以及由作为该关系之基础的统一体所决定的区别性问题，都已超出了此一“只对我之存在” 184
的范围。客观的时间，客观的存在，以及作为客观的存在者之一切规定性，都肯定意味着：一存在不只是为我的，而且也是为其他人的。

§37　记忆的统一体及其与知觉的分离

在探讨其他种类的直观统一体时，此统一体在超出了知觉的直接统一体后仍然可能存在时，我们目前将使自己限制于设定性意识的内部。因此，最直接的问题首先相关于知觉与记忆的关联性，此记忆相当于设定性的准现前，以及它们的直观统一体类型，因此即这样一种统一体，它也可以被呈现，当彼此相关的、被统一化的诸对象，不是同时地在一知觉中而是部分地在知觉中部分地在准现前中被给予之时。

让我们看下面的例子：我在知觉中看见自己面前的一张桌子，而且同时直观地记起先前摆在同一地点的另一张桌子。虽然我似乎可以将记忆中的桌子“安置在”知觉中的桌子旁边，它却并未在一实际时延统一体内立于后者之旁，在某种意义上，它是与后者分离的。知觉的世界和记忆的世界是二分离的世界。但是另一方面，正如在多重意义上将显示出来的，仍然存在一统一体，只要我使两张桌子直观地呈现于眼前。此一说法在何种意义上是关于分离性的以及在何种意义上是关于统一性的呢？

当然，我们有理由谈及被知觉物和被记忆物的分离性。如果我生活 185
在记忆中，那么我就有一记忆直观统一体；在记忆直观中的被记忆者，在一切比较、区分、关系等行为之前，都是一“感性地”和在流失部分中“直观地”予以统一的以及自封闭的被记忆者，只要我正好生活在一始终连续性的记忆直观中，只要我不“随兴地”从记忆“跳跃”到记忆。每一统一的记忆都是自身连续性统一的并在自身构成一意识中的对象统一体，此统一体是直观感性的：可以说是在流失片段中具直观性的。这就是，在记忆中一时延较长过程的流动行为所具有的结构，正好类似于在原初知觉中把握行为所具有的结构。正如在知觉中永远只有一个时相被原初直观地呈现于意识，此时相在与下一时相分离后立即被持存地把握并与其综合地相统一，于是在对该事件的记忆中，当然是全部事件被直观一体地，即在其一切时相中，被意念着，虽然永远只有关于事件的一个流动时间段是“真正直观的”。

记忆的封闭性原则当然正好等同于我们先前为知觉确定的原则：它是根基于一时延统一体之上的。此统一体不仅相关于一被知觉的单一物或事件之把握和主题性思考，而且已经相关于“印象”之统一现象，此现象为此主动性提供着基础，在此印象中一对象统一体（不论其有多少组成部分）对于我们是感性地前所与的，对我们来说是被动地存在于那
186 里的。它是一原初被构成的、连续流动的结构。此结构，无论是知觉（原初感性所与者）还是记忆，都是为自存在的，而且只有视域意向赋予其与超越着其本身的客体之联系，此即客观时间，它是其组成部分。

在这样的记忆中，根据此视域意向，可以出现我们在记忆中称作连续流通行为者，例如从一较近的过去通向原初的现前。最初孤立出现的记忆使自身“自由”延伸，我们在记忆视域中逆反于现前地推进着，我们连续地从记忆通向记忆；一切以此流动方式出现的记忆现在成为在一相互联系的统一性记忆中彼此贯通的诸部分。通常，此过程由于不重要的记忆细节部分的跳动性，经受着省略及消减（压缩）。因此应该做以下区分：

1. 特殊的（一直流动中的）记忆场统一体，是狭义上的一直观统一体：在记忆中一时延较长事件的流逝行为是一记忆，只要在此记忆体验每一时相中，在先时相中的被直观者，在先的过去，“仍然”是直观的，仍然在持续把握中，而其中的新出现者正在达到“初始的”直观性。

2. 在广义上的全部直观记忆场。它首先包含着在一意识统一体中的、真正直观记忆场的“已流逝的”连续体，在其中不再具真正直观性者，

但仍然具有一持存的活跃性，而且并未“沉入”过去；再者，它还包含着一切未被重新再忆的过去之视域内——作为一种纯潜在性：它使得在再忆形式中的意向实现，最初在直观的再忆形式中，后者本身其后逐渐沉入持存中，成为非直观的但仍活跃着的持存，成为“渐渐沉入者”〔Herabgesunkenheiten〕，但还不是已沉入者〔Versunkenheiten〕。 187

再忆的所有统一体是彼此分离的。（如果它们并非在分离的和个别结构化的过程中被溯源至原初性知觉或彼此在连续的联结中结合为一再忆中的相互联结的统一体的话）。在再忆中作为感性统一体、对象和联结体出现者是彼此分离的，并与在任何知觉世界中出现者相分离。因此我们显然不能说，在再忆中及在知觉中，所与者显现于非真正的或真正的“直观的”“感性的”联结内。一知觉对象，例如我现在知觉到的放在桌子上的钢笔，与某本书之间没有直观的联结性，该书在一年前曾放在该桌子上的同一位置上，而我现在想起了它。该书并非在该钢笔“旁边”，书与钢笔根本没有任何空间统一性关系，因为，对于这样一种关系来说，必须要有一时延内的被直观者之统一体。这些关系，以及朝向它们的关系性思考行为、诸空间位置的彼此关系，因此对于这些如此被分离的直观之对象来说是不可能成立的。

188

§38　在作为感性形式的时间之基础上，一切知觉的意向性对象与一自我及一自我群体的设定性准现前化之间的必然关联性

然而，尽管存在所有这些分离性，在此仍然存在一种统一性，以及在其基础上的诸统一性关系。不难明了它们的性质如何，如果我们记起已经谈过的视域意向的话。每一知觉，作为意念着实际对象的意识，都具有其在前和在后的视域。它向后指涉着在先被知觉者，后者可以在记忆中被准现前化，即使当它们不是直接与相关知觉相联系而是由于晦暗的未被记忆的片段而与其相分离时。除了稍后才讨论的该联系外，每一被知觉者都使人“记起”类似的或相似的过去事件，即使它们与被知觉者在时间上是分离的——因此是一种相似及类似关系，在此也存在另一

种更深层的那种统一性：当我通过记忆，从一知觉开始，被引向我自己的过去，于是此过去正是我的过去，是同一现前的和生存着的主体之过去。而且，该过去的和现在被记忆的周围世界，与我现在经历的世界，属于同一个世界，只不过它仅仅准现前地存于其过去之一片段中。

现在，为了引入主体间性，以上所言也是适用的，如当另一人对我讲述他的过去体验时，传达他的记忆时；在他的回忆中所记忆者属于同
189 一客观世界，即如同在我的和我们的共同体验现前中所与的世界一样。另一人的记忆中的周围世界，即他所讲述者，可能确实是与我们现前存于其中的世界不同的另一世界，而且同样，可能是与我自己记忆中的周围世界不同的另一世界。我可以改变我的居留地点，到另一个国家，在那里遇到另一些人、另一些风俗等等，或者同一空间环境及其居民可以在一种人的生存过程中如此变化，以至于干脆变为另一种样子：但是尽管如此，所有这些不同的被记忆的周围世界都是同一个客观世界的组成部分。在最广泛的意义上，此世界，作为对于一存在于能够相互理解的社群中的人们来说的生活世界，是我们的地球，此地球包含着其一切不同的周围世界，连同其变化和过去——特别因为，我们对于作为或许在其中有人类生存的周围世界的其他星球一无所知。[①] 在此独一世界中，我现在原初感性地知觉的一切，我知觉过而且现在能够对其回忆的一切，或其他人能够向我报道他们曾经知觉或记忆到的一切，都有其位置。一切都有其统一性，因为在此客观世界中一切都有其固定的时间位置，客观时间内的位置。

以上所言适用于知觉本身的每一对象，即作为被意念的对象，作为
190 所谓实际存在着的对象。这意味着：在活生生现前范围内的知觉内存在冲突，存在从一知觉向另一知觉的突然变化，两个知觉在相互贯穿中发生冲突（参见§21），而且这也适用于每一曾经从中出现的过去的知觉。在此感性本身内（因此在一切主动性之前）出现了冲突。但是对此应该

① 对此而言，客观世界在此当然等同于人类的生活世界，后者作为相互可能理解的全体社群。在我们的语境内可以忽略这样的问题：具体理解为人类的生活世界的世界与严格意义上的客观世界（即与自然科学规定的意义上的世界）之间的关系问题。

注意，属于所意念的对象本身的意向性时间，并未被冲突所触及，只要相互冲突的和相互贯穿的意向性对象不与时间因素本身冲突。例如像两个时间位置与同一颜色在冲突中出现，其方式有如一对象的颜色作为两种不同的、彼此冲突的颜色可能出现在同一时间位置上那样。原初被动性出现的感性冲突必然涉及同一时间规定性上的两个对象，并以时间规定性的此一同一性为前提。

于是，感性构成的时间系列无论如何都是一唯一的系列，在其中排列着的一切正是被感性构成的（原初显现着）意向性对象本身，不论是已被构成的还是将被构成的统一体特性及独立性特性。因此，一切原初的显现者，即使看起来是相互冲突的，都具有其确定的时间位置，也就是，它自身不只具有一现象的时间，此时间是一在意向性对象本身被给予者，而且也在一客观时间内有其固定的位置。准确地说：即使对象在其相互排斥中只可能在先后次序中显现，而且当一者显现时，另一者在隐蔽的方式中被意识到：于是每一这样的对象，不论是隐蔽地还是明显 191
地被给予的，必定仍然具有其意向性的时间位置和在一时间中的位置。

我们现在理解了此一康德命题的内在真理：时间是感性的形式，而且因此它是客观经验的每一可能世界之形式。在有关客观现实的一切问题之前——前于这样的问题：何者赋予某些“显象”以优先性，以便我们以其判断它们具有“真实的”或“较真实的对象”之属性，这些显象是在直观的经验中自所与的——存在着一切“显象”（真实的或显示为空无的显象）的本质特性的事实，它们都是给予时间的〔Zeit gebende〕，即一切被给予的时间都融入单一时间之内。于是一切被知觉的甚至一切可知觉的个体，因此都具有共同的时间形式。它是最初的和基本的形式，是一切形式之形式，此外也是一切形成统一体的联结体的前提。但“形式”在此首先意味着这样的特性，它必然前于一直观统一体可能性中之一切其他特性。时间性作为时延，作为共存，作为次序，都是一切统一的直观的对象的必然形式，而且就此而言即为其直观形式（具体个别的被直观物的形式）。

同时，“直观形式”一词还具有第二个意思：在一直观之统一体内的一切被直观的个体都是在一时间的方位中被给予的，此时间的方位就是一切在一现前〔Präsenz〕中被现前者〔Präsenten〕的所与性之形式。但是再者，同样真确的是，一切具体的个体（抽象的个别性因素均在自然的序列中与其相关），在最初非联结的直观中被意识到，它们都属于一单
192 一时间的统一体（此单一时间虽然不是直观的但可在自由的展开中使成为直观的，此即在直观中存在的诸意向之充实性，而这些意向必定因此达至所与性），此单一时间就是形式，它是一切个别的对象之一独一性〔eine einzige〕形式，这些对象是一自我，在最初非联结的直观中，如在知觉中和与知觉分离的记忆中，给予的或可能给予的。或者：每一直观都具有其视域，后者在与对象相符的无限直观中是可能展开的，这些对象通过此在单一时间中所给予的展开而被意识到。正是此单一时间，在展开中，因此在所与性中，显现为同一者，属于此同一者的还有直观的体验本身以及一般来说自我之体验。

于是此一问题在移情作用〔Einfühlung〕中继续着。在移情作用中一种主体间共同的客观世界被构成着，体验中的和意向中的对象的一切客体必定能够被排列于此客观时间中。由此可归结为如下结果：对于每一自我，移情作用只不过是一特殊的设定性准现前组合，后者对应于记忆与期待，而且正像一切设定性直观一样，自我能够在前述方式中将这些直观统一起来。

当我们探讨使得一自我的一切知觉和设定性准现前能够统一化地联结时，后者即显示为时间联结。它形成于受动性领域内，而且这意味着在感性领域内，在一自我意识内的任何诸知觉都具有必然的关联性，不论自我是主动地结合它们，使它们彼此在联结中发生关系，还是自我根本
193 不生存于其内并始终思考着其他对象——这些知觉本身都具有此关联性：它们构成着其意向性对象之间的普遍关联性。每一知觉都具有其持存中的视域并提供了突入此视域的可能性，提供了在记忆中展开它们的可能性。于是一切没有在一知觉统一体中被直观给予的关联性都关涉于在现实直观统一体内的关联性链接〔Verkettungen von Zusammenhängen〕，因此关涉于可能的连续性再忆行为，后者将此关联性链接直观地再给予。另外，实际的被直观者显示了新的实际的直观，而且此一显示行为〔Vorweisen〕即一前预期行为〔Vorerwartung〕。一自我的知觉之本质即它们只出现于

连续的关联性链接内。一自我的统一体扩展着，并只能扩展到我们具有了一内部意识统一体的程度。出现在此意识中的知觉的一切意向性对象必定也在同一范围内构成了一时间关联性，它与行为的内在时间的关联性相符。每一知觉和作为一知觉再产生之每一再忆因此必定给予其对象一种时间关系，后者在原则上是能够成为直观的。它们存在于关联性中，指涉着一世界内的现实的或假定为现实的对象。此关联性为某种关系提供着基础，为一切被知觉的、在知觉中被意念为现实存在的对象之时间位置关系提供着基础。

一般按照规则的方式，我们可以说：一自我的一切知觉和经验都是相对于其意向性对象而存在于相互联系中的，它们是在单一时间内彼此发生关系的（甚至在它们进入相互冲突时）。而且与之类似：一 *194*
切彼此相互理解的诸自我主体的知觉和经验都是在相对于其意向性对象而彼此存在于关联性中的——此关联性即在其一切主观时间中被构成的客观时间之关联性以及在客观时间内被构成的客观时间的关联性。

这当然是一现象学的主要问题：一个问题是，要充分阐释每一经验（例如每一再忆）如何达至与同一自我的或在同一自我的意识流中的每一其他经验（如与任何相应实际知觉具有关联的再忆）具有关联性，后者产生了在一时间内的一切被经验者的联结；另一个问题是，也要理解这样一种必要性的类型，它宣称适用于每一可能自我及其经验。

如果人们谈到意识流，那么就在某种意义上已经假定了无限的时间，在该思路下，人们似乎在意识与意识间后退或前进。如果一意识被实际给予（或者在可能性中被呈现）以及如果它必然继续前进着，那么就存在着这样的可能性：之后意识的再忆出现了，它通向记忆中一统一的意识流。这些困难的问题与特别是有关对象的绝对时间规定性的把握问题，它们在客观时间内的位置构成问题，以及一般来说绝对客观时间的此一关联性如何在体验的主观时间内显示的问题等等，都是进一步发展的时间意识现象学的重要课题。①

---

① 一些进一步的说明参见后面§63，b。

195 ## § 39　过渡到准设定性。想象直观的非关联性

如果到现在为止我们只考虑到在设定性意识内部的直观统一体的可能性，在彼此相关的诸知觉统一体内部的可能性，以及在知觉与设定性准现前的统一体内部的可能性，那么我们现在就过渡到了准设定性〔Quasi-positionalität〕，或者是知觉的准设定性，或者是再产生的想象的准设定性。我们的问题是，何种直观统一体的可能性能够存在于其自身内（在其意向性对象的统一体内），以及何种可能性存在于其和设定的体验之意向性对象之间。

在现实世界对象的知觉性意念行为〔Vermeinens〕的体验中可能——与其无关联地——出现想象体验，后者朝向于虚构，朝向于被意念为虚构的对象。它们与知觉没有关联性，这意味着：虽然相关于在其中被意念的对象的一切知觉结合为统一体，而且指涉着一世界内的统一体，想象对象是落于此统一体之外的，它们并不以同一方式与一被意念的世界的统一体内的知觉对象相统一。

当然，一自我的诸想象行为既在彼此之间相关联，也与其作为自我之体验的知觉相关联，正如内在意识的一切体验一样，此相关于它们的内在意识是知觉性的。想象行为作为体验，正如一切行为一样，是错列于自我的统一体内的，这意味着内在的意识构成着意向性关联性。但是
196 在其对象的关系中它们仍然没有关联性，不论是在它们本身之间还是在它们与知觉之间。我现在想象的半人半神怪，我早先想象的河马，以及我现在正知觉着的桌子，彼此之间没有任何关联性，即它们彼此之间没有相对的时间位置。虽然所有这些现在的和过去的经验都结合为一个经验的联结体，而且虽然它们在其中都存在于绝对时间中的意义明确的时间秩序中（包括其"在先""在后""同时"），但对于想象对象来说并非如此，三者之间并不存在在先在后的关系。

当然，在一定的意义上，每一想象对象都有其时间，它被意识作时延统一体。于是，时间在此也起着一种过程统一体的作用，正如在一自足的知觉或记忆中显示的那样。被想象者永远是一时间物，例如，每一

感性的想象都想象着一感性的对象，而且意向性的时间性，作为纯意向性对象属于此感性对象。想象对象被意识为时间性的和时间决定性的，在时间中延存的，但其时间是一准时间〔Quasi-Zeit〕。例如，一红色的三角形的想象浮现在我心中，我可以描写它，并在描写中达至其时延。它是一时间客体，具有其时间。但它仍然不在时间中。这意味着：三角形的该时延，连同其一切时间点，都是被变样了的，其方式正像其准颜色为一真实红色三角物之变样那样。每一物都有一颜色，一想象物是一被想象的物，它是如此这般被想象为有颜色的，如此等等。颜色想象是想象的一意向性相关物，并因此具有“好似”〔Als-ob〕样式。然而这样 197
说将更好理解，仅只被呈现于观念者（或者一般而言，被呈现、被知觉、被记忆、被想象等等）可能也是现实的，或也可能不是现实的，即一非现实物被给予或浮现于观念中，并正规地显示着自身，它与一现实物方方面面地相符合。反过来说也一样，我们可以按照在正常知觉中的正规所与者构造一纯粹想象物，它可准确地以同样的方式再现同一的对象。但是在纯虚构物中必然欠缺一种现实存在对象所特有者的是：绝对时间位置，即“现实的”时间，即在时间形式中被给予的个别内容之绝对严格的独一无二者。简而言之，时间虽然在想象中被呈现，甚至被直观地呈现，但它是一无现实的及真正的“位置之地点性”〔Örtlichkeit der Lage〕的时间。

当然，我们在想象中也直观地具有现象的地点及相对的地点关系或位置关系。但是想象仍然并未提供给我们任何这样的位置，它可在一“自存”〔An-sich〕的意义上被认定并可相应地被加以区分。我们可以按充分的相同性，于完全一样的时延中，在任意多的互不关联的想象中呈现一红色三角形：每一三角形于是都与每一其他三角形在不同的想象意识的内容上不同，但是作为个别的对象它们没有什么不同。如果诸想象真的互不关联，那么就不可能在此谈及若干对象或甚至谈及反复被呈现的同一对象。对此而言，为了表达准确我们要假定，相关的诸想象行为 198
在完全相同的“视域”中呈现其对象，因此当某人在一如此如此被规定的或不确定的时间对象的关联域内呈现一对象 A 时，另一人在完全同样被规定的或不确定的同样的关联域内呈现其对象。由于想象的自由性，此一完全相同的想象之可能性是先天所与的。

因此，诸想象直观间的互不关联性一词的意义是显明的。想象对象欠缺绝对时间位置，因此它不可能像知觉对象那样具有一种时间的统一性或一独一无二的时间秩序——因为正如我们刚才关于想象所说的那样，诸想象之间并不在意识中构成共同被意念的〔mit-vermeinten〕关联性，即一想象统一体。这样一种可能的统一体之构成，对于想象的本质而言，也并非其所必需者。其本质并不必须呈现于连续的联结中，想象并不必须是连续统一体。彼此分离的想象并非先天地具有必需的关联性，而且通常而言，在我们的实际经验中也是如此。所以，就此而言，提出这样的问题是没有意义的：一次想象的对象与另一次想象的对象之间何者在前或在后。每一存在于时间关联性之外的想象行为都具有其想象时间〔Einbildungszeit〕，而且存在如此多的彼此不可比较的（在此不考虑一般形式或具体本质）想象时间，正如可以有无限多的想象一样。每一想象都同样不具有绝对位置。然而诸想象之间仍然可能具有什么关系则是可加以讨论的。

199 **【注解】**当我们谈到一完全相同的对象之若干互不关联的想象行为时，对此对象而言，尽管具有此相同性，我们却既不可能谈到个别的同一性也不可能谈到非同一性，于是应该注意，我们在此所意指者并非同一被想象者之想象行为的多次性：在充分明显的意义上蕴涵着这样的意思，在意识中这些想象行为都是关于同一物的想象行为的。即当我想象A时，我可第二次地构成关于完全相同内容的一个想象，此被想象者意指着与我在先所想象者相同之物。此一情况可在一行为中以很简单的方式出现，此行为与第一次想象行为的关系极其类似于在记忆中对同一物的先前知觉的关系。于是我们的行为“好像是”〔als ob〕我们在再次记忆着一“准被知觉者”，而且这样一准被知觉者（它在态度变化中含蕴着有关先前想象和被想象者本身的一现实的再忆）可以任意多次地与第一次想象行为相联结，可能同时具有对先前已被再忆者进行再忆之特征，如此等等。于是我们具有诸想象行为的一个系列，这些想象行为不是互无关联的，而是在意向性关系上相互关联的，这些想象本身可能变成相互关联的诸再忆之统一体，在其中多次被直观者呈现于意识中，并被直观地作为同一者被给予。然而这已经是有关想象行为关联性构成的事例了，对此问题我们现在将予以详论。

§40　时间统一体和关联性在想象中通过诸想象行为的聚合构成一想象世界统一体。个别化只可能发生于现实经验世界内部 200

尽管一切想象直观在本质上无关联性，在某种意义上其统一性仍然还是可能的，即只要在一切想象行为中——在中性变样化情况下——一单一性的准世界作为一单一性世界在空视域中被构成，部分上被直观地，部分上被意念地。当然，我们仍有自由可随意地通过想象行为使这些视域的非确定性加以准充实。但就此事例而言这丝毫不会改变如下事实，所有这些想象行为，都在将它们包含在内的一个现实的及可能的对象意识统一体内具有其关联性。“一想象之统一体”显然仅只是一可能经验的统一体或一经验统一体的中性变样化。

于是对于属于一童话故事的一切自由想象行为来说都存在一统一化构造，为了进行纯粹想象，我们设想着使此童话故事脱离了与实际世界的一切关联。不论我们的想象行为是贯穿于一段还是相互分离的多段童话故事中：每一新的一段都通过一含混的但可继续展开的视域与先前诸段联结在一起，在此过程中，该含混的记忆，对于我这个连续读故事者来说，就是对于先前已读部分的现实记忆，就是被我所想象者，而在我介入故事的过程中联结性〔Anknüpfung〕就实现于“想象中的记忆”里，此记忆本身就是准记忆。

一想象因此包含着诸想象行为的任意“关联性”〔Zusammenhang〕， 201
这些想象行为正是由于其特殊意义聚合为一可能的、直观上统一的想象，在其中作为一统一的想象世界的相关项被相应地构成了。在这样一种想象世界的内部，对于每一个别的想象客体（作为准现实），我们都在每一时间点上和每一时延内，具有一“个别的”个别化〔Vereinzelung〕。我们最初是在一想象行为的严格统一体内为此，即在一现前〔Präsenz〕内为此：在其中诸相似者每次互不相同。但是，此外在想象行为中存在

“单一的”个别化，而无须补充以新的、相关于新对象的以及扩大着想象世界的想象行为，只要一般来说（在相互关联的诸个别想象的统一体内）此行为可转化为一直观统一体，转化为在扩大意义上的一单一现前〔Präsenz〕之统一体（作为流动性的诸现前之连续体）。

但是，如果我们现在从一想象世界转换到另一与前者无关联的想象世界时如何实行此一转化呢？在两个任意的想象行为的本质中根本不存在这样的要求：它们应统一化为一个想象。一旦我们在一想象行为中意向性地运动时，与之相应，在一想象世界中存在一致性和冲突性，存在不相容性，而且在此也可能存在一切时空位置关系，后者正是我们为在一现实世界内的对象所指明的。一切学者都转化为“准式”〔das Quasi〕存在，但是它们在互无关联的诸想象行为的组合之间并不存在，因为一想象世界的“物”过程“现实”与另一想象世界的这些事项“没有任何关系”。更准确地说：构成着一想象世界的意向之充实和失望不可能达到
202 构成着另一想象世界的意向，就此而言我们如诉诸“准意向”〔Quasi-Intentionen〕是毫不相干的。在此，时间的统一性起着这样的特殊作用：作为一世界统一性的可能条件，作为“一个”经验之统一性之相关项的可能条件，以及（可以说）在“冲突性”形式内出现的一切不相容性以之为基础者的可能条件。

时间点、时延等等的诸个别化在不同的想象世界内如何彼此相关呢？我们在此可以谈及这类世界内诸组成物的相同性〔Gleichheit〕与类似性〔Ähnlichkeit〕，但不可能谈及同一性〔Identität〕，在此谈及同一性是毫无意义的。所以不可能出现相连的诸不相容性，后者必定假定着同一性之存在。例如，提出这样的问题是没有意义的：一个童话故事中的 Gretel 与另一个童话故事中的 Gretel 是不是同一个 Gretel，不论一个故事中被想象者及被谈述者与另一故事中的被想象者是否一致，或者，它们彼此是否有关系等等。我可以对此进行设定——而且接受它就是在设定它，但是两个故事于是指涉着同一世界。在同一个故事内部我可以问这样的问题，因为从一开始我们就有一单一的想象世界；但这样的提问将自然失去意义，当想象行为停止后，即当想象失去详细规定性之后；而且在使一想象之统一体继续着的意义上，为了保持想象的展开，仍然随意地

固守着规定性（或者，以本能地“旋律拖长”的方式使这样的规定性可能延续下去）。

在现实世界中没有什么是始终保持开放性的，它如其所是地存在着。一方面，想象世界“存在着”，并如它想象的意愿所想象的那样存在着，想象行为不会终止，而且不会使得新规定性意义上的想象之自由展开无可能性。但是另一方面，在构成着想象“统一体”的关联性本质中仍然 203
存在不容忽视的大量本质局限性，它们在如下情况下发现自身的表达：在一想象统一体的尽管是自由敞开的连续性中，一“可能的世界”的统一体，以一属于它的想象时间的包罗广泛的形式被构成了。

以上所论述者含蕴着个别物的个别化及同一性，以及在其基础上的可能的同一化，它们仅只是在根基于绝对时间位置的现实经验世界内才具有可能性。对此问题我们在此只能简略提请注意，一种详细的个别化理论尚非当前讨论之意图所在。[1] 因此，一般来说想象经验并未提供真正意义上的个别性对象，而只是提供了准个别对象及准同一性，即在一所形成的想象世界统一体内部。因此，我们最初为了奠定一判断理论的基础而排除了中立性领域是有道理的，因为判断理论正是以作为提供最终明证性的个体之经验为开端的，而且在想象中及一般地在中性意识中的这类个体经验并不出现。

§ 41　在一自我之知觉对象与想象对象间的直观统一体之可能性问题

尽管如此，在我们的研究范围内之所以仍然考虑到想象经验，理由在于，想象所涉及的不只是与现实经验的一种纯粹不相干的相似物以及 204
在其中实行的规定性。因此仅只将出现于设定性领域内者转换为“准领域”是不够的。反之，尽管在知觉对象和想象对象之间欠缺关联性，一种直观类型的统一体在此也仍然是可能的，因为它可有助于形成在经验中被给予的个别对象之（相对）规定性。追踪有关在此仍然可能的统一

① 有关一些补充的评述，参见§42，尤其是附录1。

体这一问题，将使我们达到一有关直观统一体的最广义概念——比到此为止所讨论者更广泛的概念，并使我们达到包容最广类型的关系，即相同性关系和类似性关系。这些关系在一切被统一于这类直观统一体内的对象之间都是可能成立的，不论是知觉对象还是想象对象。

我们可以预先注意到这些关系的基本功能以及因此也注意到在较高一般意识维面内自由想象的功能，特别是本质直观的功能。此功能将在本书第三部分详细讨论。在此我们仍然停留在个体经验领域并探讨何种直观统一体使这些关系成为可能，以及其基础为何。

§ 42 在一意识流中经联结作用所构成的一切对象之间形成直观性联结的可能性

a）自我之一切体验的时间统一性

在绝对世界时间内的一对象统一体，作为同时性统一体或相续性统
205 一体，不可能是我们此处研究的统一体。因为十分明显，想象对象与知觉对象之间以及在它们彼此之间不可能具有时间关联性，当然也不可能具有在其基础上的可能的直观统一体。因此，如果此统一体不是一对象统一体，那么它就只可能是构成着对象的体验统一体，是知觉体验、记忆体验及想象体验的统一体。

一自我的一切体验都具有其时间统一体，它们被构成于内时间意识的绝对流动中，并在其中具有其绝对位置和独一性，具有其在绝对现在中的一次性出现，在该现在之后它们在持存维上渐渐消失并沉入过去。当然，此体验的时间不是在体验中的意向性对象的时间。如果，例如，当我知觉着物的物质环境时，一记忆闪现心中，而且我的注意力向其集中，此知觉世界此时并未消失；不论此世界可能如何程度上失去了其"实在性"，可能如何"离我而去"，在知觉上它永远存在于那里，在广义上被知觉着。我现在在其中体验的记忆，提供给我一被记忆者的时间，此时间隐在地朝向于知觉的现在。但是，被记忆者已成过去，而且相对于被知觉者甚至"退离甚远"（一种特性，它不是直接直观的时间特性，

而是指涉着一系列直观的展开)，而作为体验的记忆与该知觉体验是同时存在的。而且如果我们形成一前直观的期待，那么该被预期者就具有未来的特征，将发展的特征（虽然这也不是直观的），当预期的体验与知觉 206
之间为部分同时性、部分相继性时，部分的知觉在前，预期在后。因为在此问题相关于设定性体验，于是所有它们的意向性对象，在它们之内被意念的对象，都具有其在客观时间、世界时间内的绝对位置，而且此位置由于记忆的关联性之形成而从现在的知觉后退，原则上成了直观的。准确地说：它属于它们的对象意义，它们由于其在客观时间内的绝对位置而被意念为确定的。我们在此不再对其进一步讨论，那么构成性的体验，作为在内时间意识中的体验，此外具有相对于彼此的、在前在后的绝对时间位置。对于出现于此意识流中的想象体验来说也是一样，不过在它们之中被意念的想象对象不具有绝对的、可认定的时间位置。

于是在一自我的一切体验中存在着一时间统一体，此统一体当然还不是任何直观统一体。于是在体验中的被意念者、被直观者，被知觉的、被记忆的、被想象的对象，都是彼此分离的。而且虽然设定性体验的一切被知觉的和被记忆的个别对象之间都不存在统一性，此统一性有可能成为直观的，并根据其在客观世界内的绝对时间位置而具有这些体验， 207
于是对于想象对象来说，此种关联性的可能性是不存在的。然而，根据一内时间意识流内的“共同被构成性”〔Zusammen-konstituiert-seins〕，在一切于其中被构成的对象之间是可能形成一种直观关联性的。

b）联结作用对于设定性意识关联性的双重功能

然而，为了实际形成一直观的关联性，即在同一自我的彼此时间上分离的诸意向性对象之间形成一直观统一体，它们在一自我意识内的“共同被构成性”的事实仍然不足以被说明。时间意识的确只是形成一般形式的意识（参见§§16，18）。事实性的醒觉，以及因此知觉与记忆的事实性的直观统一性，或知觉的意向性对象与记忆的意向性对象的事实性的直观统一性，均来自联想的功效，联想即那种建基于时间意识的最低层综合之上的被动综合方式。我们已经必须回溯于联想和触动的规则性，以便理解一感觉场的结构，理解一触动激发性的前所与者的结构，此前所与者共同存在于一现前中，并进而理解如下两种可能性：其一是，诸单一所与者从此场域凸显出来，而且自我被引致朝向于它们并将其把握为对象（齐一性联想）；另一是，诸不同感觉场在一现前中被给予的诸材料的统一性（异质性联想）。但是，联想仍然进而超越了在一现前内部的此统一性功能，即将诸彼此分离者加以联合的功能，只要一般来说这只是在一意识流中被构成者；于是被现前者与非被现前者〔Nichtpräsentem〕，现在被知觉者与同其分离的、退去的记忆，而且甚至与想象的对象，彼此
208 均可统一[①]；在此处的相同者或类似者，可使人记起在彼处的相同者或类似者。所以，发生了一种特殊的相互关系，当然是在此被动性领域和建基于其上的接受性领域之内，这还不是在逻辑的意义上的关系。在逻辑的意义上，一种自发的、创造性的意识才可在意识中构成一种关系本身。

因此如果我们首先仍然限于设定的意识，那么联想的功能首先在于使这样的关联性趋于活跃，此关联性是自我的一切现在与过去的诸知觉根据它们在某一时间意识内的被构成者所具有的，并在诸知觉间产生了一种实际的意识内的统一性。只是根据联想性的激发作用，相互分离的记忆才能彼此相关，并在一步步回溯中被聚集为一直观的记忆关联体。这意味着，一旦诸记忆通过联想作用被激发，那么它们就可被列入时间关联体内，有前有后，“如其曾经实际所是的那样”，而且它们在过去的时间位置也被确定。[②] 于是联想的激发作用为“在前在后”的<u>时间关系</u>创造了<u>前提条件</u>。当然，在我们现在坚持的接受性范围内所见者，仅只是一统一的记忆关联体的产生以及通过联想性激发的记忆关联体的准现前的流动。于是在其基础之上，在较高的层阶上，可把握到在述谓性判断中可获得其表达的时间关系。

209 通过联想性联结不再实存的记忆世界，尽管其非实存性，仍然获得了一种存在；一现前物“激活”了一过去物，闯入了一沉没了的直观与直观世界。此倾向从相同性或类似性过渡到一完全的再忆，而且甚至在某物实际出现在记忆之前，“记忆者”具有一特殊的“返回到过去的相同

---

① 参见前面第 78 页及以下。

② 对此参见附录 1 的重要补充。

物或类似物的意向”；它记忆起类似物，后者因此不是一“空无”，而是在意识中类比于“刚刚发生的直观物”〔soeben Anschaulichen〕之已沉没的视域，或者（相当于同一物者）类比于“刚刚曾被直观者”〔das soeben anschaulich Gewesene〕，后者以晦暗的方式继续存于“仍为实际的直观物”〔noch wirklich Anschaulichen〕的视域内。因此这是一个逆反的过程。从直观所与物（知觉或记忆）产生了一意向，一意向性倾向，它逐渐而连续地使得非活跃的沉没者似乎坚持地过渡到活跃者并不断地更为活跃，而且以有时慢些有时快些的速度，直至已沉没者再次直观地出现。当速度极快时，我们说“突然的”出现，而事实上区别只是由于程度性而已。因此，完全的沉没只是后退性沉没〔Zurückgesunkenheit〕之一极限情况，正如完全的直观是另一极限情况，于是直观性并不真的意味着一种“断裂”。当然与此相联系的是重叠与互渗的过程，即不同的“被激发的”记忆世界中诸记忆之融合。

此一从现在物发出并发向过去物之活跃化的“激发作用”的可能性事实，必定有其如下基础：在相同者与类似者之间一“感性的”统一体已经预先受动地被构成了，一种“下意识”内的统一体，它将实际的和已沉没的诸直观的不同状态联结在一起。于是，在全部状态中以及按照一切相同物和类似物，不断地存在着结合过程，而且“激发作用”，即对先前事物之记忆，仅只是使得先前已经存在的事物趋于活跃。当然，此活跃化带来了某种新事物，因为现在从此激发状态中发出了一种朝向于被激发者的新意向，该意向在该投射行为后转化为状态性，并因此而转化为现象的持存。 210

所有这些联想的激发作用的及联结的过程都发生于受动性领域，其中没有自我的任何参与。激发作用从现前被知觉者射出，记忆“升起”，不论我们愿意还是不愿意。但是自我也可以具有回忆的欲念，例如将一过去的事件按其次序再次加以准现前呈现的欲念。最初可能只是其中的诸片段被准现前，它们还没有出现在先后次序内。可能欠缺了中间的诸部分，这些部分，自我试图通过激发性的组成部分之联结作用产生的尝试性准现前加以活跃化，直到最终全部事件在一封闭的记忆系列中出现，而且其中每一单独部分均可显示其时间位置。但是，甚至这些主动的记忆行为只可能根基于已经发生过的联想性激发作用，激发作用本身就是一事件，它总是被动地出现的。自我的主动性只能为此创造前提条件，它可以通过尝试性地实现那些尚未忘记的记忆部分来找出适当的中间组
211 成部分，从其中联想性的激发射线可以通向已沉没者并再次使其活跃化。对这一切进行分析就是一种准现前意识的现象学，对此问题我们目前还不拟进一步讨论。

于是，设定性意识的联想作用具有一种双功能：一方面，它根据时间意识流内的绝对位置来确立一记忆统一体内的一（现前的及过去的）自我之一切知觉的实际关联体；另一方面，它确立了一直观的被记忆者统一体，因其借助激发行为使被激发者纳入一直观统一体内。对此方式我们马上要加以讨论。

c）根据联结作用知觉直观与想象直观统一化；广义的直观统一体观念

以上所论非常重要，如果我们考虑到，此联想的关联性是存在于自我的一切体验之中，只要它们一般地都在对象侧构成着类似者和可比较者的话。因此这种关联性不只是包含着设定性直观，而且也包含着想象直观的话，后者在其时间性方面是彼此无关联性的。因此在意识流内不只是在每一广义现前的片段上（现前的，不论是在一知觉中还是在一记忆中，或甚至是在想象直观中），一统一的相关性对象，以及进而在此“现前”〔Präsenzen〕流中一联结性的统一体，被构成了，而且在诸单一现前时段的统一联结体之外，也形成了在任何不同现前之间的联结体，
212 这些现前有些是实在的，有些是已沉没的。已沉没者通过联想作用被再次激发并被直观地准现前化，以及因此经由激发者被再次直观地统一于一现前中。

在现前者与准现前者之间，在知觉与通过联想激发的记忆或想象直观之间，存在可能的统一体。这是一感性直观的统一体，被构成于一现实的与真正直观的场域内，并超越此进而被构成于一活生生的时间场内，此即一根基于直观统一体内的统一体。此统一体假定着一意识统一体，在其中一带有其内容的原初时间统一体被构成了，或者在其中一被变样的、准原初性领域被构成了，即在一记忆统一体内或在一回溯至知觉的记忆统一体内。我们在此永远具有的不只是任何直观联结体或直观相续

体，而且是带有同一相关对象统一体的直观。属于此直观的是时间形式，即作为联结并同时使一切其他联结成为可能的时间形式，以及（在超越性对象中）存于时间秩序中的空间之形式。自然，在并非现实的共存者的统一性直观的情况下，此空间形式并未显现为客观空间的形式，而是显现为一种显现空间的形式，在其中显现者并非实际地以相互联结的方式被构成于一客观时延统一体内，而是根据联想的激发作用被聚集于其内。

如果我们使记忆的桌子与此知觉的桌子并列，那么我们就具有一带有一空间充实性的空间，以及一时间，在其中两个桌子的并列会短时间显现。在此情况下无妨出现这样的情形：记忆的桌子本身“属于”与知 213
觉的桌子不同的另一客观时间。我们具有一“图像”统一体，而且这是一现在的图像，一具时延性的图像，它包含着与其共在的空间统一体。于是我们可以在空间上使属于不同现前场〔Präsenzfelder〕的对象（如果它们是物质对象的话），在一显现空间〔Erscheinungsraum〕内“相互聚集”“彼此并列”，我们也可以在时间上使它们彼此并列或相互聚集。对于后者而言，在一切情况下，甚至在非空间性对象的情况下，或者在诸对象不可能并存的情况下，也是如此。我们于是可以说：我们通过将诸对象移入一时间场以使那些属于不同现前场的诸对象聚集，我们将一些对象移入另一些对象的直观时间场内。因此我们使它们进入一直观的序列关系或进入一直观的共在关系（此共在存在于一同时性时延统一体内）。如果它们是空间对象，那么它们因此特别显现于同一空间统一体内，即实际上显现于诸无限空间内诸部分的统一体内，后者包括优先性直观的对象，而且它们在同时性情况下就显现为并存性时延物，或显现为相继出现于和存留于此空间内者。一直观统一体，诸直观对象的一统一性集合（不论对象是被知觉的还是被准现前的），因此意味着（因为我们存在于个别的或准个别的对象领域内）一时间统一体，在其中这些对象是直观地聚集在一起的。当然我们也必须在此区分什么是被动性事实：被激发者；以及什么是以其为根基的（接受的）主动性事实：被激发者的把握行为，对统一的直观的前所与者的朝向行为。

最初由联想确立的直观统一体，因此就是这样的：它不仅在一自我 214

的知觉与记忆之间是可能的，而且也在设定的直观与想象的直观之间是可能的。因此我们获得了一有关直观统一体的最广义概念，对此可定义如下：

直观统一体是一直观对象意识的统一体，并具有作为其相关项的直观对象统一体。但是，不同的个体（或者想象直观的准个体）只可能如是地达至一直观统一体，或者相应地仅只如是地以一般的方式形成一统一的直观对象，只因为一直观上被构成的时间统一体包含着它们，因为它们在一直观现前统一体内在现象上显现为同时性的或相续性的（或者在部分同时性的、部分相续性的时间流动中）。

这意味着：时间直观统一体是以任何方式被联结的客体复多体（这些客体都是时间客体）的一切直观统一体之可能性条件，因此这些客体的一切其他联结都假定着时间统一体。

§43 联结关系与比较关系

a）比较关系作为纯粹本质关系（“观念关系”）

对于一意识主体（一纯粹自我）来说，多个对象一般只可能在一直观被动的“意识具有”〔Bewußthabens〕内的这两种形式中被给予：或者

215 多个对象在一直观统一体内被意识到，并在一包含它们在内的现前内被直观到，或者它们在若干互无关联的直观内被意识到，即诸直观在一现前着的〔präsentierenden〕直观统一体内彼此无关联：那么在直观中，此直观不具有同一直观统一体，而仅具有那样的统一体，它把在内在的意识中一自我的以及属于自我体验时间中一自我的一切体验联结在一起——此外，并非直观性的意向性体验之重叠统一体也属于它。当然，所有这些直观，根据其在同一意识流内的被构成者并根据属于它的联想性激发作用的可能性，被聚集到一现前之统一体内，于是在该现前内事实上未被聚集者也被直观地统一起来：我们在知觉空间内将记忆中的桌子“想象地移动到”现实知觉到的桌子旁，此记忆的桌子现在与此真实的桌子被直观统一地意识到。当然，记忆的桌子并没有相对于真实桌子的现实空间位置，它只是与后者以“准”样式靠近，正如它也没有相对

于真实桌子的绝对时间位置一样。但是，我仍然可以在此直观统一体中对两张桌子进行比较。

于是，在最广义上的直观统一体构成了一切想象性关系与相同性关系的基础，因此这些关系并不是任何现实性关系。所以它们在传统上（休谟等）被认为是属于“观念关系”，因为它们完全是根基于观念〔Vorstellungen〕的“内容”。这意味着，它们的统一性形式仅只是根基于本质内容的，或根基于被联结的诸成员的一定的本质因素的。如果相关的对象存在，那么属于对象的统一性也必定存在。按照现象学的说法：如果经由这样一种统一形式所结合的诸对象“同时间地”在意识内的一
现前中被给予，如果一般而言它们在一直观的现前视域中被直观地呈现 *216*
于观念中（至少相对于根基性的本质因素而言），那么它们在此形式中的统一性也直观地存在于那里（被动地被前构成），不论它们是否被把握，也同样不论诸对象是被知觉、被记忆、被期待着，还是它们或其部分是在虚构的时间样式中的纯粹虚构、想象的对象。这些作为比较关系根基的统一体并不是与时间对象、个别物结合在一起的，而且因此也只以其诸成员为中介才具有时间相关性。如果 a 是迟于 a′的，那么它们的相同性既无关于时间 a 也无关于时间 a′，也无关于此二者之间的时间，而是相关于时间性对象，并因此相关于整个时间及相关的时间片段。这样的统一体或关系是通过个体的承载者被个别化的，或者它们是通过其承载者的属级的特殊性或类级的特殊性被个别化的。如果一成员是虚构的，那么该关系并未消失，该实在的成员于是具有该关系谓词，只不过相反的成员具有虚构存在的样式（单纯想象性的“准存在”），按此样式该关系本身经受着一特殊的变样化。

b）最重要的联结关系之构成（现实关系）

比较关系纯粹基于被比较者的本质内容而无关于其特定的存在性，此比较关系对立于现实关系，即那样的关系，它们立基于相关者的现实联结（“事实关系”）。这类关系只可能存在于个别性对象之间。支持这类
关系的最低统一体是在一时间内的现实联结统一体，在该时间内诸被联 *217*
结者具有其绝对的时间位置（参见 § 40）。一切个别性对象都具有一时延和时间位置，并以一本质内容布满原初的时间连续体，而且在其作为一

般本质的全部本质上具有一时间片段长度，后者作为时延及一作为时延充实性的一时间内容。这些对象的诸时间部分（相应于时延的分划），按其一般本质，统一于全部本质内，后者在时间维上联结着诸部分的本质。作为个体来说，全部对象即一时间整体，而且此统一体是一时间性联结的统一体。整体在此即处于发展中者，而且作为整体它只是作为已经生成者〔jetzt Gewordenes〕；它的诸部分的联结即其“成为被联结者”〔Zusammenengewordensein〕，而且也就是“逐步被生成者”〔Nach-und-nach-gewordensein〕，后者延伸至一切部分及部分的部分。每一时间对象都具有一时间内容，一在延伸中的本质，而且此整体现在是个体性的，由于在被延伸时它是在生成中的。此外，个别化的“生成”具有其带有形式特殊性的本质形式，如时延之不同的“生成样式”〔Werdensmodi〕，以及在其他方面的相关者。一切时间物的实在的结合同时也是在时间形式内部的时间维上的结合。在统一的诸观念的一意识现前内的某一任意的聚合，在此并不使时间联结呈现于观念：严格来说，一时间对象并非在充分的意义上是直观的，即作为在其个别性规定的时延中的时间对象（此时延以本质的方式使其共同地被个别化〔mit individuiert〕），如果它按照其完全的本质（按照相对于它的可重复性、可比较性）呈现于观念。联结性并不根基于其可重复的本质，就如作为比较之根基的统一体构成
218 那样，而是除此之外并必然地也根基于其时间的一次性，根基于使时间内容个别化的生成行为。只有在生成行为的再产生中或在一生成行为的其他个别性给予的观念中，时间对象（那些存在于生成行为者）可以作为生成行为及已生成者的统一体呈现于观念。一相同的时间对象可以（作为本质上的“同一者”）出现于不同的个别性生成行为关联体中，在此过程中其对于其他对象（作为生成形式的相同时延的和相同生成质料的对象）仍然未受干扰。时间结合及时间秩序于是彼此是不同的。一切个别的对象都是在时间上“结合的”；它们属于一单一的生成秩序，并只能在此秩序的再产生中，在时间构成的生成之再现行为中，被呈现于观念。生成行为的个别性为进行结合的统一体和秩序（关系）提供着根基。

对于空间位置的秩序来说也一样，它根基于个别对象的时间秩序。空间就是感性所与物（物质物）的个别同时性之秩序。进行个别化的因

素（以及在同时性的时间形式中是“在此”和“在彼”进行着个别化）可能为关联性提供根基以及空间位置，空间外延为空间关联性提供着根基。外延本身是结合的一连续性关联体。正如一时间为其只在其生成的普遍关联性中之所是一样，一空间（一空间位置、一空间上规定的形象、一空间秩序，以及一距离等等）于是即其只在一普遍而个别的关联性中所是者，因此也即一独一无二者。在一时间性对象的以及也在一空间上定性的形式的个别化观念呈现中，就本质性内容言没有任何东西使其直观地区分于任何其他同样个别化地被呈现的相同对象，但是，位置的个 219
别性因素也仍然没有在纯个别化的观念中被给予。只有当我直观地呈现了包含着两个对象的时间关联体时，在此关联体中每一对象都有其生成位置，我才有一距离性的直观、相对的时间秩序之直观、时间位置之直观；同样，当我直观呈现于观念的不再是个别化的对象，而是包含着它们的、作为其秩序形式的空间，我就在观念中呈现了某种“增加者”：使它们在空间上具特异性者。当然，仅只是相对而言如此，只有当我返回我的“此时此地”时我才在观念呈现中具有了充分的个别化。否则我只有一种非直观性，虽然是一种直观的观念呈现，但它正是相对于位置的个别化而是非确定性的；我具有一种相比于相对空间秩序中的物体的物体之相对个别化，但此空间秩序本身按其位置还不是充分确定的。只有当我诉诸“此时此地”时，我才获得（尽管欠缺逻辑的规定）个别性直观本身所要求的那种规定性。

因此，两个直观上给予的物体还并不容许作为一空间关系的二者间距离之原初性观念呈现，就像它们产生一种原初性观念呈现、一种二者类似性的直观那样，如果它们一般来说是共同在观念上呈现的话。为此，两种直观的空间环境必须统一于其中存在两个物体的单一空间内，而且为此二者须在一个视觉场或一个触觉场内侧显。另外，我们因此还没有关于距离的适当观念呈现，而且我们不能说二者之间的距离比起其他二物体间的距离是大是小。我们还不能立即看出，相对于另一距离此一距 220
离是大是小，为此我们必须在两侧考察构成着两个距离的关联性；同样，如果我们想要在观念上呈现两个距离大小的相同性，就必须根据相同的定位方式考察此过程及二者之间的关系。

最后，基于现实的诸结合的关系（结合关系），仅举最重要者而言，包含着原因与效果、整体与部分、部分与部分等。一切现实关系原则上不可能存在于现实物与准现实物之间，这意味着，它们不可能在自所与性中被构成，在这里，一个成员被意识作现实的，另一个成员被意识作虚构物。如果一整体是现实的，那么部分也是现实的，而且一虚构物不可能与一现实物结合为一整体。例如，对于空间的距离也是如此。两物之间具有一个距离，距离属于它们，而且虽然距离不具有像物那样的存在，但它正是具有这样的存在，即作为基于物存在的存在。空间距离以及空间位置即以现实结合为前提的关系。当然，一切这类现实关系都能够转化为准现实关系并在准样态〔im Quasi〕中出现，只要正好达至想象直观与想象世界的统一体。

c）狭义与广义的直观统一体概念

另外，相同性和类似性的诸关系完全无关于并非现实结合者的这类
221 非关联性。这是因为它们正是只在这样的联结体〔Verknüpfung〕中具有其原初的根源，此联结体是经由联想统一体被前构成的。不论联想可能对于相互统一关联的对象和对象世界的构成具有多么大的及多么持久的效果，当诸对象（可以说）互无关联地随意落入意识中时，联想也是有效果的。联想创造了一种纽结〔Band〕，即特别是作为类似性联想。此联结体在进入主题的目光内时，就成为类似性关系和相同性关系的积极构成之基础。所以我们也必须在以下三者间进行区别：在两个对象之间的被动建立的统一体，与在其根基上的接受性内被把握为相同性与类似性者，以及在更高的层阶上，在自发地产生行为中被构成类似性关系者。

与相同性和类似性的关系相反，现实关系假定着基于现实结合的直观，此直观在狭义严格的意义上被称作是具关联性的诸直观。它们形成了一直观统一体，不只是“被聚集者”〔Zusammengebrachten〕的直观，而且是“成为相互属于者”〔Zusammengehörigen〕的直观——原则上共同属于“可被直观的”〔anschaulich zu machenden〕一个世界（或准世界）关联体。

在狭义上我们说直观统一体，当在一现前中被直观统一的诸对象实际上作为同时性和客观性存在者在其中被自所与时，而且只有当其本身

被给予时。例如，如果一林荫大道在一直观统一体中被给予，那么它必定连带其一切部分落入该直观统一体内。如果一个部分被遮蔽了，那么我们在此狭义上肯定就其可见部分说具有直观统一体，但非就林荫大道全体言。因此此统一体是一真正知觉的统一体；此一包含在任何知觉中但非真的被共同给予者，不再属于该直观统一体。此直观统一体自然有其在准现前中的类似物（记忆或想象）（参见§§37，40）。 222

现实结合与仅只通过比较被聚集者的直观统一体的区别，在更高的、范畴性的层阶上，引生了结合关系与比较关系的对立性。人们可以比较一切出现于内意识的体验中的被构成者，正因为在一现前的直观统一体内它们被聚集起来；换言之，一切均可进入可能经验的统一体以及（对应地）进入一可能世界的统一体。但是，只有现实中原初地在对象侧被统一构成者才具有被结合的统一体。

当然，结合体某种意义上也存在于未被结合者之间，它们并非现实地相互属于，而是只在直观统一体中被聚集起来，但是这并不是诸对象的现实结合，而只是起着构成作用的诸体验间的结合，即它们在意识流中的结合。诸体验具有其彼此相对而言的绝对时间位置，以及构成着想象对象的设定性物以及中性物，但不再是在体验中被构成的对象。

d）作为形式关系之基础的形式统一体构成

在此仍须提及的是一种特殊的统一体构成，它为特殊的关系，为形式关系，提供着基础，这就是形式本体论的统一体，此统一体既非基于诸统一化对象的现实结合体，也非根基于其本质因素或其全部本质。它是这样一种统一体，此统一体伸展于一切可能的、个别性的或非个别性的对象之上，这就是集合性的统一形式，聚合之统一形式。它是原初地被给予的，当不论什么被其统一的对象在一意识（一意识现前）中被直观给予时。集合行为的统一性“整体”在特殊的意义上成为对象（主题），如果在此发生着连续性的逐一性个体把握和聚集性把握的话。所以存在命题“一切及每一个（一切可能者，包括一切现实物）都是在一意识中可直观的”（在作为现实的和可能的原初直观内），以及命题“一切及每一个都是原则上可聚集的，都是等值的”。集合性统一体本质上都不根基于一切质实物〔Sachhaltige〕，事物的本质根本不予考虑，除非当其 223

可能形成差异性时。使集合行为整体成为对象，当然已经是一较高层阶的功能之成就，不是接受性层阶，而是进行产生的自发性层阶，正如一般来说形式关系正是出现于此层阶上，并永远假定着述谓性思想的功能运作〔Leistungen〕。所以我们在此必须满足于此一提示，而将进一步的讨论留待稍后进行（参见§§59-62）。

§44　比较性思考的分析。相同性〔Gleichheit〕与类似性〔Ähnlichkeit〕

让我们现在进行有关相同性关系与类似性关系的讨论，此问题由于
224 其具普遍性而特别重要。虽然我们在此仍然停留在受取性层阶上，但仍然有必要指出，这些关系在客体化的最高层阶上，对于一般意识的构成以及在最高层阶上对于本质意识的构成，都具有特殊的重要性，为此在第三部分我们还将重新返回这个问题。

"比较"作为一种活动，作为一种关系性思考行为，一种在关系项之间来来回回的把握性思考，原初地假定着一种"感性的"相同性或类似性，某种在一切个别性把握及其相互关系建立前的感性中之活动性因素〔Wirksames〕。若干在感性层次上被突出的对象，（在感性上）为感性群组的感性相同性或类似性的统一化形式奠定着基础。① 感性的所与物实现着一种刺激，它激发着最低阶的兴趣去实行个别性把握与连续性的聚合。在此过程中我们永远思考着一组类似的对象，这些对象在一种直观统一性中，在最广意义上，被聚合为"准共在"〔Quasi-koexistenz〕，被统一为一种"形象"〔Bilde〕。思考的流动过程演变为诸个别性把握的一个连续系列，而且在从把握向把握的过渡中，对于我们的注意目光来说获得凸显的是：先前在被动性中某种程度上已被强调的在此一、彼一之间的相同性或类似性的基础，以及与之对比的非相同性或非类似性。共同性因素间相互"符合"，而不同因素间相互分离。不仅在每一统一的意识中从一对象过渡到另一对象时发生着"重叠"〔Überschiebung〕，而且在对

① 对此参见§16。

象侧发生着符合〔Deckung〕。在从对 A 的把握过渡到对相同者或类似者 B 的把握过程中，在意识中 B 被导致与 A 成为重叠性符合〔überschiebender Deckung〕，此 A 还在被持存把握中，而且在二者之间出现了相同物与相同物间的符合，而不同物间则出现了冲突。 225

然而对相同性符合与类似性符合必须加以区别。让我们最初先讨论前者：如果我把握 A，之后去把握 B，那么在 B 上所谓与 A 相同者是这样与 A 统一的，即 B 上的相关因素被标记出来使之凸显；其发生乃因为，B 上的该因素与 A 的对应因素相互符合〔überdeckt〕，而且是"无距离地"相互符合，完全与之合一，因此"被符合者"〔Verdeckte〕将通过"使符合者"〔Verdeckende〕被完全看到。A 与 B 的分离的二元性〔Zweiheit〕以及其共同性因素过渡为一统一体，后者在意识中具有二重性〔Doppelung〕，但在实质上并无分离性〔Zweierleiheit〕或"相互外在的"〔außereinander〕二元性。二者是互在其内〔ineinander〕的，而且只就此而言仍为二者。它们构成了一个单一的聚合体，后者只可以说是存在于两个"版本"中的。

与此相对，如果关系仅只是类似性，那么虽然二者之间也存在着符合关系，相关的及原初被知觉的 B 因素，与对应的 A 因素相互符合，此被给予的 A 因素仍然还在意识中。但是，A 的类似性因素通过 B 的类似性因素可被看到，而且与其相互"符合"，但与其存在一"距离"；二因素"融入"一共同性〔Gemeinsamkeit〕内，但其中仍有实质性分离之二元性，此实质的分离性即分离性和"近似者"〔Verwandtem〕间的相互符合性〔Überdeckung〕。它们并非一起成为一相同物〔Gleichen〕，而是成为一成对物〔Paar〕，其中一者虽然"近似于"另一者，但与之保持着"距离"。此二元性，连同其"共同性统一体"可逐渐越来越接近"完全共同性统一体"，这正是相同性及无距离的本质相符性，不断地逐渐靠近 226
到这样的程度，以至于我们可以说是一种"在贴近中的"相同性，一种几乎成为完全相同性的类似性，其中只不过具有些微差异性。但是，尽管存在此连续的过渡性，二者之间的区别性始终是存在着的。

当然，此相同性符合或类似性符合，应该区别于阐明性符合，在后者中一对象的部分在它之中被把握。在此，问题并非相关于：对象的诸部分（广义上）被包含在整体内。但是正如已经谈过的，此相符性应该区分重叠性的一般性质，此重叠性发生于任何集合行为中，发生于多重对象的纯聚集中。纯聚集行为还没有通向相同性符合，相对于其相同性及类似性而言，还没有通向诸被聚合者之主动性重叠〔aktiven Überschiebung〕——一种主动的活动，后者受到了感性的相同性及类似性的促动。当然，我们可将所有对象加以聚集，将它们联结起来，但是如果我们的意图是朝向一种相同性或类似性时，或者换言之，如果我们的意图是“探索”一种共同性因素时，那么这就只是相当于一种比较行为。这意味着：虽然最初只是影响着我们的〔affizerende〕作为一种统一体的感性相同性，促动着我们朝向个体的比较性变动过渡，以及促动着我们倾向于将共同因素凸显，然而即使在异质性的呈现物中，我们仍能够尝试一种类似性并查看其是否实际存在。

我们将可能出现于此类情况中的感性类似性的对立方称作严格意义
227 上的非类似性，我们在此并非意指一种较小程度的类似性，一种极微细的类似性，而是意指对类似性的完全否定，对此我们宁愿称其为异质性。当一朝向同质性的意图在先进行而该意图经受失望后，异质性就出现了，即当重叠性符合的企图中出现了完全的冲突时。在此仍然有待解决的问题是：这种完全的异质性一般是否可能存在，或者意识中是否任何被构成者都具有一种共同性〔Gemeinsamheit〕，具有一种相同性〔Gleichheit〕。

§45 整体的和部分的类似性（相关的类似性〔Ähnlichkeit in bezug auf〕）

我们到现在为止谈到的类似性或相同性，被理解为具体的类似性和相同性，即具体对象的类似性，如一鲜红色屋顶类似于一暗红色屋顶。我们将此具体的类似性区别于转义的〔übertragene〕类似性，即相关于类似部分中的类似性，而不是相关于全部对象的类似性，不是相关于绝对意义上的类似性。这是一种特殊的关系，在其中具体项和整体都借助类似性所从属的相应因素而一同分有了类似性。

如果类似性是具体的，这就是指，诸具体项因其本身，因其全部内容而是类似的，而且作为诸具体项是“相符的”，于是类似性肯定也属于每一因素，对这些因素我们可在此一、彼一具体项间加以分辨。严格来说，我们可以将两个具体项区分为“相应的”因素，而且如果将这些因
素置入明晰的相互关系中，类似性就属于每一相应的“成对者”。具体的 228
类似性就解体为局部的类似性。但是在此诸整体并不因为诸部分的此类似性而彼此类似。反之，在前一情况下，诸部分的类似性仅只“转换为”诸整体的类似性。在此出现了一种特殊种类的相符。诸整体必然进入一真正的相互关系中，因为诸部分相互符合；它们本身达至一感性统一体，因为诸部分具有符合关系之感性统一体。而且对于整体而言关于类似性的语词被转换了：特别因为类似的结果相连于此第二“类似性”。类似性使人们记起类似性，此特殊种类的符合对应于这样一种“类似性联想”，它引起“相互记忆”。在记忆性的联想中（经由 A 被记起的 B），此“经由”〔durch〕是被给予的，而且在 A“经由 a”记起了 B 中，其“经由”也是被给予的。记忆倾向从 a 到达 a′，a 是基础性因素；但是因为 a 只是在 A 中被给予，A 作为具体项是首先被给予者，而 a′只是在 B 中，B 这方面也是首先被给予的，于是 A 由于转换作用获得了与 B 的记忆关系。但这是一种现实的记忆关系，它只是根基于 a-a′的根基性关系。

我们当然也可以这样来把握此关系：我们将诸具体项的类似性看作一种现实的类似性，仅只具有一种被变样特性的类似性，此类似性“根基于”a 的类似性。于是全体的或具体的类似性和部分的类似性是不同的类似性样式，而且一个样式使有可能在作为部分类似性的一切因素间产生明确的相互关系，而另一个样式仅只可能引生作为类似性因素的诸个别因素。所以我们必须做如下区分：

1. 全部类似性或诸具体整体的纯粹类似性。 229

2. 部分的类似性，它是诸部分的纯粹类似性，但不是诸具体整体的纯粹类似性。

两种内容处于纯粹类似性关系中，如果不是一者的直接部分不类似于另一者的部分的话。非纯粹类似性是模糊的类似性，非类似性的成分使其成为模糊的。

纯粹类似性有其级次，但是此级次性不同于非纯粹的、部分的类似

性的那种非真实性的、非连续性的级次性，后者越趋于完全，诸部分越存在于较纯粹的类似性中。但是在此类似性中诸部分，按照它们对诸整体的类似性的“大小”的决定力量，可能再次不同。

§ 46　关系规定与对比规定（“绝对印象”）

两个关系项事实上并非永远必须呈现于一直观统一体内，就如至此一直在谈的那种比较性规定的例子那样。一前所与的规定基底通过联想可联结于另一些类似的基底，而后者不必须达至真正的醒觉〔Weckung〕以及随之而来的直观化。它们可停留在背景上并在规定性中共同起作用。例如，一高个子人站在那里呈现出高大性，一般来说在我们的视域中无须有一个矮个子人与之相比。他与“通常身量的”人形成对比，例子中的后者可能被模糊地“唤起”而无须明确地进行比较。同样的是有关如
230 下规定性的例子：“热”和“冷”，“长命”和“短命”，“快”和“慢”。所有这些规定性都指涉着经验的正常性，后者可随着环境的不同而变化。“冷”气候在热带地区和温带地区意义不同，一“快速”车辆在驿车时代与赛车时代所指不同，如此等等。从环境的结构中（直接而绝对当然地）产生了这类规定性的标准，无须明确唤起对比的关系项。在把握行为的关注点上只存在一个基底，因此在我们的一般刻画中所呈现者，必须是关系性思考的本质因素，即思考性目光的两个基底间的来回往复。这是一种非完全的被构成关系。从心理学观点看，这些规定性是在一直位于背景的诸关系项基础上呈现的，它们被称作“绝对印象”。我们具有关于大小、轻重等等的绝对印象，因此我们必须在严格的意义上区分关系规定性和对比规定性。

第二部分
述谓思想和理解对象

第一章　述谓表达式之一般结构与最重要的范畴形式之生成

§47　认知兴趣及其在述谓运作中的实现

存在者的断定〔Feststellung〕，它是怎样的以及它是什么，此即一切认知活动的意义所在。①

在我们到此为止专门研究的接受性范围内还未达成认识的目标。在此接受性中，作为同一统一体的对象已经在多种多样的朝向性步骤中被构成，这些步骤指涉着、把握着以及解释着这些对象。进行触动者* 被接受，在所与者的主动的朝向性中被经受，在记忆中我们返回已经被经受者〔Durchlaufenes〕，并使它们彼此发生关系，如此等等。但是所有这些运作都是与或者为直接自所与的、或者是再产生的基底直观相联结的。如果在意识中，也没有什么曾经在经验中及特别在直观中被给予者丢失的话，并因创造着及继续形成着一熟悉性与已知性的视域而一切都在有效地运作中的话，那么，该已经验者还并没有因此而为我们所有，此后 232
我们就可对其加以支配，随时对其再次认定并将其传达给他人。接受性经验被其引导的知觉的兴趣，只是真正的认知兴趣的预备阶段，它是一倾向性特征，企图将直观所与的对象从一切方面呈现为所与者（参见

① 有关论述也参见导论。

* Affizierendes，或译“产生影响者”。——中译者注

§19）。但是认知意志，不论因其自身之故还是为了实用的目的，所朝向的要更多。在接受性中作为虽然主动地朝向触动者，但它并未创造其认知，也未创造作为趋向于其目的手段的、朝向于一意志对象的诸个别性认知步骤。反之，在真正的认知兴趣中，自我的一意志性参与是以完全新的方式运作的：自我将认知对象并一劳永逸地持有着已认知者。每一认知步骤都是由一主动的意志冲动引导着，在其后的生命过程中，把已知者固守为同一者及其规定性的特征之基底，并将它们纳入关系中，如此等等。认知是自我的行为，意志行为的目的是：在其同样的规定性中把握住对象，并"一劳永逸地"固定住思考性知觉之成果。[①]

此一认知成就是一与前所与的对象相联结的活动，但其联结方法完全不同于单纯受取性的把握行为、说明行为和关系性的思考行为的活动。其结果即"认知具有"〔Erkenntnisgegenstandes〕。在作为认知对象的对
233 象之严格概念中，含有这样的意义：该对象超越了其直观的所与性而具有同一性及可同一性，而且在直观中曾经给予者，即使当直观消失后，也必定仍然能够在持续性具有中被保持；也就是在这样的结构中，此结构通过最初的空指示可以再次通向同一者之直观化〔Veranschaulichung〕——通向这样一种直观化，不论是借由准现前行为还是借由重新的自所与行为。于是，在此问题是关于一种新的客观化成就，而不只是相关于一联结于前所与的及在受取中被把握的对象；是相关于在述谓性认知及其在述谓判断内的沉积中所构成的新种类对象，此对象本身于是可再次被把握并被形成为主题：这就是逻辑结构，即我们称作的范畴对象（由于来自希腊词 katēgorein，即陈述判断），或也被称作理解对象，因判断肯定是一种理解成就。[②] 于是，此认知成就〔Leistung〕*，此较高阶的活动，与受取性对比，必定具有一种创造的主动性特征，正是此创造的主动性生产着对象本身。正是这些作为逻辑结构的对象至今专门吸

---

① 关于必要的限定性，参见导论第 65 页。

② 对此参见后面第 58 节的详细分析。

* 如我们多年来一直指出的，此一德文词无准确对应的中文词，它大致可包含如下意思：功能、运作、成就。相应中译词应随境而加以变通，但仍应记得：中译词只是该德文词的"临时性代表"，在胡塞尔学中其本身永远包含上述三种意思。——中译者注

引着逻辑学家的注意，却对于它们从低阶认知成就中的原初生产以及发生的方式未加探究。在这些结构中，认知是以这样的方式沉积而成的：最初它的确能够成为一持续性的具有，成为一对象，对此对象，由于它是同一的，我本人不仅能够对其掌控，而且它因此可以这样的方式在主体间被构成，即根据与逻辑成就及其表征相联系的表达式，最初在我的 234
直观中被所与者也能够被他人同样地直观到。

与述谓性成就肯定相联系的表达式的一切层次，有关语言和述谓思想关联的一切问题，如一切述谓思想与语词是否（以及在多大程度上）相联结的问题，以及表达式的句法分节与所思者的分节如何相联系的问题——这些都应置而不论。述谓运作将纯粹地这样被研究，即如其呈现为现象体验中的主体活动那样被研究，因此排除了一切这类联系性因素。

在这些逻辑运作中被构成的对象于是将形成一种特殊种类的对象，它们虽然永远指涉着其基础，但仍然也能与其分离并将自身生命引向判断：于是在其多种多样的形式中它们成为形式逻辑的主题。我们因此可以列出以下思考的主题：它们首先将继续一般地探讨述谓活动的结构，它们建基于低阶运作上的类型和方式如何（第一章）；其次必须考察在其中发生的对象的结构和存在方式（第二章）；而最后，这些对象可从其基础分离的事实，通向直观判断与空判断之间的区别。在此区别中我们将发现述谓判断诸样式的根源，而且从其构成性起源的观点我们将这些样式理解为自我决定之样式（第三章）。

§ 48 认知行为与实践行为相互平行 235

在过渡到特殊分析之前，还须讨论一些与述谓活动〔Tätigkeit〕相关的一般问题。述谓性认知的运作被称作一种行为〔Handeln〕，其正当性在于，行为的一般结构也能够在此认知中被显示，虽然在其他方面认知仍然与在其通常意义上的行为相区别。我们宁肯将行为设想为一种外在的动作〔Tun〕，一种外在的对象（物）之产生，此对象作为从另一自所与对象中产生的自所与对象。在认知行为中确实也前构成了新的对象，但此类产生之意义完全不同于从物产生物之意义（对此参见 § § 63 及以下）；而且——在此重要的首先是——在认知行为中范畴对象的产生不是此行为的最终目的。一切认知活动最终都是相关于判断基底的——尽管存在这样的可能性：认知活动纯粹在所产生对象的范围内，在逻辑结构的范围内，极具清晰明证性地显著行进；此活动的目的并不是对象的产生，而是有关一自所与的对象之认知的产生，因此就是此对象的自所有〔Selbsthabe〕之达成，后者成为一可再持续的被认定者。如果在外在行为中被实现的一切意愿行为，都是根基于一种评价性的努力，此努力朝向于一种对象之具有，该对象被评价为有用的、喜爱的等等性质，那么问题就不再是相关于这样一种评价性努力，而是相关于一种纯粹朝向自
236 所与性倾向步骤之实现：自我不是生存于评价行为中以及生存于、根基于评价行为的欲念性努力中的，而是生存于客观化的活动中的。

但是认知性努力与欲念性努力具有类比性。欲念性努力通向由一种“命令”〔Fiat〕设定的实现性行为，并随着行为的前进越来越处于被实现中，从最初的单纯意图行为〔Abzielen，目的朝向〕成为一种实现行为〔Erzielen，目的达成〕*。通向目的的途径可以简单，即存于一种简单行为中，或者可以复杂，即越过一种在特殊意志行为中所意欲的中间目的，后者具有服务于支配性“意图”〔Absicht〕的特性。随着意图在行为过程中增加其充实性并接近其目的，出现了一种渐增的满足感，于是就必须在趋于满足的倾向之充实和针对目的之意志的朝向性〔willentlichen Gerichtetseins〕之间加以区别。此种意志的实现行为〔Realisieren〕永远具有这样的特征：它是行动中的实现化行为〔handelndes Realisieren〕，此实现化行为与在行动中完成的空间物理过程之知觉具一致性。在此并非是先出现一种意欲行为，之后出现一种知觉行为，而是被知觉者本身即具有“意志性被产生者”〔Erzeugte〕之特性。

如果实际上我们在完成此认知性努力时并无外在过程与对象的这种实现化，那么在其结构中仍然与外在实现化行为间具有一种准确的类比性：目的就是认知，而且我们在此也区分完全未充实的目的朝向（意图）

---

* 德语原文使用动名词形式，二者的字根都是“Ziel”（目的），其直义是围绕着“目的”的行为性对象，各具“朝向”与“达成”意。——中译者注

和其在认知行为中增加的充实性，直到完全的目的达成（实现），直到对象对我们成为完全的被认识者。我们在认知性行为中也区分目的和途径、 237
中间目的和最终目的，认知性行为可划分为服务性行为和支配性行为。每一个别行为在这种或那种述谓规定中具有其结果〔Erzeugnis〕，而且全部行为在对象的完全述谓认知中具有完全的结果。在对象的规定（述谓性规定）中所产生者，不只是被接受者，不只是根据朝向性中的触动所受取者，而且是一切自身中在意向性上具有自我之产物特征者，经由其认知性行为而具有被产生之认知特征者。

这一现象显示于“再次回归”曾经获得的认知中，显示于记忆或其他准现前的形式内之直观重现中。此重现于是不仅是对先前直观的一次单纯回忆。我们在此直观重现中回到了一种根据我们的“获得意志”〔Erwerbs-willen〕而被积极产生的获得（物）〔Erwerb〕，就像是此一获得具有了意向性的特征。此一重现不同于单纯回忆中的重现：正如在每一获得中一样，其中存在一意志变样。这使其具有了这样的特征，即它不只是先前意志性的被把握者，而且是仍然继续具有效性的获得者，后者仍然为我们的意志行为所持有，此意志不是现在简单地被重复着，而是在被产生的“仍然”形式中被意欲着：自我，此刻的自我，作为属于在特殊的现在样式中者，仍然在意欲着〔noch wollend〕；其中的含义是，我与过去的意志行为一致，与其共同地意欲着，作为现在的〔jetziges〕、现在意欲着的〔jetzt wollendes〕自我，将其持为共同有效的。于是，就其真实性而言曾经在述谓判断中被把握为“其自身”者，现在作为一持续性的具有〔Besitz〕，被把握为一可再重新具有者，因为它在一一再重
复着的过程中可被再把握、再产生。 238

对“真实自身”〔wahren Selbst〕之认知，作为目的形式〔Zielge-stalt〕，是一切含有认知兴趣的过程最终所努力朝向者，正是朝向于所完全达成的“其自身”〔es Selbst〕，但在相对的意义上朝向于永远正确的结果，“通过”此作为中间性的〔vermittelndes〕结果，行为视域通向更新的结果，后者可进而越来越接近真实自身。每一认知步骤都是这样被规定的：它并不意味着具有明晰性和直观性的单纯充实性，而是同时意味着认知性努力的充实性以及随之带有渐增的满足性。与认知的渐增性充

实同时发生的满足感，并不是对对象之存在的满足感，或者像在外在行为中那样产生的对具有对象的满足感，而是对其认知样式的满足感，对所与者的清晰性的满足感。于是，认知作为行为是一种朝向目的的活动，此活动朝向于在相关事态中对一对象的真实存在和如是存在的一种“具有性把握”〔Besitzergreifen〕，对其规定性的特征的具有性把握。此具有性把握完成于一种预期性的、不清晰的、未完成的“存在意念”〔Seinsmeinung〕之中介〔Medium〕内；该意念行为〔Meinen〕由一努力所穿过，而在“实际展开着的”〔aktuell sich auslebendem〕认知行为中存在一种实现中的行为，在该行为中被意念者，就其为被意念者而言，被予以肯定。此肯定性发生于朝向相应真实自身的识别性过渡中，发生于对象性存在和如是存在的明证的“自把握”〔Selbstergreifen〕中，或者间接地发生于从另一对象导出的一推论性存在的明证性把握中，该对象先前已被认识为真实者。

认知兴趣可以是支配性的或服务性的，它并不必定永远对对象具有
239 一纯粹自主的、一种实际上纯粹理论性的兴趣，反之此兴趣朝向的认知也可能仅只是对自我的另一最终目的的手段，对实践性目的以及朝向该目的的实践性兴趣的手段。另外，它也可以像其他兴趣一样是暂时性的、转瞬即逝的，以及在其实现之前就被其他兴趣排挤了的。但是，只要它作为朝向认知的兴趣被实现，它就创造了不断逐阶更新的认知成就之预备性条件，这些认知成就彼此相互叠加并不断变化其形式，而其结构保持着同一性，不论它们是自身目的，还是服务于任何其他实践目的（参见导论第 69 页）。

§ 49　客体化运作中层阶区分的意义。过渡到构成性分析

当我们区分两个兴趣层阶以及与其对应的两个客观化功能的层阶（一个是受取性经验，另一个是述谓性主动性）时，此层阶区分不应被如是理解，似乎此不同的功能无论如何都是彼此分离的。实际上，为了分析的目的必须加以分离和从发生学上被看作属于不同的客观化层阶，二者实际上通常是紧密地缠结在一起的。受取性前于述谓性主动性，并不意

味着受取性实际上是某种特殊物；就像永远是必须先经过一系列受取性
经验，然后才发生真正认知性兴趣的苏醒似的。反之，从一开始我们已 240
经能够在认知兴趣中将前所与的对象主题化，不仅是对其仔细检验，而且在持续的认知中“断定它如何如是”。于是与受取性把握同时发生着述谓表达的形式化与认知行为，而且从发生的角度看属于不同层阶者，在一意识的具体化中实际上是不可分离地缠结在一起的——当然永远是相互叠加的：述谓作用的每一步骤都假定着一种受取性经验和说明的步骤，因为只有最初被直观给予、被把握和被说明者，才可被述谓化。

当我们稍后把述谓性规定的及关系性的思想的功能和其述谓性形式化〔Formung〕的功能，与作为最高的第三层阶的理解性思想和在其中实行的普遍性形式化加以区分时，以上论述仍然有效。在此问题仍然仅只——而且在比前两个层阶的区分甚至更大的程度上——相关于一种抽象的分离化。不存在其自身已经同时包含着一种普遍性形式化这样的述谓判断行为，这样的述谓形式构成。正如每一受取性对象，从一开始就作为某种方式上的已知类型的对象存在着那样，在每一述谓性形式化中都相应地发生着一种“作为”或此种或彼种的规定性，它根基于与每一述谓作用不可分地缠结在一起的表达以及属于表达的普遍性意义。如果（例如）在最简单的知觉判断“S 是 p”中，我们将此知觉对象在此规定为红色，那么在此“被规定为红色的行为”中，由于意义“红”〔rot〕的
一般性，已经内含与一般性本质“红”〔Röte〕的关系，虽然此关系还不 241
需要成为主题，例如在“这是一红色物”的形式中那样。只有在此情况中我们能够谈到严格意义上的一种理解性的思想并因此合理地将其区分于单纯规定性的和关系性的思想本身，在其中与一般性的关系只是潜在地被包含着，但尚未成为主题。在此我们正是忽略了从以下事实中产生的问题：每一述谓行为都联结于一表达行为和一一般性意指行为，而且在此意义上，即一种理解性把握行为〔Begreifen〕。

如果我们现在探索述谓形式的生成，那么此研究的次序，除开一般在导论（§14）中提到的全体主题的局限性不计外，将首先由第一部分的讨论进程加以规定。在那里我们从知觉中的一对象的说明出发，然后通向述谓层阶，通向最初是最简单的形式“S 是 p”的一知觉判断。随着

我们对其构成之跟踪，述谓作用的一般基本结构将获得阐明，并因此在一般述谓形式化的本质中开启了已经更具一般性的明见性理解，以及它与较低层述谓事件的关系——此明见性不仅相关于一述谓判断的此最简单的开端事例，而且相关于一切述谓判断本身。然后当我们继续上升到更复杂的形式时，我们的研究次序将只由某种复杂性观点规定，因为我们将从简单事例陆续上升到更复杂的事例。于是我们的研究将不再可能
242 平行于第一部分中的研究来展开。我们在此可能已经原则上设定：我们在其充分的具体性中明见了受取性之结构，而且能够使我们完全由述谓形式构成的简单性观点所引导。因为在受取性中证明为简单者并不必定引起初步形式的一种述谓判断，而且反过来，最复杂结构的受取性事件可在一完全简单的述谓判断中形成。

§ 50 述谓表达式的基础结构

a）述谓过程的双分节性

因此我们从对一还未被规定的基底 S 之简单知觉和解释出发，并（由于稍后再讨论的理由）最初限定于：按照一独立的内在规定，一个我们称作 p 的因素，对其进行解释。最简单的事例是，一般来说此解释（作为对一对象之思考）不再一直通向新的因素。例如此思考立即中断并只通向 p，之后即过渡到规定行为。当我们在解释的基础上达到述谓性规定“S 是 p”时，出现的新运作〔Leistung〕为何呢？

我们已经看到，在一基底 S 的解释中，S 和其规定性因素 p 之间存在着相符性。在此从 S 到 p 的过渡综合中，此基底作为仍在把握中的基底，获得一种“意义增值”〔Sinneszuwachs〕。但是当我们在把握着 S 的同时过渡到其因素 p 时，因此当我们体验到此“自协性”〔Sichdecken〕、此 S“紧缩”〔Verengen〕于 p 时，我们毕竟还没有将 S 设定为一述谓判断中
243 的主词，还没有在“S 是 p ”的方式上将其规定为具有因素 p。宁可说这是一种新类型的活动性之运作。在受取性把握和解释行为中已经出现了主动步骤：在一主动性朝向中，基底 S 首先在其无差异的统一性中被把握，被使成为主题，之后在解释性综合中其规定性 p 被主动把握。到此

为止都是“自我主动性”〔Ichaktivität〕之运作（成就）。在此之外，解释性的相符性在仍然把握中的基底S和其规定行为p之间被动地发生，而且因此主题性的基底对象S在此被动性的变样中经受了其意义的丰富化（参见前面§14）。

当从S到p的过渡在此方式中发生时，于是在积极思考行为的基础上，发展了在较高层阶上对此基底对象的兴趣，从此思考行为中滋生的此一兴趣，坚持着在此思考行为中产生的意义增附，即在其意义丰富化中的S。S在思考过程终端和在其开始并不相同，S在后退时，仅只在持留中被把握时，就不再是兴趣的“焦点”，只要其意义扩大了，就会重新成为兴趣的焦点。我们返回S，因此对其确认，但这只意味着，它在返回中“再次”成为S：在此新的主题性把握中我们具有的意义丰富化仅只是一种预存〔Protention〕，它与对刚逝去的过去之持存〔Retention〕相互关联着。此兴趣于是在其意义丰富化中的S的方向上展开，此意义丰富化假定着，我们再次过渡到p，因为最初p作为S的意义丰富化仅只出现在解释性相符内的（从S到p的）综合性过渡中。但是，此过渡现在由 244
认知意志所引导，在其规定行为中坚持着此S。一主动的意图在于把握先前仅只是被动的相符性，因此在主动过渡到p时，以原初积极的方式产生对S所增加者。作为主动的自我，朝向在其意义增附中的S时，以及在我的兴趣凝聚于该增附部分本身时，我实行着此过渡，并使此部分的相符性成为自由的活动性〔Tätigkeit〕，以及使得此规定性意图，此一在其从过渡和相符中增加的意义中的S，加以充实。我具有S作为一规定性的基底，并对其主动规定。此基底对象具有述谓主词的形式，它是作为“开端”〔terminus a qua〕的主词主题〔Subjektthema〕，而且此主动性通向作为相对的“终端”〔terminus ad quem〕谓词。只是此时才实现了在一主动性——它不只是一般的综合的主动性，同时也是综合性本身的主动性——中产生的意识：S通过p在“S是p”的方式中受取了规定。

我们说过，述谓综合的特殊性存在于从S向p的综合性过渡的主动完成中，存在于S与p之间的同一性统一体〔Identitätseinheit〕的主动完成中。但是不应将此理解为好像是我们（在诺耶斯平面上）朝向于同化行为过程中，朝向于体验多重体中，在后者内该S与该p之间建立了综合性统一。当我们以现象学方式阐明述谓综合时，我们现在即持此态度；但是当我们完成此综合本身时，我们就在对象层次上朝向于在其与
245 该p部分同一化的该S上。另外，这也不意味着，我们就是在解释此受取性解释的结果，即此一连续被构成的同一性统一体，后者在解释行为中被前构成着。这意味着，连续性不断更新着，因此解释行为“在记忆中”更新着。解释行为的此种重复性一般发生于受取性经验中，当我们努力于在其直观性规定（特征）中刻印一对象时（参见§25第138页及以下）。对此，一简单的理解性目光首先朝向于已被构成的相符性统一体，此一统一体在一简单单射线设定中成为主题，而且之后不断实行着说明行为。然而这一切仍然并不通向任何述谓作用。

反之，为了使“解释基底”〔Explikationssubstrat〕成为主词以及解释意义成为谓词，就必须使目光回溯至在此方式中隐蔽的统一体，后者是在解释过程的受取主动性内部被动地前构成的。理解性地转向此统一体，意味着按照改变的态度来重复从一被动综合转向一主动综合的过程。此综合并非可在一简单的朝向中被原初性地把握，如同在低阶层上一切都通过简单朝向而被把握的方式那样，而是只能通过重复的贯穿行为〔Durchlaufen〕被知觉到。如同我们所说的，此综合发生于态度的改变中：我们不再实行一单纯的思考性说明，而是实行一述谓性同一化的主动性作为，而且此主动性作为不是单射线的而是多射线的〔多元设定性的，polythetischer〕。规定性的同一化行为从将作为主词化的S之自发性把握过渡至p：把握性的目光延存于作为p的“被规定者”〔Sichbestim-
246 mens〕之把握行为中。在解释行为中客体已先行隐在地被“规定”为p，也即它被如是阐明及加以清晰化，但是“被规定作……行为”〔Sich-bestimmen als〕并未被把握。后者只有在综合之不断更新的积极实行中才会被把握，此综合则以在先的解释行为为前提。作为呈现于意识者，S必定已经被解释，但它现在以谓词方式被直接设定为S，此S是同一性的，不论如何对其解释。另外，它属于其形式，即它是应被解释者〔Explikand〕；它被设定于主词形式中，而且p表达着此规定性。在“是”形式中，应被解释者和解释意义之间的综合形式，被表达于其积极的实行中，而且这就是对“被规定为”行为〔Sich-bestimmens-als〕之把握，而且在

此述谓作用中，此形式就是可被把握的全体“事态”的一组成成分。

对此我们总结如下：述谓综合本质上永远包括两层阶。

1. 从S到出现在相符关系中的诸因素p，q……的过渡：p，q被孤立地自行把握。追溯前构成的对象侧意义的兴趣，或者与之相应，对象在其中被凸显的本质性内容渗入规定行为，但是S和每一已经被把握的因素始终在把握中。

2. 但是存在某种新东西，自我的兴趣回溯向S，而且（例如）最初特别再次把握了p，对其朝向以新的目光，意识到并浸透于意义的丰富化，同时通过向p的新的过渡以原初的主动性将其再产生，对于每一规定行为均如此。规定性永远是双分节的。因此，传统上的词语“综合”与“分离”〔Diairesis〕一直用于描述述谓过程，却未能实际上对其加以把握。

b）述谓表达中的双重形式结构 247

此一较高阶的客体化之前进显示于新的主题形式的自发性形成中，此主体形式即主词主题及规定性主题。它们不再像较低阶上的那类主题对象，在该低阶上主题形式处处相同，如受取性朝向和把握的主题形式，而在此则是从新的自发性中产生的新的主题形成，它们彼此相互协适。其中每一个都具有句法的（范畴的）① 形式化，如主词形式、谓词形式等等，而且它们结合成了一种句法统一体，即一种判断“句”的统一体。于是，这些形式本身可在一种尚待讨论的反思和对象化课题中被把握。

进一步来看，甚至在每一最简单的述谓判断中实行着一种双重形式化。判断句的成分不仅有句法的形式化，如主词、谓词等等，如属于这 248

---

① 以下“范畴的”和“句法的”词语的用法与《纯粹现象学通论》和《逻辑》中使用的用法意义相同（参见《纯粹现象学通论》，特别是第23页及以下，《逻辑》，第100页及以下，特别是该书“附录1”第259页以下；在此指出的部分均可作为关于句法形式和句法质料等概念的进一步阐释）。这些纯粹相关于逻辑形式的“句法”和“句法的”概念，因此不要与语言科学中的句法与句法形式的概念相混淆。记住此区别就不至于因这些词语的歧义性而困扰。应该保留“句法的”一词，尽管它可与“范畴的”一词互用，因为它必然有助于表达方式的方便性，同时它提供了复合词的可能性，如“句法范畴”和派生词如“句法”和“句段”，如单只使用“范畴的”一词即不可能提供意义相同的词。

些句子、作为其成分的功能形式，而且其中还有另一种形式化，即核心形式[①]：主词具有主词性的核心形式，在谓词中规定性 p 存于形容词性的核心形式内。因此，主词性〔Substantivität〕的形式不应与主词形式〔Subjektform〕相混淆。主词性指“自存在”〔Für-sich-sein〕，即一对象的独立性（一种独立性当然也可从独立化〔Verselbständigung〕中产生，如我们稍后将看到的），它对立于形容词性，后者具有“在某物上”〔an etwas〕的形式，具有规定对象的非独立性形式。此形式化与述谓判断全体中的被形式化者之功能（“核心成分”的功能）没有任何直接关系，但它是句法形式化的前提，是作为句法质料的核心结构被复加以功能形式（如主词形式等）的前提。作为主词的形式化以一种具有主词性形式的质料为前提，但后者并不必定采取主词形式，它也可能（如我们将看到的）具有相关宾词的句法形式。同样，在形容词性形式中被把握者也能够起着谓词的作用，如作为修饰词。稍后我们也将对此进行讨论。

关于形容词性、主词性等语词，不应理解为似乎在此是有关语言形
249 式之区别的问题。尽管这些核心形式的名称取自语言形式的称名方式，我们只可将其意义理解为把握方式上的区别。一对象或一对象因素一时间可“自身”成为主题，而另一时间它可能具有“在某物上”的形式，而在把握方式上的此区别绝非必须对应于表达式的语言形式的区别——的确许多语言对于在把握方式上的这种区别的标称，并不具有相关不同语词形式的不同词类可加使用，如在德语中就是这样，对此必须采取其他方式。

所有这些形式结构都须在表现于诸连续层阶上的相对性上加以理解。名词的核心形式采取的核心质料以及（此外例如）主词的句法形式，都可能已经具有了从其他述谓过程产生的任何形式，它们甚至可能已经完全是述谓句，如我们还将指出的那样。与之类似，对于一切形式化构成均如此。我们将一开始忽略这些相对性，但在我们之后的分析中（正如在我们讨论知觉问题开始处曾视为当然的）假定，问题仍然相关于完全未被规定的、无形式的基底，此基底因此在可想象的较大原初性中获得

---

① 关于此区别也参见《逻辑》附录 1（第 259 页及以下）的更详细分析。

了作为一种新意义沉积的诸述谓的形式化构成——一种“意义结构”，后者具有逻辑的性质，它必定完全不同于“意义形式”，此意义形式在受取性层阶上已被采取为作为意义轴的基底。[①] 当然，对此最原初的情况所论述者，对于结构更复杂的（已经在另一种方式中形成的）基底也适用。 250
如果过渡到规定性，那么此规定性具有的结构正好与此处最简单的情况下指出的结构相同。所以，任何可规定的某物，在我们的最简单的判断“S是p”中，都具有S的作用。不论影响认知自我的某物为何，不论一转向的基底可能为何，最初是独立的，还是非独立的而只是后来成为独立的，都可成为规定性的主词。只有当我们也讨论了在较高层阶上前构成的对象之“主词化”〔Substantivierung〕的可能性后，才能充分评估此一般性的程度如何（参见§58）。

我们谈过对象上的一种意义沉积。这意味着，正像受取性经验的每一步骤一样，每一述谓判断的步骤，都具有其持存的结果。由此确立了习性，此习性在实际判断行为的扩展过程中以种种方式被实现。对此我们最初也加以忽略，并在其展开的实态中追踪诸判断形式之生成，有如它们是初次被原初地产生，没有惯习性意义沉积的任何共同作用参与。当我们谈到形式结构的原初性时，此表达有双重意义：一方面它意指着，根据基底之自明的前述谓所与性，其产生在实际展开中的初次性；另一方面，在与前者相连的意义上，它意指着，一种形式结构联结于一尚不具任何形式的基底，此基底起着作为最终核心质料的作用。

c）判断作为述谓规定的主题关联之元细胞〔Urzelle〕及其独立性之意义

在我们的述谓作用分析中我们选取了最初的规定步骤“S是p”本身，将其分离于与其相关的其后诸规定的可能联系。这当然是一种抽象， 251
但是当我们预先瞄向一主题性关联域的全体结构时，将显示在何种程度上此抽象是可能的及正当的。首要之点的确始终相关于规定的一种整体关联性，而且只要在此关联性中显示的认知目的在诸多步骤中未曾达到，兴趣就不会得到满足。所以事实上，此规定在其第一个步骤中很少会停

① 对此参见§56，对于最终基底概念参见§29，特别是结论部分。

止，正像基础性的触发统一体以及进而受取性思考在进行说明和相互关联时，是具有多种多样形式、沿很多方向展开并同时进入和离出那样，持续前进着的、以其为基础的述谓规定，在大多数时间中也将显示出其多重性。于是，对一对象的某主题兴趣一旦发生，一般来说，从此开始将展开众多的甚至是——即使这并非相关于一服务于有限实用目的的认知行为问题，而是相关于一有关纯粹理论性知识追求的问题——无限多的主题规定性，它们都在主题上相连于一无限开放的统一体。在促使我们加以关注的、不断更新的对象中，只包括那些在主题把握和述谓判断中与已经发挥作用的系列相联系者，以及与那些先前之物具有共同性并与其有关系者。在主题视域中发生着一种不断的变化，这样的视域将永
252 远存在，而且在引发关注时，主题上的疏离者将永远分离于主题上的相互关联者，分离于以某种方式丰富了及充实了对最初主题的兴趣者。如同先前指出的，这些已经显示于具有触发性联系形式的触发中，并展开于这样的判断中，这些判断在诸个别被把握的对象间确立了判断间的联系性。诸主题对象于是彼此发生了外部的关系，并同时获得了内部的规定，它们被个别地说明，在此过程中诸解释意义〔Explikate〕本身与一切在先存在的基底具有了或直接或间接的主题联系。

因此，当一种认知兴趣活跃时，即被充实时，它就必然变为众多彼此外在的主题兴趣，但这些兴趣被组织为一兴趣统一体。相应的判断活动按步骤展开，每一步骤都是一单独判断，但它与其他已经实行的判断结合成了一判断统一体。在此过程中，我们究竟是具有一独一无二的、至少是虚构孤立中的基底，还是具有一作为引导性主题的多元性基底，这与我们的研究并无关系。每一主题性统一过程的、深嵌于意识内在结构中的一种本质特殊性在于，不论有多少对象可能触动主题并结合为一主题统一体，兴趣的满足只可能通过集中作用〔Konzentrationen〕来实现，在此集中作用中，不论何时，一对象均可成为基底，并因此成为规定性主词。当然，该主词本身也可能由诸多成分组成，它可能具有多元形式以及任何其他附带成分，对于谓词来说也如此，但在每一判断步骤
253 中总是存在此停顿〔Zäsur〕，它对应着从主词向谓词的过渡性综合。这就意味着，主题过程的本质正在于，它永远以对基底的简单把握和以属于

它的朝向规定侧的过渡综合开始——每一这样的步骤都是一封闭自足的〔sich geschlossenes〕谓词判断，它当然只是全体主题关联体的一成员，都是一已结束的〔abgeschlossene〕成就〔Leistung〕，即一已结束的兴趣满足。

在此复合体中永远有新的主题兴趣被激发，而且之后在新的判断中被满足，此一事实与以上所说并不相反。在任何情况下每一判断自身都包含一主题终结〔Abschluss〕，其自身具有某种主题独立性。但它是一开放的、并按照观念的可能性来说是自身不断扩大的主题复合体，后者因此是非终结性的。此复合体完全建立在诸判断上，并随着每一新的判断步骤，来自诸个别运作的一运作统一体，产生着一个由已达到的诸兴趣满足所构成的兴趣满足统一体。如果诸判断，它们在最初独立结束性中被构成后并被插入一判断复合体中，那么它们当然再次取得复合体诸形式，并失去了其独立性。我们还要讨论此变化的最重要之点。独立统一体永远重新产生，但只作为高阶的判断，后者根基于低阶判断之上。所以，必须把每一理论性判断统一体看作一较高阶的单一判断，后者在其高度复杂性中是根基于判断上的，后一判断又是根基于其他判断上的，如此等等。

因此表明，在一孤立的单一判断步骤上，多大程度上正确显示了一般述谓作用的结构。由此揭示了规定性之主题关联体的元细胞之结构， 254
此主题关联体是由诸细胞结合而成的，而诸细胞是以极其类似的方式构成的。它是真正命题性述谓判断的元结构，此判断，有如逻辑学通常习惯于视作特殊意义上的判断那样[①]，表之于其"连系词的"〔kopulative〕统一形式内，此形式在连接主词和谓词的"是"形式中达到了最清晰的语言表达[②]。与此相对，存在广义的述谓"句"，在其中存在"和"形式

---

① 参见《逻辑》第265页及以下和第294页。

② 因此不应认为一切语言都必定具有此类表达方式，甚至在有此表达之处，往往有逻辑上意义相同的语言句取代着使用助动词的系词句。对于语言表达的此类差别性问题我们并不关注。正如前面指出的，一纯粹逻辑性的意义结构的名称取自一语言构形的称名方式，即这样的方式，其分节形式最清晰地反映了赋予意义的逻辑过程的那种分节。应该再次记起，有关如下传统观点是否正确的问题在此必定仍然是未决的，按此观点，存在从语言句向逻辑意义相同的系词句的完全可转变性。

与“或”形式等的一种联结性〔Verknüpfung〕，即“联结词的”〔kon-
junktiven〕联结性，后者并不赋予“由其所形成者”〔dem durch sie Ge-
formten〕以一种与联结词的“联结形式”同类的独立性。只是在此联结
性的“是”中，真正实行了“一劳永逸存在者”之设定，而且因此在
“基底对象”上实行了一种新类型的意义构成。联结词的联结性即客体化
的意识在其不同的层阶上最终所朝向者，于是，严格意义上的对象化在
此系词性的“‘是’的设定”〔“Ist”-Setzung〕上达到了其目的，正如它
255 在“主题性规定关联体”〔thematischen Zusammenhanges des Bestim-
mung〕的每一“元单元”〔Urzelle〕中所实行的那样。

所以，此原初结构可被显示于每一述谓判断中，不论其形成方式如何；不论它可能在如何复杂的方式中被构造，它永远具有此二元结构。这不仅适用于以说明性思考为根据的判断，而且也适用于以关系性思考为根据的判断；以及不仅对于知觉判断如此，而且完全无关于判断对象之受取所与性的基础性统一体是何类型，不论它们在一知觉统一体中是自所与的，还是基于回忆或想象的判断：只要一直观的可能统一体在我们指出的广义上被达成，并且一规定性思考的统一体可能成立，那么也就存在根基于此统一体的述谓判断，而且一切都将具有此处显示的基本结构。因此我们自然并不是说同样不存在非直观的判断，但从发生的角度看，它们永远相关于这类可能的直观统一体。

§ 51　对应于简单递进性解释的判断形式

a）递进性的规定行为

我们现在从最简单的形式“S 是 p”逐步上升至较复杂的形式。我们首先被引导至那些对应于未分划地前进式思考的形式，因此对应于第一部分 § 24 中主题的思考——就此而言，我们暂时再次做出限制，即使问题仅相关于对非独立因素的说明。

256 我们曾经获得初级的以及呈现着“述谓元类型”〔Urtypus〕的形式
“S 是 p”，同时我们把此规定行为设想为随其第一步骤已完成者。我们现
在假定，说明性运动继续前进，从 p 到 q、r 等等。于是，如已指出的，

基底 S 始终在把握中，而且在我们具有说明者时，S 逐渐被 p、q、r 丰富化，当其中每一单一谓词并非仅自行被把握时，而是同时与在先发生者联结着时，于是，因属于 S 它们也被动地彼此进入一综合性叠加关系中。如果因此达到述谓规定，那么它当然具有同样的双元结构，此结构前面曾作为简单规定被指出。把握重新回到因诸说明者而被丰富化了的 S，并在它与其说明者之间自发地形成了同一化作用。但尚不止于此。规定的诸个别成分间的彼此相符性（此相符性根基于每一成分与同一 S 的相符性），在此方式中被更新，即自发地被实行着，同时，此实行的自发性可以由“和”加以表达：“S 是 p 和 q 等等。”与 S 的一特殊综合属于每一成员，似乎是从一个 S 向 p、q 等发出了同一化射线。但是诸成分不只是在 S 内联结，它们在规定侧也具有集体性联结。单一的主题性兴趣在它们的相继性次序中将它们共同加以把握，但是此次序为一观念性次序，因为句子的观念性并不涉及个别性时间位置，并不包含规定之客观的时间相继性，被构成的只是次序性。

此一前进性述谓综合不应这样理解，似乎它必定从每一个别成分重 257
新返回 S，因此似乎在“S 是 p”自发实行后它必然要返回 S，以便实行综合式“S 是 p”。宁可说，这产生了一种新的综合形式，对此我们稍后再谈。但是在此，此自发性过渡仅只发生一次，即发生于 S 与一统一体内被集体聚集的诸成员之间。

仍然需要注意，此集体性联结，如我们在规定侧所见者，当然在独立的基底侧也是可能的。于是就出现了多元性思考的自发性双元性实行[①]。被思考的诸基底并非简单地呈现于 S、S_1、S_2 系列中，而是按照其系列中的次序被把握，我们所返回的是此系列，而且思考的相继性成为一种自发的被完成结果。诸基底被集体地结合在“列举”的方式中：S 和 S_1 和 S_2 等等——一种特殊的范畴综合形式，后者，如所指出的，必定区别于严格意义上的述谓判断之“连系词式的”综合。

b）在“如此等等”形式中的规定

前进性规定并非永远具有刚才思考的那种过程特征，此过程是与一

---

① 对此参见 § 24 和 § 61。

定数量的组成项相联结的。我们已经在第一部分中看到，每一基底都永远已经原初被动地被前所与为可规定者，前所与为按照最一般类型所知
258 之某物，它具有尚未规定的可规定性视域。在此说明过程中此规定不断地被充实，但它超出了实际被构成的规定序列而始终具有一开放的、期待中的新特性视域。每一按协同性方式前进中的、分节性的心智运动，都带有这样一种开放的视域；被规定的并非是下一单一组成项，而是过程的展开，因此此过程永远具有一开放性过程的意向性特征。

这对于前进的述谓规定的一种特殊形式之构成来说特别重要。如果我们在其运动中处理判断过程并使其中断，那么就可能按照主题兴趣的类型，以双重方式这样做。此兴趣可限于 p 或限于 p 和 q，而不是对 S 的一种无限制的兴趣，或者此兴趣并未止于如此，它限制着自身。继续前进的可规定性的该开放性视域并未因此而消失，它仍然永远被动地被前构成着，但并未被包括在自我之把握中。自我自发的述谓运作耗尽于述谓规定“S 是 p”或“S 是 p 和 q”中，或耗尽于其他类似的、在规定项上被丰富了的形式中。另外，同样可能的是，规定性运动虽然中断，但对 S 的主题兴趣朝向完全认知的意向，继续无限制地被保持着。基底不仅是在述谓中被规定为与 p、或 p 和 q 等一致的被说明者，而且按其特性被继续规定为可规定者；与其一起被动地被前所与的可规定性的开放视域因此而被共同主题化，并随之出现了述谓形式“S 是 p 等等”，“S
259 是 p 和 q 等等”。在此出现了新的规定形式“以及等等”，一种在判断领域内的基本形式。此“以及等等”〔Undsoweiter〕是否进入了判断形式，取决于对 S 的主题兴趣扩展的程度，因此它在判断形式本身中创造了区别。

因此基本上我们以此来表示形式的无限性。（“无限性”一词实际上与“以及等等”意思相同，除了它还表示：此外永远还有其他因素。）如果在此引用数概念说明此特点时，我们可以说：带有或不带有此“如此等等”尾端构成的形式可以具有一个组成项、两个组成项等等。当然，我们不能先天地说，任何一定的对象将从自身产生或可能产生无限多的真正规定性，或者甚至在客观真实的意义上说，每一对象必定具有无限多的属性。但是，本质上，其未规定的可规定性视域，永远是与其一同

被前所与的，并永远是可被共同主题化的。

c）同一化联结的规定行为

一种甚至某方面已经较复杂的、但仍然还属于简单的、未分化的前进性规定领域的新形式被产生了，当（永远可能是先天地）该述谓表达以这样的方式实行，即在通过 p 或若干组成项 p、q 等予以规定后，此 S 再次落入初步把握内，而且接着出现了一新的规定，不过是在主题关联性的方式中。因此，综合式“S 是 p”“S 是 q”不仅是在系列中被自发地实行，在其中这些规定始终是分离的，而且诸规定成分也未被结合于 260
一集体的统一体内（此即前面“a”小节谈到的情况）。此二判断“S 是 p”“S 是 q”于是自然没有判断的统一性，没有自发实行的同一统一体，即使它们也是由同样的自我实行的，而且它们可能也在不同的时间内互无联系地出现。当然，如果二者依次在一次出现中被实行，或者也许通过再忆的中介作用被联结，那么在不同的样式中两度呈现于意识的 S 将直接被动地与自身相符合，即使两次之间由于一兴趣中断而产生了停顿。然而，如果认知兴趣的统一性仍然未中断，那么不只是两个判断“S 是 p”“S 是 q”的相继性被 S 的被动性相符所架接〔überbrückt〕，而且由于此架接作用主题的主动性将贯穿于 S 本身。于是此主题的主动性从最初自发实行的综合式“S 是 p”再次返回 S，S 于是被同时主动地规定为 q，而且从另一侧，与先前被规定为 p 的 S 主动地加以同化。规定性 p、q 因此不是像在前进的规定性情况中那样被结合为统一体，它们在彼此之间没有直接的意向性关联性，而是由于 S 的“主动同一化”只具有间接的关联性，二者以同样的方式属于 S。于是两个同一化的主动性行为，由于它们被一“同一化的主动性”所贯穿，遂被构成了一统一体，而且于是出现了一判断，它由两个判断所构成：“S 是 p”和“同一 S 是 q”。于是我们面对着一种主动的基底同一化，对此问题，在谈到同 261
一化判断时我们将看到，它在不同的变样中具有深远的意义（参见§57）。

在此情况下受取性把握的基础性步骤具有何种性质的问题是无关紧要的；在根据被持续把握的 S 的基础上前进时，此把握可能从 p 向 q 过渡，但它也可能在主动把握中按照每一说明步骤重新返回 S；在此先前相对于p被说明的S进入了与现在相对于q等被说明的S的被动性相符，如此等等。在任何情况下，述谓自发性都是独立于解释采取的特殊形式的，此解释乃是必然的前提条件；其前提仅只是，一般来说，S已经按照p、q……被解释了。

§52 “是”判断与“有”判断

a）按照独立性部分的解释对应于“有”判断形式

我们此前的分析相关于述谓的内部规定，此规定建立于按照独立因素进行的说明之上。虽然在此揭示的基本结构也可以在每一述谓规定的判断中再次发现，通过非独立因素对内部规定的最初限制仍然是必需的，因为对规定作用而言非独立部分加予的限制提供了基本结构的某些变样，而且并未按照与低阶图式完全相同的图式发展。通过非独立因素进行的
262 述谓规定，在述谓侧要求一种形容词形式的规定。此一由小写字母p象征地表示者，显示为与名词性形式对立的规定的非独立性形式，此名词性对应于规定性基底的独立性。由此导致，一规定性判断必须以另一种方式建立，在该规定性判断中，在规定性侧并不存在一非独立因素，而是存在一独立部分，一“组成部分”〔Stück〕。它不具有一形容性谓词，反之，被断定者的独立性对应着属于谓词的宾词的句法形式，此宾词正像主词一样具有名词性的核心形式。用语言来表示的话，判断不像第一种情况那样为“S是p”，而是“S有T”。我们将此“有-判断”作为一种新的简单述谓判断形式，使其与“是-判断”相对立，以此方式，像在其他情况下一样，语言表达式的差别性可再次作为指示意义的纯粹逻辑性差异之用。当然，两种形式具有相同的基本结构，但在主词侧与谓词侧之间是有区别的。然而与此“是-判断”不同，在“有-判断”中不仅呈现着具有主词性核心形式的单一独立的对象，即主词，而且在谓词侧还有作为宾词的第二个对象。从发生学看，“有-判断”，只要它相关于一基底的独立部分，就具有和“是-判断”相同的原初性，因为每一规定性基底从一开始就可无论按其独立性部分还是非独立性部分被说明，并之后被断定。因此，在先前几节中论述者，对于“有-判断”形式中的规定性

也完全适用。所以此规定性可终结于该第一步骤，或者也可以继续进行于在那里所呈现的一切特殊形式内。

b）非独立规定性的名词化与“是-判断”向“有-判断”的转变 263

如果不经过其意义的完全变样，“有-判断”绝不可能转变为“是-判断”。一方面，这是因为，一原初独立的对象，因为它是一原初基底的一独立部分，绝不可能失去此独立性并转变为一规定性对象。另一方面，如我们所见，非常可能的是，原初规定性对象，因此原初非独立性对象，可能成为独立的。在述谓领域所表达的事实为，这些对象可能被名词化，而且之后或者作为主词进入新的判断，或者可能采取我们稍后讨论的其他功能形式。

于是，从其发生性起源开始我们就明了名词性核心形式的普遍意义（参见《逻辑》，第272页及以下）。此意义根基于“对象一般”概念的普遍性，而且根据于这样的事实：属于每一对象之原初的、已经在被动性中如此被前构成的意义者，不只简单地是某物一般，而首先并先天地是可解释的某物，它是按照其最普遍的类型被原初地构成的，并带有一未被规定的可规定性视域。这于是意味着，在自发性层阶上每一可被一般任意设定者，每一“某物”，都可成为说明的基底并进而成为述谓判断中的主词。我们稍后将关注，以此关系为基础的名词性之普遍可能性具有何种进一步的结果（参见第二章§58）。

在目前的语境里重要的是：没有原初的“有-判断”，因此没有以一基底的任何独立部分作为谓词的判断可转变为“是-判断”。但是，反过来，将每一“是-判断”转变为一“有-判断”的可能性，肯定是根基于名词化的可能性的；即使一原初非独立的规定性（此规定性首先产生了一种形容词性谓词“S是p”［“S是红的〔rot〕”］）加以名词化，并之后使其不作为一新判断行为内的主词起作用，而是使其如此对立于其原初的基底对象，有如使其对立于一独立的规定，此独立规定于是产生了“S有P”（“S有红色〔Röte〕”）形式的判断。因此这绝对不是说，对于每一直接规定的判断都存在一等值性的关系判断，即它使诸独立对象彼此相关，而是此形式永远清晰显示为指涉着一更原初形式的变样，指涉着形容词性的述谓关系变样——只要问题正好是相关于非独立因素的话。它 264

们的名词化以及在此之上形成的述谓行为假定着说明行为的结果。而且不只是说：名词化假定着非独立规定已经以形容词方式在更原初的述谓关系中被形成，正是此形容词现在获得了名词形式，如同语言表达中也可见者。更准确地说，作为核心质料的非独立因素，在其能够获得名词化之前，必定首先采取形容词性的核心形式。①

关于建立在简单内部说明上的规定性形式问题，就讨论至此。

265

§53 基于关系性思考的判断。绝对的与相对的形容词性

这些关系具有其外部关系性规定中的类似者，即根基于关系性思考的述谓规定性。同样，在此产生了类比方式上的简单种类的判断形式。

例如让我们看一比较判断，它是建立在比较性思考之上的一种判断，例如“A 比 B 大”。当然我们在此同样有主词侧和谓词侧的分划，在其中表达了述谓综合的二元化过程；但是，谓词侧现在具有更复杂的结构。这是直接可理解的，如果我们想到，在 A 中被凸显的规定，只是根据于对 B 的转换，根据于 A 和 B 之间的直观统一性，才在其中出现的，此统一性最初是以联想方式确立的，其后才以受取性方式被把握。我们记得，此规定性“较大”是如何在受取性层阶上产生的：在把握性目光从 A 向 B 转移时，作为该规定性基底的 A 被把握住，而且在向 B 的过渡中被丰富化，虽然它因规定性“大于……”仍然被把握着。如果在其上建立的述谓关系继续下去，那么由该规定性所丰富化的 A 必定首先被再次把握，而向该规定性的过渡必定主动地被完成。但是因为与 B 的关系属于其意义，向此规定性的过渡必定也是向 B 的重新过渡。结果产生了谓词“比 B 大”。

在此，在形容词性形式中也出现了对谓词侧的规定性，但这是与其
266 本身不是形容词性的某物相结合的形容词性。作为谓词的“比 B 大”属于主词，此谓词本身含有一形容词，但不只是形容词的谓词。此形容词

① 关于名词性与形容词性的区别，参见前面第 248 页及以下。

性是“相关于”主词才可被把握的，是作为规定性属于主词的。然而，“比 B”并非相关于主词，按其完整意义理解的“比 B 大”也不与主词相关。“比 B”属于谓词，而且与其共同结合为形容词的核心，后者要求一关系性谓词。谓词的两个组成部分，形容词（形容词的核心）与关系性宾词，由于它们在完全不同的方式上具有的不同形式而相关于主词。形容词性是“关于”主词的，即使不是像在内部规定性中那样在主词之内的。但是，就关系性宾词而言，一种关系性目光从主词移向宾词。此一情况表达于上引的话语中，它使得此关系性宾词与主词分离。可以说，形容词性基于关系性的设定而本身被把握。

为了再次强调所有这一切都是这样的结构，它们的意义具有逻辑性本质，对此而言，理所当然地我们是按照德语表达的分节法进行研究的，但是也必须在其他语言的表达法中找到对应者，即使它们的语法结构是完全不同的。

根据在关系性规定行为中的外部思考以及（或者我们也可以说）在关系性判断行为中被构成的形容词性，因此完全不同于在直接的规定性的（基于内部说明的）思考中所构成的形容词性，因为，除了此充作主词的名词基底外，它要求一对应者，即另一名词，也就是关系性宾词，而且二者在意识中相统一。一主词的每一规定性都是相对性的，它根据 267
一种朝向一第二名词性对象的过渡性综合而被规定。存在多少根据于直观性统一体构成的这种过渡性综合形式，就有多少不同的相对规定性。因此我们必须区分：

1. 绝对的形容词性。规定性基底的一非独立性因素，对应着每一绝对的形容词，该因素产生于内部说明和规定性。

2. 相对的形容词性。根据外部思考和关系性设定而产生，并建立在关系性的判断行为之上。

当然也有可能是，最初为非独立性的一相对规定性成了独立性的。在述谓领域这意味着：正像每一绝对形容词一样，每一相对形容词也可被名词化。从关系性的“是-判断”产生了一关系性的“有-判断”，例如我们可设想：从“A 相似于 B”向“A 与 B 有相同性”的转变。

§ 54 规定性判断行为与关系性判断行为间区别的意义

我们将简单规定性判断行为（根据内部说明的判断行为）与关系性判断行为视为相互对立的。对此仍须注意，在一定方式上每一判断行为，甚至简单规定性的判断行为，当然均可被称作一种关系行为。一谓词相关于一主词，而且“关系行为”一词于是不过是意指着述谓综合的主动实
268 行。我们可以将此“关系行为”概念定为一广义概念，使其与作为狭义概念的前述概念相互对立。这样做是有正当理由的。因为只有在一根基于外部思考的判断行为内，诸对象彼此才在主题的方式中发生关系。狭义“关系行为”一词永远意味着，两个独立的（或非独立的）对象呈现为关系项。两侧上的独立性确立着时时存在的可转换性。本质上并未规定，哪个对象相当于主词，哪个对象相当于相关的宾词：判断被读作“A 比 B 大”或被读作“B 比 A 小”均可，而且都是在同样原初的方式上。这只取决于当时兴趣的方向①。在简单规定性判断“S 是 p”中不存在这样的相互关系性，因此也不存在可转换性。本质上，S 作为原初性基底，在 p 能够被名词化之前，必定首先是规定性判断中的主词。

规定性判断行为和关系性判断行为（指狭义）与“是-判断”和“有-判断”相互交错。规定性判断行为和关系性判断行为同样均可有两种形式，这取决于规定性是否持有其原初非独立性并因此持有其形容词形式，或者取决于它是否成了独立的以及在一“有-判断”中被加入基底，或者在规定性判断行为中从一开始就是独立的，这意味着，是基底的原初独立的部分（组成部分）。在此我们将其表达为，规定行为和关系行为之间
269 的区别本身具有歧义性，即从纯粹形式观点看，纯粹按照判断形式，每一判断，当包含着不止一个名词时，因此除了主词侧的名词外还有谓词侧的名词，作为使两个独立成分彼此相关者，应被视为关系判断。于是一方面，作为规定性判断，只有那些内部规定性，在其中有唯一的独立

---

① 也参见前面 § 34b，第 177 页及下页，以及后面 § 59 第 285 页及以下几页。

对象的规定性基底，即判断中的唯一的名词，以及与此相对的只有非独立的、形容词形式的规定性，因此只有“S是p”形式的判断。另一方面，作为关系性判断，存在所有那些判断，在其中存在超越主词对象〔über den Subjektgegenstand hinaus〕而向一第二名词，即宾词的过渡。至于此宾词可能是主词（原初独立的或非独立的）之部分，这是完全无关紧要的。从形式观点看重要的是，在判断中两个逻辑名词相互对立并彼此相关。因此在关系性思维概念中，除了一切根据于外部思考的判断行为外，还包括一切“有-判断”（S有T），后者相关于被独立化的内部规定性以及相关于一整体中所包含的诸独立部分。但是，按照第一部分的分析一目了然的是，从生成观点看，这些规定性对于“是”形式内的内部规定性（S是p）是完全等值的，而针对其构成性前提而言，则是绝对不同于严格意义上的相对规定性的。这些规定性断定着，一对象本身，就其本身而言，对立于相对规定性，对立于严格意义上的关系性规定性，后者假定着兴趣来回朝向着在领域中被共同给予的诸对象。因此如果人 270
们根基于前面界定的狭义关系行为概念，就出现了规定性思想和关系性思想之间区别性的一种双重意义，这取决于人们是把形式观点还是生成观点视为标准。

§55　对诸规定性赋予非均等兴趣之起源

a）主句与从句的分化

此前赋予我们的诸判断形式在以下意义上都是简单的：它们的组成项是简单的主词和简单的谓词，均产生于从先前无形式材料的初次原初性形成法中，并因此不具有一切已经产生于任何先前述谓运作的附加因素。但是，在说明性的思考基础上也可能产生复杂的形式，在其中诸单一组成项本身即双元性的。其中当然保持有基础结构，但它不再表示所谓的一单纯架构〔Gerripe〕。这些复杂形式，在一兴趣变样中或在其实现认知探求过程中，具有其起源。在此前考虑的形式中，对S的主题兴趣充斥于诸规定性p、q、r等等内，这些规定性可以说出现于初次自然的流动中。S的事态及其相对的规定性，依次出现并同样以述谓方式被把握。

兴趣，只要它以某种方式相关于前进的规定行为，即被设想为以相同方
271 式被分配于一切出现的规定性中。而且这可能实际上正是在一规定性过程初始时的情况。在前进的思考中，一切依次出现的规定性对于主题性目光来说，都是同样“重要的”。

但是，主题的意义，相对于诸个别规定性的认知兴趣的重要性，也可以是不同类型的。此兴趣可以直接朝向于规定性 q 并仅附带地朝向于 p。在相互性层次上可以说：当只有一瞬时目光朝向 p 时，p 仅附带地被把握时，兴趣的重心即落在 q 上，目光即偏重于 q。作为重点的把握行为和作为附带者的把握行为二者的区别表现于认知活动的方式上，不要将其混淆于支配性的和服务性的兴趣及“目的”间的区别性上。因此在述谓领域内不存在“S 是 p 和 q”形式的一简单展开的规定作用，而是综合式“S 是 q”的主动实行采取了主句的特征，以及综合式“S 是 p”采取了从句的特征——这些表达式，在此首先并非语言性标志，而是赋予语言表达以意义的范畴综合方式，后者在语言的“形合联结”〔Hypotaxe〕中能够但不必定发现其表达，这取决于“形合联结”是否为一语言的结构所允许。因此出现了“S 是 p 和 q”形式的判断，其中自我显然并非以一简单的目光，而是以一双重性目光，朝向于同一化综合，此双重目光可划分为一主目光和一辅目光。通常此形式也以如下方式实现：S 在向 q
272 主动过渡时显示为先前被规定为 p 者以及被认知为 p 者，因此带有从先前认知中获得的沉积 p。于是 q 作为新的规定就具有了主要兴趣，目光只是附带地朝向先前已知的 p，而且在 S 向 p 的主动过渡之更新行为中构成了从句。在实际直观基础上 S 被规定为 q 之时，也有可能 p 根本不是直观自所与的，而只是“准现前为”属于 S 的。因此在这样一种复合句基础上的、确立了其明证性之受取性层阶的所与性方式，完全是另一种类型；直观和准现前，在以述谓关系为基础的受取性中，可以相互混合。

b）定语形式作为句子形式的变样

我们前面说过，此构造建立在基本结构的基础上。主词侧和谓词侧完全像先前一样被保持着，但是在主词侧附加了一关系句形式“本身是 p……的 S”。此关系句形式，（更一般地说）从属句形式，具有一种变样化的意向性特征，此变样化指涉着一种原初形式，即简单述谓形式“S 是

p"。在二者中一种同一因素始终被保持着，即"判断内容""S是p"[1]，它原初地具有独立句形式而现在采取关系从句形式，因此具有一种修饰句（定语句）功能。主句和从句因此是独立句可能采取的形式，在发生 273
上产生于兴趣的层阶变化〔Stufungen〕。由p所规定的S的同一性贯穿着变样化，此同一性在不同的述谓"方式"上被设定着。主词，一谓词的先前主词，现在成为一修饰性规定的主词。在被变样化的方式上，述谓关系的结果过渡到定语性规定；"过渡综合"的自发性实行并未失去，在其中也形成了一述谓句整体，但后者具有了一已变化的特征；它失去了其作为一独立句的特征，作为一封闭的、自足的述谓客体化的步骤，并因此失去了认知兴趣满足之统一性，且作为此整体而成为仅仅属于主词者。这是一种附加主词，于是从其中朝向于"主兴趣"方向的自发性综合通向q，此q即为谓词，它存于高阶的复合句的整体中，此谓词也即是在"主设定"〔Hauptsetzung〕中的被述谓者。

尽管存在一独一的主设定，在不同的层阶序列中出现了多种多样的"辅设定"，以至于在辅设定中再次出现了一"次级-主设定"〔Neben-Hauptsetzung〕以及一"次级-辅设定"〔Neben-Nebensetzung〕，可如此一再继续下去。于是支配着述谓综合整体的主设定对应着的是主句，而对应着辅设定的是被变样为定语的从句——一切均彼此结合为统一体，因为每一从句都有一主词，贯穿此主词的是较高一级主设定的方向。

以上论述适用于一切此前谈过的形式，不论是规定性的还是关系性的判断行为。在观念上我们可以将其转换为定语形式，按此，当然每一新的规定形式都产生新的定语形式，例如，"包含着B的O"。每一原初 274
述谓关系〔Prädikation〕都对应着一限定关系〔Attribution〕，正如每一限定关系都原初地指涉着一决定关系〔Determination〕。

到现在为止，我们一直把定语关系设想为是实行于从句形式中的，即我们把向从句谓词（在本例中即向p）的过渡性综合设想为仍然是自发实行的，即使是仅只在第二兴趣中实行的。但是从句的述谓形容词可成

---

① 关于"判断内容"或"判断质料"概念，参见《逻辑》，第192页及下页以及第268页及下页。

为定语形容词这样的设想也可被排除，因此可产生“Sp 是 q”形式（例如，“冷空气是清新的”）。原初述谓设定“S 是 p”因而在此还可进一步缩减化，向 p 的过渡性综合一般来说不再是自发地被实行的，而是在向 q 的自发过渡中，在先前述谓关系中被加附到 S 上的规定性 p，不管是作为“主主题”还是作为“次主题”，都与 S 一起被视为结果。没有目光射线，更没有次级目光射线投向于 S 和 p 的综合，而是 S 立即被视为 p，而且只有向 q 的过渡被自发地实行着。

定语关系当然不只是与主词侧连接，而是在述谓句中的任何位置上都具有或可能具有一名词，因此也连接于谓词侧，只要它仅只包含一个名词，不论是原初地作为关系宾词还是根据一非独立的规定性之名词化。定语关系形式正是一特殊形式，一方面具有变样化特征，另一方面永远
275 作为一名词的附加物出现。在其中，此形式与主词形式或谓词形式不同，它并不局限于判断中的一确定位置，而是可作为附加物在一名词的任何出现处出现，它与核心形式具有类似性；但是在原则上它仍然不同于这些核心形式，因为是经由变样化产生的，所以永远显示于质料〔Stoffe〕层上，后者已经以其他方式经受了形式化，而核心形式的第一功能就是完全无形式的质料之形式化，虽然它们（有如在完全句的名词化中，参见第 249 页）也能以另一方式被形成具形式者〔Geformtes〕。

c）对规定侧的定语联结

让我们再更仔细地考察对规定侧的定语联结。我们判断“S 是 p”；主题上规定的对 p 的一兴趣被激起，而且此 p 被规定为 a，而且对 S 的兴趣始终被保持着并存在于较高阶上。[①] 首先，对 a 的过渡自然要求（即使只是相对的）p 的独立化，即其名词化。判断“P 是 a”建基于此基础上。此外，如果偏重于对主基底的兴趣始终被保持着，那么就产生了两个句子，它们通过一种诸主题兴趣的统一性结合起来：“S 是 p”和“p（与前一 p 相同）是 a”，例如“此物是红的”以及“此红色是砖红的”。然而因为与我们的假定相反，对 S 的兴趣应该始终是具支配性的，第二个句子必定采取从句形式，因为，朝向第二判断的兴趣在层阶上是低于〔untergeordnet〕

---

① 关于对受取性中此关系的详细分析，参见前面 § 28 第 147 页及以下。

朝向第一判断的兴趣的。于是第二句获得了定语关系的形式，不论在一从句的形式中，还是在形容词性定语关系的仍然在展开着的变样化中，此形容词定语关系于是可用语言表达于复合形容词内（例如“砖的红色”）：“S是pa”。于是产生了一种规定性形式，它本身是被规定的，而且作为被规定者〔bestimmte〕它是规定性的〔bestimmende〕。 276

§56　基底对象的逻辑意义构成作为述谓运作的结果

我们将一切形式构成〔Formbildungen〕设想为起源于一已在受取层被把握的基底S之前进性规定作用，S因此仍然是贯穿诸层阶的主题，并赋予在其规定性中产生的一切判断以统一性和关联性。一切意义形式都围绕着被保持为同一的对象轴。此对象轴是人们进行判断的基底，此基底进入了述谓判断内的主词形式，并在那里以永远新的“述谓性方式”〔prädikativem Wie〕被意念着〔vermeinter〕：作为主词，它是永远更新的谓词的及定语规定性的主词。例如，如果我们比较判断“S是p”“Sp是q”“S（p和q）是r”，那么就会看到：在规定性的这样一种主题关联域中永远存在被保持为同一者〔Selbes〕的S。但是尽管存在着其同一性，诸判断是不同的；在主词侧它们最初具有无定语的S，之后是Sp、S（p和q）。在宾词侧此情况自然同样重复着。同一S在永远更新的意义上被意念着，在这样一种意义上，它并非产自受取层上的把握，而是在述谓的自发性中，在特殊意义上的逻辑自发性中被产生，我们因此称其为逻辑意义。S作为主词按其 277
进入判断的逻辑意义，就其完全的组成内容而言，同属于其全部“判断内容”，此判断内容在判断中被“设定为”判断句，即在一设定性特征中（在我们的例子中最初是在确定性样式中）被意识到。

在其逻辑意义上的判断基底（如同此意义以述谓方式规定的活动增附于判断基底上的），构成了一概念之概念[①]，后者不应混淆于其他概念

① 对此问题以及此整个一节，参见《逻辑》§43“e”，第102页及以下。

之概念，无论是相关于核心质料这样的术语[①]，还是在属级一般性意义上的概念。

如果我们现在比较逻辑意义的改变（如在一规定性之主题关联域内发生者）和我们在受取性中已经发现的意义变化，就会自然显示出，逻辑意义的每一丰富化都假定着受取性内的一种丰富化。同一化的自发性综合的确只发生于先前已经发生的受取性把握和说明处。但另外，此逻辑意义的变化，在相对于受取性中发生者方面，仍然有其特殊的独立性。一个以复杂方式建立并相关于对象之内外的受取性思考系统，的确可以是已被构成的；一对象根据此思考性功能甚至已经可在最大可能直观充实度上从一切方面被看视，然而尽管如此，却并无一单一述谓把握步骤会必然发生。只要此步骤没有发生，该对象，即此思考性把握的一切行
278 为之主题，(尽管其所与性方式的“丰富充实性”〔reichen Fülle〕）肯定是主题，只不过从逻辑观点看，它是完全未被规定的主题。于是，如果述谓规定的自发性随着第一步骤“S是p”即已确立，那么此前逻辑阶上未规定的S就经受了其初次规定。它成为判断主词，并进而或许成为判断宾词。在第一判断步骤“S是p”中，它是占据着逻辑上尚未规定的主词位置的一个因素〔das Eine〕，但它在此判断行为中获得了规定性的未定因素，并在谓词侧具有其规定性。因为此外，在此第一述谓关系中完成的规定性是借由定语活动联系于主词的，在随之发生的述谓作用中S被保持为p，并因此受制于新活动中的进一步规定性。我们现在在这些进一步的步骤中不再有逻辑上未规定的基底，而是已经具有了逻辑意义的基底，它带有定语性的意义p。只有这个p，对于我们来说，在此第一步骤后，属于逻辑意义，按此意义该基底对我们存在着；但是一切在受取性中已经被构成为其对象意义者，因此一切在直观中被进而共同给予解释意义者，并不属于此逻辑意义，只要其本身没有在二元综合中被把握为S的谓词。在此再次显示了述谓判断占据的偏重位置（参见§50，c），此述谓判断（系词判断）作为规定性之主题关联域的原初细胞，是相对于一切其他（在广义上必须也称作述谓性的）综合的，例如连词性

① 参见同书第274页。

综合：只有在述谓判断中一先前尚未在逻辑上被规定的对象可以被增附逻辑意义。在每一这类句子中都实行着一种自身封闭的逻辑意义的运作结果，后者对于基底对象来说意味着一种逻辑意义上的意义增附〔Zuw- 279
achs〕。

正如受取性中的对象是一与其相关的把握复多性的同一轴一样，此对象即述谓规定中的同一者，但不再是作为其感性复多体和其变化的所与性方式的统一体，而是作为述谓活动和其产生的（围绕着变化的逻辑意义的）运作结果之统一体的同一者。它是多重自发同一化中的同一者，此同一化将其确定为种种判断行为的交叉点，并相应地确定为对应定语的共同参照点。不论我们采取什么定语构成，不论它们如何在前进的规定中被形成：这个、这个房子、这个红房子等等，这些构成的每一个都是一主题性判断项。不论其中每一个可能在内容上多么不同，都作为判断项有其主题，而且每一个都在显明方式上具有同一主题。我们在此将“这个”作为此系列中的所谓定语零点〔Null der Attribution〕。（这是其逻辑的意义，其完全具体的意义当然不止于此，它含有指示、引起注意、要求识认的“指示语”特征）。

作为述谓行为的同一轴，作为逻辑意义的载者，此对象在严格意义上即成为认知对象。这当然不是说，作为受取活动轴的对象和作为述谓自发性轴的对象是不同的对象，而是说，当对象连带其变化的意义在受取性层次上被构成时，此对象第一次进入述谓综合，而且当其从受取性把握过渡为二项式〔zweigliedrigen〕述谓综合时，它就成了认知 280
对象。

§57 同一性判断的根源

在前进性规定的过程中，在判断基底渐增性增附逻辑意义的过程中，现在可以提出一种特殊的判断形式，即同一性判断的形式，它与此前考察的简单规定的判断形式不同。

在一基底之主题性规定的最初无障碍展开中，我们朝向于此不断更新规定性中的同一者。此持续保持其同一性的 S，被增附以不断更新的逻辑意义，而在此过程中我们自己并不朝向于其如此被保持的同一性。开始时，其中通常并不存在任何动机。例如，如果S被直观地规定为p并再规定为q等等，如果从S向p、q等的规定性同一化的过渡是主动地实行的，那么被规定为p的S与被规定为q的S即以某种自明性被动地相符。此S在直观中对于我们就是同一的，而且我们的主题兴趣于是唯一地朝向于其不断丰富化的规定性。

另外，如果此规定行为不是在此原初关联性的、一直充实以直观的
281 连续性中被实行的，如果（例如）根据原初直观S被重新规定为r，而且如果此外我们已经有了规定性的p、q，此规定性根基于先前的规定关联体并沉积于S上却不再是自明的，即不再以同样的原初性重新被实行，有如在规定性r的情况那样，或者如果（例如）彼此分离地被实行的规定性“S是p”和“S是q”均出现于记忆中，那么无论如何，将可能必须明确设定以下二者之间的同一性：S先是规定为p，以及S再一次规定为q。最初在Sp和Sq之间被动地发生的同一性综合，现在被自发地实行，而且出现了如下的一种判断：“是p的S与是q的S是同一的。”不言而喻，通过产生连续同一化的联结出现了如下种种可能性：越来越丰富地形成同一化判断，朝越来越宽阔的规定性前进，以及在“二项式自发性”中完成其基底同一化的相符性。于是，在许多不难的规则性导出的复杂化过程性中，出现了这样的判断：“‘本身是b的Sa’等同于‘本身是b和c的S′’”等等。再者，很多同一性判断本身可通过相互沟通性的同一化成为判断统一体，例如在“S等同于S′，以及同样等同于S″”的形式中，如此等等。

由此我们看到了同一性判断对于从不同的直观规定关联域中产生的规定性具有的基本作用——根据于认知兴趣，其目的在于，将从不同的判断复合体中产生的判断结果结合起来，并在新的判断中保持它们。单纯从形式观点看，此同一性判断与关系性判断间具有某种相同性，其中出现了两个名词，它们被自发地确定为相同的；但是从内容规定看，它
282 们不如说属于规定性判断，后者从本身，从其自身所有者，规定着基底，不考虑向其他基底可能的过渡。不过它们实际上也不是原初规定性判断，通常我们发现，不存在对在受取层最新被把握的规定性之原初自发性的

“述谓层把握”〔prädikative Erfassung〕，而只存在那些已被获得者的一种统一化作用。所以，同一性判断也不必然需要在清晰明证性〔Evidenz der Klarheit〕中完成，也不必然需要其带有规定性的基底的原初直观所与性，清晰性的明证性〔Evidenz der Deutlichkeit〕对于确定同一性来说也已足够了。

第二章　理解对象与其在述谓运作中的起源

§58　过渡到述谓运作的一个新层阶。事态的前构成作为范畴对象及其经由名词化的“引出”〔Entnehmen〕

在我们概观了述谓认知活动的最简单的形式和结果后，让我们过渡到一个新的运作层阶。我们的思考引导我们探讨从述谓思想中产生的对象之特性，即范畴对象的特性。

到现在为止我们研究了诸构形关系网的生成，它们可能围绕着一最简单形式的判断——即规定性之主题元细胞〔Urzelle〕——被构成。我
283 们设想这些形式产生于一实际进行的、连续展开的判断过程中。但是一旦这样一种元单元被构成，例如“S是p”，或“S是p和q”，或带有任何附加成分的判断如“Sp是q”，或其简单形式的某种提升，那么该判断就不应被放弃，只要它在一实际展开中被明确构成，而且向下一步骤的过渡就不必须立即进行；反之，因为每一这样的判断步骤都代表着一种自身封闭的意义功能〔Sinnesleistung〕，人们仍可在此产生运作本身内继续进行构建。正如它在持存中虽流逝而仍被保持着，故可能通过此联结关系延续着一样，例如表之于如下语言形式：“此事实，‘S是p’……”所有语言都具有这种联结性的指示词，即“手指词”〔Zeigwörter〕，它并非用于对出现物的直接指示，而是指涉着在话语语境内的，而且（相应地）在

赋予话语以意义的判断关联域内的一先前位置。这些指示词通常具有的简单语言形式已经指出，一种特殊的变化随着它们指涉的先前的判断句产生了。此判断句失去了其独立句的形式，并呈现为一新判断内的基底。这自然假定着，它被名词化了。此一句子先前是多射线的，并是在一规定性的原初二项综合中被构成的，现在被把握为单射线的，而且它必定被这样把握，以便以上述方式相联结。因为，如已指出的，在规定性的渐进关联域中，每一新的判断步骤均永远再次以一单射线的基底把握开始。当在判断中与一先前的判断相联结时，该过去的判断因此正是被视作任何进入一作为主词的述谓判断之基底，即被视 284
作一直接把握的对象。这意味着，它必定是本身被前构成的，而且这就是先前判断的运作结果。因此此运作结果可以说具有双重面目：在每一判断步骤中不仅发生有前所与的、已经在受取层被原初把握的基底之一规定及继续规定；此基底不仅永远以更新的方式在述谓层阶上被意念着并增附有逻辑意义，而且同时一新种类的对象被前构成了，即事态“S是p”；此事态是在创造性的自发性中被产生的。它本身现在可采取一切独立对象可采取的一切形式；它可被名词化，并在新的判断中成为主词或宾词。

此种名词化原则上不同于我们此前以此术语了解的一切意思。对此我们先前倾向于认为，名词化根据这样的行为，它使得先前非独立规定成为独立规定，因此名词化已经在受取性领域有其“前形式”〔Vorform〕。甚至在此领域有一先前非独立因素的自把握行为〔Für-sich-erfassen〕，因此它成了一说明性思考的基底。它是一对象本身内的因素，此因素在此就成了基底。反之，在名词化中事态从一判断中引出〔entnommen〕并进而在一新的判断中起着名词的作用，对于此名词化来说，在较低层阶上不存在类似者。在一新的判断中成为主词的对象，就不再可能在简单受取性过程中被把握，而是成为全新种类的对象，作为一述谓判断的运作结果，它一般地只呈现于述谓自发性的高阶上。因此，就其起 285
源而言，我们称此对象为句法的或范畴的对象，或者也称作理解的对象，因为它们来自判断性理解的成就〔Leistung〕。

§ 59 直接可给予的对象作为事况之“来源”。事况〔Sachlage〕与事态〔Sachverhalt〕

当然，以此方式产生的范畴对象是根基于受取层中可把握的对象的。范畴对象包含着受取层把握的对象，例如事态“地球比月亮大”包含着一在受取性层阶上可给予的对象“地球”。但是此事态本身作为意义结构不是任何在意义轴“地球”上可以如下方式被显示者，有如内部的（如性质的）和关系的规定，作为意义因素，属于对象的意义，按此对象意义，此对象“地球”在受取的层阶上被把握。与受取性中这样一种事态相对应者就是关系性〔Verhältnisse〕或者我们宁愿说事况〔Sachlage〕：包含行为和被包含者的关系，较大和较小的关系，如此等等。它们构成着某种同一物，或者本质上按两种方式被说明，以至于相等的述谓判断指涉着同一事况，后者作为被直观给予的情境〔Verhalt〕。每一事况包含着若干情境，其中最简单的事况基于一对情境，即两个事态，例如大小的事况是“a—b”，两个事态是“a > b”和“b < a”。

于是，事况是有根基的对象，它们最终指涉着不是事况的对象。每
286 一对象都是可能的和现实的若干事况之基础，因此每一事况本身也是如此。每一对象也是事况之“来源”，即它从自身为事况提供基础，因为只要它在可能直观中被凸显就可被说明。于是随境不同，它或者是性质性事况的来源，或者在相关于独立部分被凸显时，是全体-部分关系。在外部的、关系的思考中，关系项就是关系事况的来源，关系事况可在关系事态中被说明。

根据这些事况显然可见，一开始没有什么比被动构成的关系更可被理解的了，而且这些被构成的关系本身不必须再被对象化，述谓判断可在不同方向上被构成。如果问题相关于整体与部分的关系，那么判断就指涉着包含行为和被包含者，而且随着判断有关于直接的或间接的被包含者，因此即随着直接和间接部分与整体的关系，由之即产生了不同的形式。另外，人们可以对整体中的诸部分的结合形式进行判断：“此整体具有这种那种形式”，“诸部分的集合具有作为结合体的此形式”，如此等

等。还有另一种判断是根基于从一个部分过渡到另一部分时的外部关系的。每一部分虽然都是某种自存者，是自身被把握者，但每一部分只是作为部分参与着整体，虽然此整体不直接是规定性的实际基底，而是落于思考和把握的目光里，而且，此统一性形式在极清晰的所与性中被突出了。如果 S 和 S′ 在对同一物的参与中具有共同性，而且如果我们从 S 287
过渡到 S′，再者，如果正好每一部分都作为部分被意识到，如果每一部分都带有这样的意义被把握到，此意义是从兴趣朝向整体的方向中增附于它的，那么在 S 中就出现了新的意义增附，它来自此过渡及与共同性的相符关系。如果使一主动性产生作用，此作用使 S 成为规定性主题，在此规定中 S 相对于整体形式相关于 S′，而且此规定性被原初地产生了，那么此外部关系的判断就被原初地构成了，此 S 在与 S′ 的关系中（类似关系、等同关系、位置关系）被原初地构成了。

部分对整体的关系与部分对部分的关系不是唯一的关系。两个对象可能不只是处于被包含者与包含者间的关系中，而是也处在相互交叉关系中：如果 S 在交叉关系中等同于 S′（按照某一共同部分 S″），那么就形成了不同的说明方式：S 包含着 S″ 与 S′ 包含着同一 S″，或者在多元形式中：S 和 S′ 包含着 S″，在其中规定性的宾词 S″ 仅只出现一次，而且从中分别流出两条同一化射线，一条朝向 S，另一条朝向 S′——所有这些判断形式当然都是在最普遍的句法一般性中理解的，在此仍然未决的是：诸对象本身是单一的还是多元的，它们是简单的对象还是本身已经具有了复合的逻辑意义构成。

于是，简单的对象即成为不同述谓事态的来源，这是因为它们根据其在受取性层阶上被构成的统一性构成，对此构成我们称作是关系或事况：同一性事况是在不同的述谓事态中被说明的。我们称此事况本身为 288
有根基的对象。应该较准确地说：在受取性中我们还没有作为对象的事况，即事况未被主题化为有根基的对象。我们在此仅只有可被简单把握的对象，后者即"如其所是"，而且思考的目光就在基底和其部分间，或在彼此诸相关项间，来回移动着，在此过程中这些相关项凸显为（例如）较大或较小，永远根基于其感性的统一性。我们称作事况者，在此仅只显现为所有事态的被动前构成的基础，性质基础或关系基础；但接着，如果在原初述谓关系中事态被构成了并被对象化了，此基础就可在对象侧被把握为其基本性的同一性事况。

§60 事态与完全判断句的区别

每一自身封闭的述谓判断句因此自身前构成了一新对象、一事态。后者即此命题句的“被判断者”〔Geurteiltes〕，而且其意义不仅在于，此“被判断者”是对于“所被判断者”〔Beurteilte〕的一种逻辑意义增附，即对于判断基底的意义增附，因此人们可以按定语方式将逻辑意义附加于基底，而且其意义在于，被判断者本身就是一对象，而且通过其生成作用，它就是一逻辑的或理解的对象。

然而我们在此必须进一步区分：在判断行为中被前构成一新对象者以及我们在通常意义上称作事态者，并不是具有其全部“判断质料”的
289 判断句，而仅只是当前实际“所是”者。这意味着，在每一实际判断行为中我们均有自己的主题，“被判断者”，即 S 与 p 的规定性同一化。此同一化是实际上在判断行为中被实行者。但是，与相同基底相关的先前判断活动之“获得行为方式”〔Hineinnehmen von Erwerben〕，可能被混同于实际的判断行为。例如假定，随着判断“S 是 p”的实行，S 已经是作为在一先前规定中由 q 所规定者；因此我们判断，Sq 是 p。我们知道，从先前实际述谓作用中产生的这类附加定语，被称作是如下的述谓作用之变样，它指涉着先前的述谓作用，在其中 S 实际上由 q 所规定。在这样的变样方式中所意识的规定性，当然共同属于完全的判断质料，后者自然也是落入我们的目光中的，也是与该 S 一起被共同把握的。但是，在此 S 和此 q 之间的同一性综合不再被实际实行，而是只有此实行过程的结果被共同保持在 S 内。于是应该在以下二者间进行区别：一者为，功能性〔fungierenden〕主题，实际被判断的“S 是 p”；另一者为，不再具功能性的主题，仅只被纳入判断意识统一体内的主题。如果，在一简单的判断行为“S 是 p”后，我们以定语方式将其他判断行为的诸多对象和谓词（q，r……）纳入此主词和谓词中：在旧形式的判断之新实行中，当我们将一切这些被纳入的思想（Sq，r 是 p）一起实行时，什么都没有

改变，因为我们实行了同样的规定性同一化，并仅只实际上如此实行，而在此定语表达中我们没有实行任何由其所指示的〔durch sie angezeigten〕谓词作用。实际上，我们唯一所完成的就只是判断“S是p”，即使S在此被设想为受到来自先前判断运作的其他思想内容的影响。

我们在诺耶斯层面所描述者，在判断句中，以及在其实际实行中被 290
前构成的对象里，有其相关项。只有在所有这些变样行为内始终同一者，因此即在实际判断行为“S是p”内被构成者，我们称之为严格意义上的事态。这就是纯粹综合的主题统一体，而在此处，主题即在相关判断实行中实际在主题上被把握者，以及在此一、彼一与其相对的述谓关系中被实际设定者。如果诸个别物是规定性主题，那么在其句法构成中它们就进入了事态，它们即“存于”事态中的词项〔Termini〕。事态是判断行为的相关者，即它们只是在判断内原初地被构成，而且，与判断的每一命题步骤的主题封闭性相对应的，是其中被构成者之封闭性。每一事态都是一完全的句法对象，而且一切事态组成项，或非简单词项之词项，其本身最终也是句法对象。

事态与具有其完全“判断意义”的判断句，并不同一，此判断句为包含着一切相关判断之逻辑意义的完全意义单元。在多种多样的、与眼前实际规定主题相关的判断活动的结果被引入正在实行的新判断的变化时，事态的同一性未受改变。每一实际主题不仅可能成为实际判断运作的基底，而且也成为旧的“成果获得”〔Leistungserwerbe〕的变样化联
结之基底。这不仅改变了主题上被构成的事态，而且也改变了它如何被 291
思考的样式。在此“如何”中，它不只是目前判断的而且也是隐含判断的主题产物〔thematische Produkt〕。因此，实际的主题产物具有一种形式构成之网络〔Rankenwerk von Gestaltungen〕，它时时指涉着被包含的判断——形式构成，后者自然可被分解为其原初的形式，其原初实行的形式。此一“分解作用”〔Aufwickelung〕最终通向诸简单判断，它们仍然只是诸判断的骨架，而且其组成项不再包含着定语的及其他的附加成分。

正如我们多次强调的，这类判断不应被视为一种极限情况。对于它们，我们不可能区分事态和判断句本身。在此，事态就是意义本身。尽

管如此，甚至对这些判断来说，此双重表达法对于如下情况也是必需的：它们仅只是零级判断〔Null-urteil〕，而且判断复多体与事态中的任何这样的零级判断是一致的。事态概念一开始就标志着同一主题骨架，此骨架是一切判断共同具有的，一切判断都具有此相同的实际主题并将这些主题联结于同样的句法形式中：零级句即属于一此类骨架的纯粹句，纯粹规定性主动态之相关项。

判断行为的相关项，即事态本身，应该是一判断，甚而是一极限情况，此一陈述，当我们想到在此这是一关于被意念的对象本身因此也是关于被意念的事态本身的问题时，其矛盾性即消失了。“事态本身”不是别的，正是被完全充实的判断（对此参见以下第 342 页及其下一页上的详论）。

292 § 61 集合作为一理解对象之另一例；它在产生的自发性中之构成

事态并非是在述谓性生产自发性中被构成的唯一的理解对象。事态具有一较优位置，此位置根基于作为系词性联结单元的狭义述谓判断之基础结构上。我们将系词性联结与集合性联结相对立，后者虽然并不以与系词自发性同一的方式通向逻辑的意义构成，通向基底对象上的意义沉淀，但它仍然被归入广义的述谓自发性中。① 它正像每一述谓自发性一样通向一新对象的前构成，此新对象即对象“<u>集合</u>”〔Menge〕。

在受取性领域也已存在关于“集体性聚集行为”的多元性思考，它不是指对一个对象再一个对象的单纯把握行为，而是在对下一个对象的把握行为中继续保持着前一个对象，如此等等（参见 § 24，d）。不过，此种聚集〔Zusammennehmung〕统一体，此种集合〔Kollektion〕统一体，还不具有<u>一个</u>对象：成对者，被集合者，更一般地说，两个对象的集合〔Menge〕。在一受限制的意识中，一次我们特别朝向一客体，另一次特别朝向另一客体，不会超越此方式。于是当我们坚持进行把握时，

---

① 参见 § 50 第 264 页及《逻辑》第 95 页及下页。

能够再次进行一新的聚集行为，例如，墨水和刚听到的噪音，或者我们在该把握中保持着前两个客体，并朝向着分离的第三个客体。前二者的 293
结合并未因此而松弛。有另一物将此第三客体纳入此结合，或者在此特殊结合的两个客体之外将一新客体纳入思考。于是我们现在有了一个在形式"（［A，B］，C)"中的"把握统一体"；同样，"（［A，B］，［C，D］)"等等。在此必须再次说：每一这样复合形式的把握都有 A、B、C……诸客体，而不是（例如）将"（A，B)"作为一个客体，如此等等。

另外，我们可以把关注目光和把握朝向于成对项〔Paar〕，朝向于此一、彼一成对项，其中包含这些客体。如果我们这样做，那么被重复的个别集中化，先是 A 的，然后是 B 的被片面性集中的把握行为，就相当于一种说明行为，相当于对全体客体"A＋B"的一次贯穿行为〔Durchlaufen〕。再进一步看，于是再现行为（A，B）比起集合行为（A＋B）具有优越性，在后者对象是总和〔Inbegriff〕。此即，为了给予此总和，为了在自所与性中对其思考和把握，我们必须对 A 和 B 共同把握；在对两个对象的此一把握统一体中，可以说，此新的对象被前构成其结果：此新的对象即现在被把握为"单一物"〔Eines〕者，即可以在 A，B……的个别把握中加以说明者。

因此，为了使在 A 和 B 的多元说明行为中原初产生的集体性联结成为基底，即成为真正的对象，成为可同一化者，首先需要一种目光的转向。但是这意味着：只要我们运作一单纯集体性聚集行为，我们因此就只有一被前构成的对象"多元性"〔Mehrheit〕，而且只有在回顾性的把握中，在主动性构成之后，我们才有作为统一体之多元体的对象：作为集合。在此正像在一切通过述谓自发性产生的对象一样：一句法对象是 294
在自发性中被前构成的，但是，只有在被完成后它才可能成为主题，它才成为在回顾性把握中的对象。集体性综合，"A 和 B 和 C"，虽然是一意识的诺耶斯统一体，但还不是真正意义上的（即在一主题性基底对象的意义上的）一对象统一体。在此 A、B、C 各自都是一主题，但三者的集合体还不是。聚集性意识统一地包含着多个客体，但还不是具有多个组成项的单独一个客体。然而通过每一综合性统一意识，一含有多个组成项的新客体被前构成了；然后只需要一时时可能的主题把握行为，以便此被前构成者成为一主题性客体，并因此成为判断基底。在目前的例子中：聚集行为是一多设定的运作〔polythetische Leistung〕，通过此运作一集合体本质上被前构成了。在聚集行为通过回顾性把握行为完成后，它成为主题性对象，随着回顾性把握，集合作为对象，作为可同一化者，被给予了自我。此后它像其他客体一样成为一客体，它不仅能够完全被同一为多种所与性方式中的同一者，而且它能够在不断更新的同一化中被说明，而此说明行为本身永远也是聚集行为。但是，正像任何基底对象一样，它也作为主词再次进入新的判断联结体中，如此等等。

当然，集合也可能与其他分离的集合再次聚合，因此构成了较高阶集合，并接着在主题上被客体化。在一集合中被分离地结成一体的对象
295 因此其本身可能再次成为集合。但是最后，每一在直观中前构成的集合通向最终组成项，通向不再是集合的单元。因为，属于这样一种集合观念的是：在其最初基底所与性中，已经存在一种前所与的“诸特殊触发作用之复多体”，在对其把握时，我们使其活跃化。当然并不排除，在“接近行为”〔Näherbringen〕中直观引致先前尚未存在的新触发作用，以至于所意念的统一体再次分解为多元体。但是，尽管如此，每一集合必定先天地被设想为可还原至集合之最终组成项，此即其本身不再是集合的组成项〔Glieder〕。

我们仍可补充说，在一集合之统一体内，可通过触发的特殊结合体界定不同的部分集合，以至于可能出现相互叠加的集合，而且一般来说，集合可能在与其他集合的关系中呈现一切可能的包含关系。

因此，一集合即一通过诸分离对象彼此结合成的一集体性活动而被原初前构成的对象，对此对象的主动性把握，即为一简单的再把握〔Nachgreifen〕，或对刚被构成者的把握。作为自发性之纯粹构成物，集合意味着一最佳形式，在其中每一种可设想的主题对象均作为组成项进入，而且以此形式，它们本身可以在每一种规定性判断行为中发挥组成项的作用。述谓客体化行为的综合法之一即“和”，而且关系性综合之一（它当然属于完全不同的方向）即“或”。这就是集合作用〔Kollektion〕或集合〔Menge〕的句法特殊形式之基本组成成分〔Grundstücke〕。

296 因此并不存在原初被动地被前构成的集合。被动性仅只可能创造预

先的条件；但既不需要预先已经存在作为被分离地前构成者的诸多对象，也不需要这些对象实行其结合的触发力。这些对象也可能先后陆续进入主题视域；而且当我们已经以不同方式介入对先前存在者的判断行为时，它们先后依序地履行着集合行为之前述条件。触发行为统一体依次被构成着，它为兴趣的过渡提供着渠道；而且如果出现的对象是离散的，那么集合行为就可能产生。但它也可能一开始就进入主动态，有如当一 S 在其离散的性质中被逐步加以说明，而且这些性质从一开始即达到集合性的结合。任何时候，使得集合体“被客体化为对象”的那种“目光转移”都是可能的。

§62　理解对象作为事况和事态之来源；句法的和非句法的结合与关系之间的区别

一切“理解对象”、集合等等——作为本质上属于它们的因素之内的可说明者——都是广义上的整体。由于根基于受取层上可给予的对象，它们当然是较高阶上的整体，后者不应与这样的整体相混淆，即每一受取性的原初“基底对象”可作为其例示的那些整体。

特别是对于作为集合之对象而言，这意味着：“集合作用”并不构成感性的整体；集合内的集合元素（我们以此假定，这是一个有关被聚集 *297*
的感性对象的问题）与该集合的关系，并不相当于一感性整体的部分与该整体本身的关系。在此出现的不是我们在感性整体与其部分之间看到的那种具部分相符性的综合：诸集合元素某种意义上仍然是“彼此外在的”。它们的结合形式不是感性的，而是句法性的，此即为“被聚集的”〔kolligiert〕之意。而且由于我们能够随意聚集任何东西，意思就是：此结合〔Verbindung〕形式是完全独立于同质性〔Homogeneität〕条件的，至少是独立于类似性与非类似性关系的，同质性可被视为感性直观的统一化〔Vereinheitlichung〕。这是一种句法的结合形式。一切被聚集的集合元素彼此都含有共同的因素：诸元素是被聚集的。如果我们转向事态，就会发现在此也有类似种类的句法的结合形式。例如，任何对象的一切性质都具有如下共同性：它们都是性质。

我们已经谈过以下二者间的区别：一者为，具有以其为根基的结合与关系的质实共同性〔sachlicher Gemeinsamkeit〕；另一者为，具有其关系与相关性〔Verhältnissen〕的形式共同性（参见§43，d）。质实共同性永远根基于一感性直观统一体，即使在广义上它也仅相关于相同性或类似性。质实共同性规定着真正的同质性。形式共同性则相反，它并不根基于感性直观的可能统一性，而是通过句法的形式构成加以确立。在
298
此，共同性自然指涉着类似性，指涉着作为形式之形式的同质性。但是，此类似性出现于不同于被形式化的基底对象的类似性的另一层阶上——在此，它们的共同性正是该指涉着类似性的相关性。一种最广意义上的结合是一切关系行为的基础，此结合也同时包含着类似性关系；而结合即一切以某种方式彼此相关联的、在共同性基础上被凸显者之间的结合。

因此，理解对象本身即为事态与事况之来源；即除了理解对象与一切对象可能具有的关系外（此关系属于作为一般整体的对象，理解对象像一切整体一样参与该关系），理解对象也是独特的结合与关系之来源，这些结合与关系则是根基于它们作为句法对象的特性的。因此我们需要区分：

1. 句法性结合与其他结合，即为句法性整体与非句法性整体。后者是这样的对象，它们不是经由述谓自发性作用被前构成的，而只是经由解释作用在诸直接部分组成的一多元体内被显示的，这些直接部分“被结合为”整体。这意味着，诸部分根基于在前的整体统一体及其含有的内容，彼此发生了关系。再者，它们可能存在于（例如）“相同性大小”等等的相关性内。

2. 因此，也须区分句法性关系与非句法性关系。每一关系都是一理解对象。关系为一事态，即一简单的事态，而非一若干事态联结体 S_1—
299
S_2。一事态是句法性的，如果其组成项本身是理解对象，或者如果作为整体的事态的基础是一理解对象。每一事态都有一基础，此基础确立了其诸组成项间的共同性，而且此基础本身可在对象层次上被把握（参见前面第287页及下页）。此对象本身在广义上为一整体，因为它是可解释的；而且经由解释发生的一切在广义上都是“部分”，即它与该整体具有一种“部分同一性的共同性”〔Gemeinschaft partialer Identität〕，而且它

为以下二“相关关系的相关性”〔korrelativen Verhätnisse〕提供了基础：一者是与被规定的整体的相关性，另一者是与被规定的部分的相关性。彼此相关的诸部分在整体中有其基础，即一个这样的整体本身的两个被解释项〔Explikate〕彼此具有关系：这就是本质上的交叉关系或结合关系，二者可经由规定性的活动被构成。

§63 理解对象构成与受取对象构成之间的区别

在我们了解了在自发性运作中产生的理解对象之一些主要类型后，让我们进而试图通过与受取性所与对象的对比，来阐释其构成与存在方式。

理解对象即一较高阶上的整体，正如后面要指出的，即一特殊区域的对象。属于每一对象本质者为，对象在广义上可被直观，即它本身原初地可被把握，并可被把握为一可解释者。一对象的每一主动把握假定， 300
它是前所与的。受取性对象是在原初被动性中与其联想、触发等等的结构一同被前所与的。其把握行为属于较低阶主动性，也就是被原初前构成意义之单纯受取行为。与此相对，理解对象不是在一单纯受取行为内被原初把握者；它们不是在纯粹被动性中——至少不是原初地（我们还须再讨论第二被动性）——被前构成的，而是在述谓自发性中被前构成的。其原初前所与性方式，即为其在（作为一自发性运作功能的）自我之述谓行动中的产生行为。

在比较受取性把握与产生性的自发性时，我们在此不应被一时之间所显示的类似性所迷惑。在分析受取性把握时，我们也谈到自我的意志性和非意志性行动，谈到其肌体运动性，谈到通过身体移动、眼睛转动等等的纵深观之主动的产生，由于这些作用，（一般来说）外部对象正是在受取性中被构成的。似乎此对象也是通过其根基于眼睛转动、身体移动等等的全部呈现复多体，而仅在一时间性的及往往为意志性引导的过程之结束时被构成的，正像事态“S 是 p”是在作为意志性和时间性的过程中之判断行为内被产生的那样。因此在此两种情况下都应谈及一种“产生性活动”〔erzeugender Tätigkeit〕。

然而此明显的类似性不应使我们误解了以下基本区别：对于每一静态的感性对象，对一静态对象或对一过程来说，“被把握”〔Erfaßtwerden〕一
301 事均不具本质性。自我的“行动”虽然推动着感觉材料的复多性过程，它完全可能是非意志性的；显现过程被动地结合为统一体，根本无关于自我是否在受取的把握性中朝向着对其显现者。在某种意义上，对象也是如此存在于“那里”的，是在（视觉）场内的，尽管自然需要朝向性才能把握它。另外，理解对象，事态，本质上只可能在自发产生性行动中，因此当自我“存在于旁”〔Dabeisein〕时，才可能被构成。如果此条件未实现，那么至多所获得的仅是在受取性中被构成的对象，它始终可在（视觉）场中被知觉，但在其基础上不会有新的东西被构成。

接着还须进行以下的区别以深化我们的了解：虽然两种对象在一个时间过程中被构成，并只在其过程结束时才被构成，然而知觉对象一开始某种程度上已经被即刻把握；虽然其所与性方式被每一新的呈现加以丰富化，但“显现复多体”过程任何时刻均可中断：我们仍然永远具有一个对象，虽然它或许还不是“从一切侧面”以及在其最大可能充实性中被给予的。自我在其行动中所产生者，只是其诸呈现，而不是对象本身①；自我穿过所有这些呈现不断地朝向作为同一者的对象，后者出现在
302 诸呈现中，或展开于一过程中，此过程在自我目光前逐渐展开于其各时间片段内。对象的每一展开片段都是此过程之片段，而且自我朝向于该过程，有如自我朝向于其对象。另外，在自发的产生行为中，被生产的是事态本身，而不是事态的一呈现；自我不可能像在前一相反的情况下那样使过程在任意一点上中断，那样的话它就不会具有此理解对象。而这是因为，在此产生行为中，在事态于其时间展开中的构成期间内，自我不再可能以与先前同样的方式朝向于事态；自我的对象不是事态，而在判断行为中对象首先是 S，即基底，此基底在此行为中被规定为 p，如此等等。在其判断行动中，自我朝向着被规定者以及在其规定中被逐渐

---

① 我们在此有关本体论区别的对比性范围内，对于从先验论观点看对象也是构成之产物的论述不予考虑。

丰富者。这就是其判断行为的对象。于是，在产生性的判断行为中，一般来说，理解对象即被前构成为前所与者。此理解对象在此行为中并非像规定性基底S那样相当于对象；反之，为了成为对象，首先需要目光的转向，借由此目光转向我们从判断中“引出”〔entnehmen〕事态。这样我们就不再朝向作为我们的对象的S，而是朝向“S是p”的“事实”。初次判断“S是p”必须被构成，在其中S相当于对象，之后，与其相联系，我们才能继续说“这个（S是p）是使人愉快的”，如此等等。或者，当目光位置再次改变，判断就可能成为以下事实的主词：它包含着“S”作为主词，p作为谓词。同样，此规定性可以成为独立的并成为基底，或S在其主词形式中成为宾词。它在判断的实行中已经获得此形式，但是在判断行为中，是S本身，即该规定基底，成了宾词，而不是在主词形式 303
中的S。此形式在自发的产生行为中被赋予S，而且为了使S在此形式中被作为宾词加以把握，就需要在判断产生行为后有另一特殊步骤，此步骤在判断的宾词化基础上将其组成成分，将其构形中的判断主词，把握为新的规定基底，并以此获得句法形式的概念①。所有这类目光转变——只有在判断的产生行为被完成后它们才可能出现，以及在其内我们可从多重方向上的被产生者中引出理解对象——完全不同于如下目光转变，即借由该目光转变我们从一感性对象回溯至呈现或显现，相对于我们对象在显现中被构成了。

§64 理解对象的非实在性与时间性

a）内在时间作为一切对象本身的所与性形式

理解对象构成与受取性对象构成之间的区别，也表现于两侧对象的时间性区别上，甚至它们在原则上的不同存在方式最终也必须被理解为其时间性的区别上。

一切实在的个别对象都有其在客观可同一化〔Identifizierbarkeit〕意义上的“现实性”，此客体上的可同一化提供了有关“自存在的对象性”

① 同时参见《逻辑》，第117页。

304 之话语的基础，其方式为此基础在一客观时间（世界时间）统一体内被主体间地构成。在这里，时间之一切实在物都有其确定的时间位置，按其位置每一实在物都与每一其他实在物形成个体性区分，尽管它们在其他方面有相似处（参见§38）。实在对象的此全体领域（其最低层为单纯自然物领域），当然不包括理解对象。我们在世界中并未发现事态等等，有如我们在其中发现其他事物那样。与此实在物领域相对的是非实在对象，而且它们不像实在物那样受限于客观时间及客观时间点。但是尽管如此，它们仍然并非与时间没有关系或没有任何时间性。对此而言我们仍然说，例如，一事态在一时间过程中被前构成，在一时间展开的过程中，在该过程结束时，它是被完全构成的，而且现在可作为一新的对象被"引出"。然而它并不存在于任何客观的时间内。

我们来考虑这样的问题。每一体验，每一意识，均顺从意识流的元法则。体验经受着一种变动的连续性，后者不可能无关于其意向性，因此它必然显示于其意向性相关项内。每一具体体验都是一展开统一体〔Werdenseinheit〕，并在时间性形式内被构成内意识中的对象（参见§42，c）。对于一切内在感觉材料来说已然如此，进而对于包含感觉材料在内的统觉以及对于一切其他意向性体验来说也是如此。

体验是内意识的对象，但在其中对象也被构成其中的被意念者。相对于体验的意向性对象而言，必然的时间构成之影响为何，此时间构成

305 属于这些体验并赋予它们本身以其时间位置及其对内意识的呈现方式？何时在原初体验中被构成的对象本身必然要假定一时间形式，以作为属于其本身本质内容的形式？

无论如何我们必须立即假定：在其中体验被构成的内在时间，因此同时也是其中一切被意念对象的所与性形式；而且就其原初地属于一切对象而言，它并非某种我们只能加附于其上的东西，好像是对于它们来说存在一与时间完全无关的"自在物"〔An-sich〕似的，与时间的必然关系永远存在着。但是此关系对于感性的、个别的知觉对象为一事，而对于理解对象为另一事。

b）实在对象的时间性。所与性时间和客观时间（自然时间）

让我们先来开始考虑知觉对象以澄清此对比性问题。个别的、空间

的对象是通过对感觉材料的“统握”和“统觉”被构成的。感觉材料，作为内在感官性材料，已经具有属于其个别性本质形式的时间，也就是每一这样的材料不只是具有一般性本质“时延”，而且具有其个别性时延，具有其时间；而且内在感觉材料的一切时间，相对于纯粹自我，都有同一时间，此时间本身包括一切位置，一切已经流逝的个别材料所特有的绝对时间，一切个别性时间。每一新出现的材料可以说都带有其新的时间，而且此新的时间立即成为一继续展开中的时间之组成部分：此 306
内在感性的“世界”的一切对象构成了一单独世界，而且此世界通过属于此世界本身者，因此即通过对象的时间形式，被聚集而成。所以，正像一切对象一样，感觉对象① 也有其所与性时间。但是对于这些对象而言，它们的特殊本质规定着，所与性时间同时即本质时间。感觉对象存在于所与性时间内，在其中不只有一所与性时间，而是也有一作为构成性本质形式的存在形式〔Daseinsform〕。

我们现在来考虑个别的空间对象，即自然对象，它们是经由统觉作用从这些感觉材料中被构成的。已经说过，它们是借由对感觉材料的知觉间接地被构成的。被构成的空间世界并不包括感觉材料，它们本身也不是其内容的或时间的规定性。但是，所有这些规定性都起着统觉再现者的作用。统觉即直观，而且彼此之间相互关联，它们构成了一种直观统一体，一种自然经验。因此，作为再现性材料的时间质料〔Zeitmaterie〕的统觉性（构成性）统一体，空间物的“物质”被构成了；通过其感觉位置区别的统觉统一体，空间形式被构成了；通过感觉时间性在统觉上被构成的统一体（起着再现作用），统觉的或客观的时间被构成了。因此，如果对象在原初构成中被感性地但间接地构成时，即在“物理 307
的”、空间的对象的方式中被构成时（也就是以如下方式：直接的感觉对象，连带属于它们的直接构成性的内在时间，对于较高阶的被统觉的对象起着统觉的再现者作用），那么，通过一种内在时间的统觉的再现作

① 此处关于“对象”一词用法的适当性自然不无保留性。因为在外知觉的自然流动中我们并无对象侧的感觉材料，而是通过感觉材料我们朝向于“被侧显的”、在感觉材料中显现的知觉物。它们只有在通过一抽象的分解达至的反思中才成为严格意义上的对象（主题对象）。

用，这些对象就增附了一“客观的”、被统觉的时间。内在时间其本身当然并不进入较高构成阶的意向性对象内，但通过内在时间，一个在其中显现的呈现性时间被意念为一统一体，此统一体在内在时间内以及按照其一切时间点、次序等等具有其显现复多体：一特殊事况，相对于时间（正如相对于性质、位置性），引导我们用同一语词指称呈现者和被呈现者，因此按照某一贯穿一切可区分因素的相符性，可从两侧（内在性的和被统觉的）来表述颜色、形态、位置、时间。

正像一切对象一样，自然对象有其所与性时间，而且同时其自然时间作为客观时间，就是包含它们在内的特殊本质形式。对于每一经验着自然者都存在一感觉时间和所与性时间，后者是相对于其一切感觉材料（诸方面）和相对于一切给予他的事物的。所与性时间是一固定形式，此形式为一固定秩序提供基础，它提供着固定的同时性和次序性。但它并不完全与自然时间一致（正如某种意义上康德指出的，然而他还远远达不到此处讨论的这种分析的程度）。它们可以部分地一致，即一般来说所与性时间和客观时间可能“相符”，于是次序性和时延性相互一致。但是
308 一所与的相继性并不需要是一客观的相继性，所与性时延不是自然客体本身的时延，后者也是在所与性之外延存的。所与性时间属于内在的领域，自然时间属于自然界。

因此，自然界“本身”有其作为存在形式的时间，而此被称作时间的形式是一包容性的连续体〔umspannendes Kontinuum〕，它在自身，在其作为个别性时延的个别单一性中，包括着一切对象中出现的本质规定性，我们将其称为时间性延存；而且此连续体，经由此个别性时延产生次序和进行统一，在第一层阶上创生质实性的关联体，并经由此个别性时延使得其他质实性关联体能够成立。因为，此时延的单一化可使具时延者的单一化成立并为其提供条件，此即使其他的规定性可在时延中延伸。因此在这里，时间是一形式，并同时也是排列于其内的诸个别“形式”的一个无限体，这些形式本身即成为对象的构成性因素。一切时间对象都是根植于时间内的，而且每一对象通过其时延，通过属于它的形式，可以说，都切分出一片时间。时间是世界的一实在因素，诸个别对象存在于不同的时间内和分离的位置上，其同一性，只有当它们连续地

穿过此时间位置延存时，因此只有当它们也存在于时间间断内时，才能够成立；如其不然，它们只能是诸类似的但彼此不同的对象。就个别对象而言，时间位置本身属于对象，对象逐点地被构成为充实了的时间延续。进行经验的（个别地原初给予的）意识不只是一流动的、在体验流中延伸的意识，而且是一被统一为"对……的意识"。因此，在其中，在每一时段上都应区分出一对象的相关项，而且在每一新的时段中区分出 309
新的对象相关项，但只有在这样的方式上：一切连续的片刻对象〔Momentgegenstände〕都被统合为一单一的对象之统一体，正如诸片刻意识〔Bewußtseinsmomente〕被统合为一"对……的意识"那样。

对于个别的想象对象也是一样。一方面它们具有其所与性时间，后者即构成着它们的想象体验的时间；另一方面它们有其准客观时间，而且在其基础上，在一想象世界和属于它的想象时间形式的统一体中，有其准个别化和准同一性（参见§40）。

c）非实在对象的时间形式作为全时间性〔Allzeitlichkeit〕

现在我们来讨论"理解对象"。正像一切对象一样，它们当然有其所与性时间。正像其无形式的基底一样，它们在一展开过程中存在于内在的时间中。一方面，判断句是一"展开统一体"〔Werdenseinheit〕，展开在此即指被主体创造的过程。于是，判断的原初自存在〔Selbstsein〕，构成的自存在，也是一在"被创造"〔Geschaffensein〕样式中的存在，因此是一在时间性形式内的存在。这意味着，一时间形式属于它，作为其所与性方式的诺耶玛样式。但是，在此，此形式意味着某种完全不同于在个别感性对象中的东西。这些对象本身是通过其出现于一客观时间点上被个别化的，而此客观时间点是呈现于所与者的内在性时间内的。另外，判断句不是个体，二者之间产生的区别指示着作为"对象形式"的"时间性方式"之内的两种基本类型。

一判断句当然可以是内在同时性的，因此在同一所与性时间内被构 310
成，有如形成其基底的感性对象。但是判断句并不因此就参与客观时间，这些对象本身是在客观时间中被加以个别化的。于是，判断句是与一切被构成的对象一起属于较高阶的；与空间对象的情况相反，在较低阶对象上被构成的时间不具有一种呈现较高阶对象的功能。当行为在较低阶对象上（或者在构成着它们的意向性体验中）被构成时，以及此较低阶对象并不进入该行为的对象时，那么这些较低阶对象的时间也不进入它们之内。而且即使在较低阶上构成时间的行为进入较高阶对象，时间以及对象本身并不必然进入在较高阶被构成的对象。例如，如果我们从一在时延中被给予为红色的受取性直观对象开始，那么在判断句“S 是 p”中以述谓方式确立此事实的判断在展开过程中被构成某种现在被完成者，并指涉着现在，或指涉着某种属于判断本身的时间段〔Zeitstrecke〕，后者不是对象的时延段〔Dauerstrecke〕。如果我们实行任何再忆，它在其连接体中产生了同一对象的统一意识，重复着同一判断，那么此判断就时时具有其新的构成性的自生成〔Selbstwerden〕，其新时延，此“判断节奏”〔Urteilstempo〕可能是非常不同的。然而该判断作为判断句仍然是同一的。这意味着：所有这些判断性行为本质上都进入了包括一切的同一化统一体，它们由诸多行为构成，但在其全体中存在同一的判断句。
311 此判断句只有在一有其被规定的时间位置的时间行为中，或者在若干行为中，甚至在任何数目的行为和时间位置中，才达到了其原初所与性。但是判断句本身没有必定的时间位置，没有时间中的延存，而且其展开中的、属于它的自构成，没有偶然行为的个别性。它不同于一实在的对象，后者在一客观时间点中被个别化；反之，它是一非实在对象，此对象可以说处处存在又无处存在。实在的对象被结合为一客观时间的统一体，并具有其“关联域视界”〔Zusammenhangshorizonte〕，因此指涉着此统一体的视域意向〔Horizontintentionen〕属于其意识。另外，非实在对象复多体，例如，若干句子属于一理论统一体，意识中并不具有指涉着一时间关联域的这种视域意向。判断句的非实在性作为一种句法的展开统一体的观念，即关于某物的观念，此某物可能出现于每一时间位置上的个别行为中，出现于每一必然为时间性的并且将为时间性的行为中，但它在“一切时间上”都是同一的。它指涉着一切时间，或者指涉着任何可能被指涉的时间，它永远是绝对同一的；它并不经受时间的区别性，而且同样可以说，它没有时延，没有时间上的伸展，而且是在严格的意义上这样断定的。它是偶然地〔kata symbebēkos〕存在于时间中的，因为此同一性可“存在于”任何时间内。不同的时间并不伸长其时延，而且在观念上这是随意的。这意味着：严格说，它不具有时延作为属于其本质的规定性。

世界，每一世界，都是实在物之世界，在其中我们纳入了一切在（作为世界之形式的）时空中通过时空位置性而被个别化了的对象。非实
在的对象在世界中有其时空性出现，但它们可以同时出现于很多时空位 312
置上，而不论其数目多少始终是同一者。它们是主观的构造物，这是其在出现中显示的本质，因此在世界性（时空性）中被主体的位置所定位。但是它们可以在同一主体之不同时间位置上被产生，此同一主体即作为同一者，作为相对于其重复性产生行为的同一者，以及同样作为相对于不同主体的产生行为的同一者。

理解对象作为非实在物出现于世界（一事态被“发现”了），在被发现后，它们可被任意次数地重新思考，而且一般来说，按其性质被加以经验。但之后我们说：即使在其被发现之前，它们已经是“有效的”；或者说，它们可被假定为在任何时间——只要有能力产生它们的主体存在着并可进行思想——都是可产生的，而且它们具有一切时间内均存在的这种方式：在一切可能产生的产生行为中它们都具有同一性。人们同样可以说：“存在着”数学的和其他人们尚未构造的非实在的对象。它们的存在当然只是由其构造（其“经验”）所显示，但那些已知者的构造预先开启了一对象视域，后者可继续被发现，尽管目前尚属未知。只要它们未被（某人）发现，它们即非事实上存在于时空中；而且只要它们有可能（至于此可能性的大小，在此无须决定）永不被发现，它们将可能不具有世界现实性。但无论如何，当它们被“实现”时，它们也是时空上被定位的，不过自然是以这样的方式：此定位作用并未实际上使它们个别化。一主体如明证地思考一句子，他即赋予句子以位置性，一独一无
二的位置性，如同一特定思想者在一特定情境内所设想之物，但不是相 313
对于句子本身，后者在不同时间、不同情境下被思考时则会是同一的。

理解对象的无时间性，它们的“处处在与无处在”特性因此证明为一种时间性的典型形式，此形式使此对象基本上和本质上不同于个别性对象。这就是，一超时间统一体贯穿着它存于其内的时间复多体：此超时间性意味着一种全时间性。在每一这类复多体内存在相同的统一性，

而且本质上如是地存在于时间内。如果我现在进行判断，那么判断之物、判断句，就以“现在样式”被意识，但是它不存在于任何时间点上，而且并不在任何时间点上由个别时刻、由一个别性单一体加以再现。它存在于每一时间位置本身和展开过程本身，在其中一相应的判断行为展开着；但是，个体具有“其”时间位置和时间延续，它从一时间点开始，并在另一时间点消退并最终消失，这样一种非实在性具有超时间性和全时间性的时间存在，全时间性仍然是一种时间性样式。

再者，应该注意，此全时间性并非直接地包含着有效性的全时间性。我们在此并不讨论有效性和真理，而仅是在讨论“理解对象”，后者作为被意念者〔Vermeintheiten〕及可能的、观念同一的意向轴，可在个别判断行为中被时时“实现为”同一者，即实现为被意念者；至于是否在真理明证性中被实现，则为另一问题。一判断曾经为真，但可能停止为真，
314 例如判断句“汽车是最快的交通工具”在航空时代即失去其有效性。然而它在任何时间可重新被任何个人以明证性构成为同一者，而且作为被意念者，它具有其超越时间的、非实在的同一性。

d）理解对象的非实在性并非意味着“属的一般性”

理解对象的非实在性不应与属的一般性〔Gattungsallgemeinheit〕相混淆。因为特别是任何数目的断定行为，而且不论有多少断定行为的主体，所陈述的都是同一句子，此句子只可能有同一意义，而且一种重要的尝试在于想到，句子之属于多种多样行为（行为之意义即为其“属一般性”），有如属本质“红”属于多种多样的红色物。正如所有这些东西都共同地有红色，而且经由观念性抽象把握的红色是一般性本质，于是许多行为实际上共同具有的、观念上同一的句子，即一般性本质，而这就意味着一属本质。

人们必定反对说：当然，句子是一般性的，只要它指涉着无限数量的设定行为，在其中它正是被意念者。但是它并非是在属一般性意义上为一般性，如同一“广延”的一般性，如同它属于某一种之一般性，属于一“种”〔Spezies〕，属于一“类”或“属”，以及在最低阶上属于一具体的“内容”〔Washeit〕；因此它不是“本质”〔Wesen〕类型的一般性，此本质对应于所谓的“一般概念”，如颜色、声音等等。当属一般性的本

质，例如，“颜色艾多斯〔Eidos〕”，它在诸多颜色对象中被个别化，于是
每一此对象都有其个别的颜色因素，我们有诸多个别的颜色因素，但与 315
此相对，只有一个颜色艾多斯作为属一般性。此艾多斯只因被给予了诸
多单一的“颜色性”〔Farbigkeiten〕才可被直观，我们通过比较使颜色物
体形成叠加的“相符关系”，并接着把握了一般性，此一般性在相符关系
中被给予为共同性，而不是实在的一般性，因此我们使其区分于例示行
为中的偶然性。这就是一种属一般性之抽象的直观过程。稍后我们将对
此继续讨论。

再把握一陈述之意义并使其成为对象则完全是另一回事。为了把握
判断“2< 3”，此判断我们或许要按照语法意义进行分解，我们不必须通
过比较考察此判断行为，它设定着“2< 3”；我们不必须实现进行一般化
的抽象；而且因此我们也永远不会发现此判断句存在于属的层阶上，有
如一单一的因素，一个别的判断句出现于每一判断行为中。每一判断本
身意念着该句子：该句子，以及此被意念的句子从一开始就是非实在的。
两个判断行为意念着同一句子，同一地意念着同一物：一个行为本身永
远不意念着一可能包含在自身内的、作为一因素的个别句子，而另一行
为仅只意念着一相似的句子，于是一个非实在的句子“2< 3”可能仅只
是全部这类单一化行为的属一般性。每一行为自身都意念着同一句子。
意念行为是每一设定行为的个别因素，但被意念者并不是个别的，也不
可能再被单一化。每一行为在其实在的性质中或许的确有其个别的方式：
句子如何呈现于意识，例如，其一以更清晰方式，另一以更晦暗方式； 316
一种行为可能是所谓的“明见”〔Einsicht〕的行为，另一种行为是所谓
的盲目行为。但是句子本身，对于所有这些行为和行为样态来说，都是
同一的，作为一同一化的相关项，而不是一般性的，作为一比较性相符
关系的相关项。同一的意义并不个别地被单一化，在相符关系中的属一
般性在其之下具有单一项，但是意义在其之下没有单一项。

人们在此问题上会反对说：不同层阶的一般对象，直到作为纯粹一般性的本质，也肯定不属于理解对象。然而它们是被个别化的，只要它们具有个别对象的一“外延”，或者，只要它们是较高阶的一般性，其本身具有一般对象的外延。

对此疑问我们必须回答：正像每一理解对象一样，一般对象在全时间性意义上是非实在的。它永远可被意念为在种种可能意念行为（不论是否是直观的）中的一连续同一的因素，而且它在这些意念行为中具有其所与性时间。但是它在其中出现的此多元性构成性体验，并不是它在一般性方式中所包含的对象之外延。即使它是直观地被给予的，以至于我们从一共同所与的对象直观着此一般性，此对象仍属于“此一般性之单一性”〔Einselheit dieser Allgemeinheit〕，于是它肯定是在此对象中，而不是在它在其中被直观地给予的构成性体验中，被单一化的；而在此体验中我们朝向着作为同一因素的一般对象，后
317 者可同样有效地出现于带有所与性时间的其他体验中。因此一般对象在一所与性时间内的“出现”必须区分于其单一化作用〔Vereinzelung〕。在一种情况下，一般性的同一性对应于一对其指涉的意义功能〔Sinnesleistungen〕复多体，在复多体中一般性的同一性对我们存在着，在另一种情况下，一“落入其中的”单一者复多体，其单一者可能是诸个别性对象，但对高阶一般性而言，其自身也可能再次成为理解对象。理解对象复多体在后一种情况下构成了一般性之外延，因为属于其对象的内容，所以应该严格区分于意义的复多体，在后者中，此一般性时时均被意念着，因此在后者中需要设定此意义复多体是被空意念的，还是被直观意念的。

§ 65　在其广泛意义上的实在对象与非实在对象的区别。理解对象属于意义对象（被意指者）区域

从另一方面看，作为非实在的理解对象之特征及其与实在对象的对比，还需要一种补充说明，在此，补充说明中实在的与非实在的对象之概念将予以一必要的扩解。

加于我们研究的限制导致我们将实在对象主要设想为单纯自然物，后者即在外知觉中所与的信念受取性〔doxischer Rezeptivität〕对象。但是像在经验行为中一样，在其具体意义上采取的此词语，即在外知觉中
318 的信念被动性和其能动化，仅只是一个（虽然是基本性的）层面（对此

问题以及对随后的问题，参见导论§12），因而外知觉对象，即单纯自然物，还并未穷尽“实在”之全域。世界作为实在物世界，在其时空形式中，为一被分节的、往往是无限的单一物世界，此世界是相关于“客体”与“物”的，是相关于具体的、时空内个别化的对象的。它们是个别属性之基底，一般性之单一性，连接体之组成项，整体之部分，如此等等。这指称着关于实在物或实在的具体物的一种一般性概念。我们也可以说，因此这指称着一种最广泛的物概念。世界就是物的宇宙。不过，物理物只是其中的一种特殊情况，艺术品、书籍、城市等等同样也是实在对象以及在此广义上的物。属于后者的对象意义，属于在其中后者被给予我们的、由我们所意念的意义，不仅是从信念的经验（知觉）中发生的规定性，而且它们自身也带有意义规定性，这些规定性指涉着我们的评价行为和意愿行为，并从此行为中发生。我们也在经验内的对象中发现这些规定性，这些规定性实际上属于这些个体物者，例如，某种工具的有用性。对象当然是被这些规定性所规定的，对象不是“自在又自为地”存在的，而是相对于我们、我们的评价行为和意愿行为并按照其对我们具有的意义而存在的。作为有根基者，这些规定性是可能出现于对象中的意义构造，并根基于其纯粹自然规定性上（狭义之物规定性）。我们也可称这些规定性为“意义规定性”〔Bedeutungsbestimmungen〕，或者，
只要它们通过以一更高阶为根基的自发性在逻辑上被把握为“意义谓 319
词”，我们也可将它们区别于纯粹“质实规定性”〔sachlichen Bestimmungen〕，区别于那些归之于“单纯物”〔bloßen Sachen〕的对象。一对象可以在日常交流中以各种意义规定性（“价值谓词”）对我们呈现，却因此仍然是逻辑上完全未被规定的主题，仍然未带有从逻辑自发性上产生的意义，仍然是逻辑上完全未规定的事物及个体。因此，在实在对象的、广义物的概念中，仅只包括“单纯物”〔bloßen Sachen〕及“有意义的物”〔bedeutsame Dinge〕，即在该词具体意义上的诸经验对象。

一实在物〔Reale〕的每一性质都是一实在的性质，于是意义规定性也属于物的实在规定性。我们在此通过区分特殊意义上的实在特性和非实在特性来规定一简明的实在概念。我们称在一广义实在物上的一切按其意义是本质上由时空位置所加以个别化者为特殊意义上“实在的”；但

我们称每一规定为“非实在的”，当此规定虽然相对于其时空出现是根基于特殊实在物的，但它可以出现在不同的但具同一性的（不仅是相似的）实在* 上。而且此一解释不仅适用于迄今为止所讨论的狭义上的理解对象，即适用于从判断中引出的事态，而且可被意念为在任意多的判断中的具同一性的同一者。此解释也适用于一切文化对象。歌德的浮士德出现在任意多的实在书籍中（“书籍”被规定为人所制作的及供阅读的：其
320 本身已经不是纯粹质实物的，而是一意义规定性）：它们可被称作是“浮士德”的样例。对此艺术品、此精神性构造加以规定的此精神性意义，虽然被体现于〔verkörpert〕实在世界内，但它并未被此体现加以个别化。或者说：同一几何命题可被任意多次地表达，每一实在的表达都具有此意义，而且不同的人都具有此具同一性的同一物。当然，此精神的意义在世界上是通过其物体性基础加以“体现”的，但不同的物体可以只是同一“观念物”〔Idealen〕的体现，此观念物为此被称作是非实在的。

当然，一观念性对象，如拉斐尔的马东娜，可能事实上〔faktisch〕只具有单一一个“世界性因素”〔Weltlichkeit〕，而且事实上是在充分的同一性上（完全观念的内容的同一性上）不可重复的。但是，此观念〔Ideale〕原则上仍然是可重复的，如在歌德的“浮士德”中所见者。

另一可使我们通向非实在性领域内一重要区别的、有关非实在对象的例子，是国家宪法。一国家（一国家人民）为一世界内的多元统一的实体，它具有一特殊性质的位置性，只要它具有一片领土作为一实在的国土领域，在其中国家就占有其统治范围。国家宪法具有一观念性，它是一范畴对象，一国家意志或国家应有意志的表达，此意志在不同时代是可重复的，是能够被激发的，而且可被不同人理解和认同。但是，就其相关于一确定的世界上的民族而言，此观念仍然再次具有一特殊种类的非实在性。可被任何人操作的可重复性（可再激发性）意味着，每一人均可在其“应然意义”上对其重复，此应然意义现在相对于该世界位

---

* Realität，可在不同语境中换译为“实在性”“实体”，以区别于质实性的“实在物”：Reale。——中译者注

置性具有同一性。为此我们应该通过国民来区分以下二者：真正的可再 321
激发性，这些国民按其国民意志自身禀具该国家意志，而且是该意志的实行者；以及由局外人体现的非真正的可再激发性，或许他们仅只将此宪法加以“历史的”理解。

于是，文化构造也并非永远显示为完全自由的观念体〔Idealitäten〕，并显示出两种观念体间的区别：自由观念体（如逻辑数学构造和各种纯粹本质结构）和受限观念体，后者在其存在意义中含有实在性并因此属于实在世界。一切实在性在此均归结为时空性，即个体之形式，但是，实在性根本上属于自然界，世界作为实在体之世界，具有其自然之个别性以作为其最低层。当我们谈到真理，谈到在理论科学意义上的真事态时，以及谈到有效性“一劳永逸地”和“对一切人”属于其作为判断性确定目的意义时，那么它们就是自由观念体。它们不受限于任何场域，或者在全宇宙以及在一切可能的宇宙都有其场域。就其可能的再主动化而言，它们是全空间的和全时间的。受限观念体则是限制于地球的，限制于火星的，限制于特殊场域的，如此等等。但是，自由观念体事实上也是世界性的，因为它们出现于和“被发现”于此世界和历史之中。

因此，理解对象是观念对象或非实在对象的一种无所不包区域中的特殊情况。每一对象在自身有其对象的意义，它自身在“自身之充实性”
〔Fülle des Selbst〕上即意义。由于意义的同一性，它可在复多行为中被 322
经验作、设想作同一者，如此等等。对象的每一说明都是对其意义进行的说明，每一解释意义或本质上特有的谓词，都通过其本质上特有的意义因素，规定着该对象。但是，此意义本身不是对象的规定性本身；这样一种规定性只是从明证性中、从对象本身中“被汲取的”〔geschöpfte〕规定性；或者它是通过以（作为真实自身之）对象为标准而被证明的，因而为正确的或真实的规定性。当然，人们可能说，对象的意义，被意指者本身，存在于每一对象内作为其意义内容，而此对象的意义在其自身的同一性本身（不论其是否有真实的存在或不存在）内，可在一目光的转向中被转换成对象；然而单只是意义内容并非在真正的意义上是对象的谓词。对象的谓词与对象一样，其本身并非就是意义，对象本身是

“自存的”〔an sich selbst〕，是复多性自所与者的同一性——不论是为我一人的，为每一人的，还是为每一社群的——而且是在其自身为可达至的，作为时时“自存在”的〔Selbst-da〕和人人可证实的。

然而，对象与意义之间还可能以另一种方式存在着关系，以至于在其被意指的和真实的存在中，这些对象带有作为谓词的意义，作为真实地归于对象的、属于其自存在的规定性。这就是该实在的对象的情况，在其中非实在体作为意义载者，具有其世界性的、时空的出现。一个最熟知的例子是作为意义载者的语言字词、书写符号，甚至一完整作品，只要语词被借助字词进行意指的个人所表达或书写。此处存在显著的深
323 义。词语和“意义”属于一表达句的对象意义。当我们从语法的、语言科学的角度具有作为主题的表达，作为人的文化世界的一对象，那么在与其中被意念的意义具有特殊统一性的话语，就属于其本身的本质（包括其一切谓词）。这就意味着，由话语所意指的意义，现在其本身就是对象的组成部分。后者遂“具有”作为语言对象的意义。与这样一种对象对应的对象意义，因此即一“意义之意义”〔Sinnes-Sinn〕，一种第二阶的意义。我们因此应该区分作为对象意义的意义和作为对象规定性的意义。作为对象规定性的意义属于作为主题的对象本身，而这一解释并不以同样的方式适用于对象的意义，而是我们通过穿越它而朝向于对象。

因此非实在对象的非实在性也可被这样解释：我们说，它们是“意义对象”，“关于……的意义”“关于……的意指”均属于此意义对象的自身本质规定性。它们是意义对象或通过对象所意指的被意指者，“具有一意义”即属于其对象的规定性。属于意义对象的本质，并非不同于它们构成了其意义的实在的体现。于是观念上单一的“浮士德”的多个样本的一同一意义，或者其诸多再产生行为的意义，都是此单一的马东娜。去意指这样一部作品，去具有其意义，就属于诸多实在对象，作品的再产生可体现于实在对象中。非实在对象正像一切对象一样，是与其相关
324 的“被意指者复多体”之同一性轴。但是它们并非在一与其相关的把握复多体中以诸多“方式”被简单意指着，而是它们本身被意指为被意指者，被意指为“关于……的意义”。作为被意指者（在复多的样例中，在复多的在产生中等等），其本身即属于其对象的规定性——这只是如下意

思的另一种表达法：它们不是在受取阶被把握的对象，而是通过一产生性的、之后再产生性的自发性才成为可能的对象。所以，我们也能将实在的和非实在的对象间的区别把握为以下两种对象间的区别：一种对象不是被意指者（成为被意指者并不属于其对象的意义）；另一种对象本身是被意指者，意义对象，或者是从被意指者中产生者。理解对象即后者中的一个特例。①

意义作为意义（被意指者本身）也正是一对象，或可使其成为这样一个对象。它属于一般物〔Etwas〕的最广义概念，按其本质即为可解释的某物。它可成为一判断的以及一同一化判断行为及解释行为的基底。于是它具有第二阶上的对象的意义："意义之意义"在意义之"具有"〔Haben〕中被充实。但是我们现在说，意义存于对象内，因此意义之意义存于意义内，也存于相应的对象内；于是我们陷入了无穷倒退，只要意义之意义能够反复地再成为对象，于是再次具有一意义，如此等等。
于是显示，意义不可能是对象的一实在的〔reelles〕组成成分；意义和本 325
身不是意义的对象，彼此相互对立，并存在于本质相关关系中，存在于一种永远一再增加其相对性的关系中，而此相对性以该决定区别性为基础。

① 参见《逻辑》，第118页。

第三章　判断样态的起源

§66　导论。述谓判断的样态作为自我决定的样式（主动的态度采取）

我们此前在讨论一般述谓关系结构和其中产生的新型对象时，一直使用着简化法。我们只考虑那种具有确定性样式（即一种简单的、具有无争议确定性的样式）的范畴判断行为，即那种前述谓的经验，以其为根基，可展开无中断的一致性以及思考兴趣倾向的无阻碍实现。对于已经出现在思考性知觉领域内的简单"信念确定性"样态化现象，我们虽然已经分析过，但在扩大的研究进程中我们最初是对其忽略的。在研究初始阶段，此种方法论的简化是有必要的，但现在则必须对其终止，而应该也将样态化对于像述谓思想这种高层阶的意义纳入考虑之列。因为，当我们先前设想述谓判断行为是根基于无阻隔的及未被样态化的知觉而
326 展开时，那显然只可能相关于一种极限情况。毕竟，在根基于被动的"前期待"状态〔Vorerwartungen〕的一切知觉中运作的期待作用〔Antizipationen〕，在受取性领域内，肯定以一种样态化为条件，即至少是开放的特殊性之诸样态（参见§21，c）。而且正像每一其他种类的样态化一样，这当然也揭示了其在高层阶的影响，并引出了述谓样态的诸特殊形式。于是，判断行为作为断定行为〔Feststellen〕的充分具体意义，只有当我们将样态化现象纳入思考范围，才会显示出来。当然，在

假定了一种完全无阻隔的、未样态化的知觉的极端情况后，仍然偶尔会发生对在受取层所经验者进行断定的兴趣，不论是为了交流目的还是为了对经验过程的结果加深印象。但是，一般来说，断定的兴趣只会在以下情况中发生：在信念的简单确定性受到不论什么动机的质疑时，或者在其经受怀疑时，以及在应该从怀疑达到确定性并通过“决定”解除怀疑时，以及在面对怀疑情境采取立场时。如已指出的，甚至在这类决定中产生的被重新确立的确定性，也应该被称为变样化，以对比于直接的、简单的信念确定性。而且，当下面在谈到样态化和探讨高阶样态的起源和动机时，我们将首先把那种广义样态概念（参见§21，d）作为基础，此广义概念将简单确定性的原初“有效性样式”〔Geltungsmodus〕包含在内。只有稍后（§76 以后）我们才会呈现在广义样态和狭义样态（此 327
种变样使得确定性不再是确定性）间此种区别在述谓思想层次上具有的意义。

述谓判断样态性应该理解为决定样态。对此当然要注意“决定”一词的多义性。例如，人们在受取性经验范围内，某种意义上，已经谈到了“决定”：在从诸把握间的摇摆中，在知觉活动过程中展开的诸可能规定的充实中，已经出现一种决定。在此问题相关于被动性综合（参见同上）。它们是以下诸概念的样态变化：被动性信念、被动性期待意向的充实，以及在被动过程中围绕二者产生的碍障之消解，如此等等。然而真正意义上的决定，自我在述谓判断行为中采取的应答性态度决定，作为一种自我主动性，则完全是另一回事。

显然，信念概念及信念样态性概念本身改变了。因为我们现在必须按其构成性功能来区分被动性和主动性的本质上不同的过程和事件：

1. 在前述谓经验中，一致性或歧异性的被动综合，未受阻的及自由充实的意向，或受阻的、经受着自身被消除的意向。

2. 在述谓判断行为中，自我的主动态度采取、主动的决定、相信、容许自身相信〔Sich-überzeugen-lassen〕和“赞成某一方”等等，以及最终广义上的相信主动性，在此由于基本的受取性经验的无断裂性事实不 328
再实际上谈及证据与反证了。这些主动性也具有其诺耶玛相关项。在此问题不是相关于对被动意向性的一种单纯的确认，不是简单地相关于一种证实性的知觉行为，例如在注意性转向形式中发生的一种渐次体验到的单纯猜测性；而是自我在其特殊态度采取中对其判断所为者，即决定了对其肯定或否定，如此等等。通常“相信”一词的意思已经是：容许从“受取性知觉状态”达至“判断性态度采取”，以此对判断进行确定——于是可以理解，为什么实用上判断行为和“相信了”〔Überzeugtsein〕往往成为等义性表达。

在以下论述中当我们思考被动的和主动的变样化* 时，于是也将理解，在此出现的“F 判断之立场采取行为”是完全独立于意向性关系的，即只要它们假定着被动性信念的事件。只有通过决定性的立场采取行为，才可获得通常所说的“判断行为”一词的充分意义；只有此时问题才相关于一种完全严格意义上的断定行为，后者在事实上构成了述谓判断的基本本质功能。于是只是此时我们才到达这样一点，在其中判断行为的本质被完全具体地充实，而且从其中同时不只是判断样态理论而且还有所谓的判断质量理论——这是传统逻辑学的两个核心组成部分——都必须从“构成性生成源”〔Quellen konstitutiver Genesis〕中被原初地建立。
329 尤其是，我们将由此达至这样的理解，即变样化不是仅只偶然地出现在判断关联域内的一事件，而是通过变样化实行的过渡以及由此过渡达至信念确定性及断定的努力，成了现象，经由此现象，一般来说，判断努力〔Urteilsstrebens〕之意义，在其最终根源处成为可理解的。

最后，此判断中的立场采取行为，此“有效性赋予行为”及其变样，（让我们预先说）不应与属于判断领域的其他自我行为方式相混淆，特别是，不应混淆于主动性的解释行为、聚集行为、比较行为、区分行为等等，即所有这些功能运作，由于它们才产生了不同事态的逻辑形式。在所有这些行为中，判断行为永远只是由自我产生的、赋予着或否定着其有效性的行为。

在严格的意义上，自我并非永远采取立场。当观看时简单地知觉着，单纯地去了解何物存在着以及何物在经验中显现着，那么——那里无他物存在着——就没有任何动机去采取立场。起作用的必定是相反的动机，

---

* Modalisierung，或译“样态化”。——中译者注

敞开的或未实现于特殊意识中的动机，在相互的张力中必定存在不同的可能性。于是，必须区分判断中的立场采取本身和其动机。

§67　判断的空变样作为变样化的动机

在我们考察立场采取的可能类型以及（相应地）不同的判断样态性之前，让我们先探讨这些动机的问题，即探讨从生成的观点看，在所说的严格意义上判断之立场采取是如何发生的，即如何获得被变样的判断，后者并不具有简单确定性的元形式。 330

无论是在受取性的低层阶，还是在相关于已实现的述谓判断中，当简单的信念确定性受到质疑时，这类变样化总会出现；当述谓判断不具有完全的原初性时，即不是根基于判断基底的完全原初性自所与时，处处情况即会如此。因为，在判断基底之此一完全自所与的直观发生时，绝对不可能对“如此”或“如彼”产生怀疑，因此根本没有理由引生明显的判断决定。在我们迄今讨论的范围内，我们把判断行为看作是在产生过程之完全原初性中发生者。但是，如已指出的，这只是一种极限情况，几乎不可能实际上实现。对此，我们在受取性的、知觉中的把握和说明领域已经予以指出（§26）。一种解释或关系性思考，在其事实的关联域内，从来也未在元设定〔Urstiftung〕的意义上被完全原初地实现；相关于先前被经验者以及由其确立的熟悉性特征的诸预期行为，永远已经同时发挥作用。因此，在前把握〔Vorgriff〕和其经验中的充实之可能性或不可能性的关系中（此关系对于一切经验都是本质性的），存在着样态化出现的基础，而且特别是在高层阶上，如在变样化的述谓判断和判断性立场采取中。严格来说，当我们讨论高阶样态性发生时，问题相关于两种彼此不同的方式，在其中它们都可能是动机化的：一方面，它们 331
可能以这样的方式被动机化，即述谓判断行为直接建立在受取性经验行为上，跟随着经验及其预期行为；另一方面，它们可能在变样作用中被动机化，此变样作用采纳了已被构成的述谓判断和由其沉积在其中产生的理解对象，即通过“惯习性具有”以及（因此）非原初性被获得者的连续的变换。此变换的发生完全独立于进一步的经验过程，而且在企图再实现此曾经被获得的判断以及使其适应于其他经验结果时，产生了一种导致变样化及批评性立场采取的连续性根源。

a）根基于经验预期的空变样与变样化

让我们首先仍然考虑第一种情况。在受取性经验中连续出现的变样化，自然并不在建立于该经验上的述谓判断行为领域中引起变样性，如果人们并不立即过渡到思考、说明的过程中以及进入述谓判断的知觉关系中，而是（例如）仅只观察在一述谓判断中的这样一种受取性经验过程的最终结果。因为，受取性经验行为处于其连续自纠正的过程中，在贯穿此过程中的经验确定性基础上不断出现着局部的消除作用。在我们的目光巡视中，在我们的目光停留在不确定的被视物时，一物件逐渐清晰起来，在此"更准确"往往意味着一种"不同者"。对象，观察经验的
332 基底，对于我们来说是存在于该说明者和规定之内的，它们总是在最终的直观中呈现出来，而且它们可能是一种多重性思考的结果。因此，如果我们被引导去改正而且根据它们与其他"更清晰的"图像间的冲突去消除先前出现的图像（呈现者），那么被消除者本身虽然有可能在一反思本身中成为对象，它可能在记忆或持存的基础上被持有，但通常受取性经验的正常过程不会引生此结果。我们朝向对象本身；它存在于那里，如其根据最清晰的直观呈现着自身那样，而且由其排除、消除的先前呈现行为与直观，对于我们不再有任何重要性。它们连同其持存中的回响一起消失，没入了不断远离的过去。它们经受着彻底的消除，而且从物的角度（被动地）决定着"存在着什么"；自我不需要参与其个人的决定，它不需要根据可能性之一采取立场。其他每一种可能性，作为一立场采取的可能基础，均对其避让，而出现的唯一的基础就是作为物的确定性的基础，自我立于该基础上，仅只对此事实予以主观的认定。

一种更简单的例子是，在其中不再有任何理由谈及自我决定〔Sichentscheiden〕，因为从一开始就不存在相反的诉求，后者可能引生开放的可能性。这就是外部经验的情况，在其中每一事件以及静态的或变
333 化的物质存在的每一经验因素，都环绕着一开放的可能性视域：在所与的时刻内没有任何可能性获得支持，因此，期待，即不曾遭遇抵制的简单确定性。如果这样一种思考的受取性关联域的最终结果被凝聚于一述

谓判断中，那么此述谓判断将具有简单确定性样式，而且将不再带有任何消除及改正的痕迹，后者可能存在于作为判断之基础的前述谓过程中。

如果述谓规定行为——不论是为了交流目的，还是仅只意在固定每一知觉步骤的结果并铭刻于心——持续地跟随着知觉过程，情况就会不同。于是一切信念确定性的动摇就会以“假定如此”及“可能如此”等形式表现于述谓句中；或者出现其他形式，如果最初以确定性给予并相应地形成一述谓判断，那么其后在知觉的改正中必定撤销预期而表示“然而并非如此，而是其他”，或者在怀疑过程之后可能证实道“真的是如此”——所有这些都是必须进一步详细讨论的形式。同样，此外永远也有判断出现，即在确定性形式中的那些判断，它们预期着实际上已经被知觉者，而且由该预期所引导，此预期则是由知觉对象根据“类型式预先熟悉”〔typischen Vorbekanntheit〕所激发的。我们将在述谓判断中对其以预期的方式进行规定，我们期待的规定实际上属于此作为该已知类型的对象。我们将有如“人们对此类对象进行判断”那样在如下默默的预期中进行判断：“它们对此被规定的对象也将是正确的。”因此实际 334
上，人们大多数情况下不可能表明，在主题规定的实际进程中，以完全原初的方式实行一种判断行为和产生事态；而是往往只是在此非真实性中，在没有完全的直观化时，根据“偏见”进行着判断；而且同样以此方式构成着判断句，即构成着所意指的“事态对象”。但是当自所与的直观化出现时，有时会显示出已经形成的判断句是错误的并要求改正或完全消除，并建立应当符合真实的新判断。旧的判断，作为先前已经被构成的对象，仍然以其对象的特征存在着，但仅只作为句子，其对真理的要求不可能实现。

于是，判断活动的过程，当其直接跟随受取性经验的进程并逐步地与其适应时，已经提供了机会去建立空的和预期性的〔vorgreifenden〕判断，并之后相应地提供了消除预期及其他变样化的机会。范畴对象的原初的产生，在此也始终贯穿着非原初性和预期性。

b）从原初形成的判断之沉积化中产生的空变样

但是空判断，即不是直接在经验中被充实的，而且不是在经验中被 335
证明的（以及或许一般在经验中不可证实的）那些判断，其范围更为广阔，那些带有证实企图的判断行为最终被证明为引生否定性的空的意念，这类判断行为的范围更为广阔。这些空的、不可能被充实的意念，不仅可能在一跟随经验进程的判断过程的直接关联域内被构成，而且它们也具有其变样化中的起源，此变样化来自述谓层阶的本质，述谓层阶是与低层阶可分离的并具有独立性的；这些变样化产生了构成判断样态的一种新根源。

所有这些变样作用都来自完全原初性的、建立在直观基础上的判断行为之原始形式〔Urform〕。作为自发性生产，此原始形式同时也是理解对象之最初所与性的适当样态。但是，正像按照内时间意识的本质法则性，在每一对象中变样链都联结于其在一“意识-现在”内最初“被给予”〔Gegebenwerden〕一样，这也适用于判断中产生的自发的生产。所有这些变样作用其本身都具有意向性变样化特征，即它们在意向性关系上都指涉着它们从中被导出的该原初形态。

这个第一变样作用就是持存的变样：在原初自发被实行的判断行为之后，刚刚被完成的判断还以“刚被完成”的样式被意识到；它于是可以在在此持存的转换中被持续把握〔im Griff behalten〕，正如我们对于在受取性层次上被构成的对象所指出的那样；之后存在着这样的可能性，即从中可以按照前述方式获取各种句法对象，或者也可以在其实际完成
336 后再次返回它，再次产生它，并因此使其再次达到最初的所与性，从而再产生者与先前产生者在同一性〔Selbigkeit〕意识中相互符合。但是，判断也可能在其持存的回响中被放弃*。它于是永远沉入背景并同时变得永远模糊不清，其凸显的程度渐渐稀薄，直到最后完全从现实意识中消失，“被忘却”。它于是被归入被动的背景内，被归入“无意识”内，后者并非死寂之无，而是一种意识的临界样态，并因此可以重新触发我们，有如在灵感闪现或浮想联翩中存在的那些另类被动性似的。但是，在此变样作用中，判断不是一原初的被动性，而是一第二位的被动性，此被动性在一实际自发的产生行为中本质上指涉着其始源。因此，在此被动的变样作用中，它代表着一自我的惯习性，一持续性具有，准备着受到

* aus dem Griff gelassen werden，直意：从把握中失去。——中译者注

新的联想性激发，正像每一通过原初被构成者之变样作用产生的被动性那样。我们可能再次返回灵感闪现和浮想联翩的现象，对其进一步加以说明，并最终通过在某些情况下更新其分节的实行过程，以使得判断再次达至其自所与性。

被动浮想中的判断，灵感的闪现，不应与一过去的判断之准现前化相混淆。准现前化假定着一个自我，它实行着准现前，而且它可参与构成过去的判断，或者可能拒绝其一致性。在浮想联翩中不可能发现这些。 337
那是一种触发，一种单纯的要求〔Zumutung〕，它朝向着自我，可以说，它敦促着自我去重新再实行。

于是再主动化具有更新的自发实行形式，其进行具有不同的方式：

1. 实行可以是“彻头彻尾的”原初主动性。不仅是每一判断步骤被重新清晰实行，而且导致判断基底可重新具有自所与的或准现前的直观①。于是，述谓判断的全部二项综合被重新实行，按此，此全部过程本身自然在意向性关系上具有这样的特征，即它成为先前已经完成的规定行为之重复，并与先前已完成者间具有综合的相符性。

2. 但情况也可能往往这样发生：判断活动与先前的“判断获得”〔Urteilserwerbe〕相联结，而且使得先前的被判断者成为更新的被表达者〔artikuliertem〕，因此即成为真正的实行，而无须基础性的、在受取层被构成的判断基底重新被给予相同的直观性及清晰性；或者，直观可以在不同程度上是断断续续进行的，从完全空的、纯象征性表示的判断行为，到完全由直观充实的判断行为。自然，一范畴对象的原初的构成也假定着基底的原始所与性，因此具有一种双侧的始源性。但是，当对象一旦被构成时我们就能再次达到它，再次产生它，而无须在低阶上再次赋予 338
基底以直观性。这意味着，它于是不再是实行真正的二项综合：不再存在从 S 到 p 的更新的直观中的过渡，以及之后通过重新对（由 p 所丰富化的）S 回归而自发地实行此过渡的综合，而是只有第二个步骤实际上和真正地被再次实行。S 被规定性 p 所丰富化，p 属于 S，此事实在某种直观的程度上存在于我们的记忆中，但它并未被一重新返回原初的直观所

---

① 关于此处可能的变样作用，参见 § 27 第 143 页及以下。

证实，而是被简单地视为当然。的确，或许这是不再可能被证实的，或许新的直观化会产生其否证；然而，此事态对象“S 是 p”可以根据其原初构成及此构成的惯习性效力而再次被给予同样的所与性；判断“S 是 p”可以重新清晰地作为同一者被实行，虽然并无直观的充实性。

3. 还有另一种可能的变样作用。在其更新时，原初的判断在被重新实行时完全没有被清晰表达。相互联系地呈现着的词列可能产生一判断的统一性，但是在一种混乱的方式中，于是谬误与意义相互混淆。在此情况下，对于一判断本身（无涉于可能的直观化）谈不到一真正自发的产生行为，或至少对于个别部分来说是如此。它们只是句子，其构成符合语言要求。此种混淆的判断可以“被阐明”，意义与无意义区分开来，
339 即使直观性、判断基底的明证所与性未被产生出来，或许根本不可能产生出来。反之，单纯的判断行为、单纯的判断意念〔Urteilsvermeinungen〕或者判断意念关联体，现在以“清晰性之明证性”被再给予。

§68 判断的立场采取发生于空意念批评。朝向证实（相符）的批评

于是，在受取性经验之外及之旁展开着多种多样的述谓判断活动。独立于原初经验进程，存在着由一切已经发生的判断及一切在其中已被构成的范畴对象所组成的基础，此范畴对象服从前述的沉积法则，具有其再主动性的可能性。作为这样被沉积的获得，它们可能在新的及原初被实行的判断行为内产生效果。在空直观范围内被激发的预先期待被充实着，一种新的信念适应着先前的、现已成为惯习性的信念。但是怀疑仍然发生，猜疑被激发起来。怀疑可能被解消，猜疑再次变为不可动摇的确定性，后者可能符合全部确定性系列，而从已成为惯习侧处并无反对因素产生。因此，甚至在此空的、被再主动化的判断行为内（此判断行为不再返回基底的原初自所与性），我们具有一渐进的承认行为〔Zur-Kenntnis-nehmen〕，一先前获得的知识对重新产生的知识的适应性，但是这并不是在严格意义上的经验性认知。同时，在每一情况下存在着这
340 样的可能性：已被有效实行的并在“惯习性具有”中被采取的知识，不

再与新的知识相统一，使其丰富化、完整化，使其得到进一步规定，而是被变样为否定（被消除），或者以另一种方式被变样：在怀疑中，在纯粹猜疑中被消解。由此产生了决定企图〔Streben nach Entscheidung〕以及对已经发生的判断、对已经被自发产生的作为意念的范畴对象之真理进行批评的必要性，因此此种批评相关于它们是否与原初的经验所与性达到了充实性的相符。而且，甚至在判断关联体本身内并未产生对于在原初动机中的实际判断内容的怀疑，而是在思考已经获得的判断立场采取之未来逆转之频繁性时，才发生了面对这种逆转时对已获得者予以保护的需要。虽然我们在直接的思考中并未怀疑相关的事况，我们却往往会承认这样的可能性：我们视为确定的可能性并非真确。一方面，有利于此可能性者正是在判断中经常发生逆转的一般经验，但是在所与的事例中除此之外并无其他；另一方面，在实际的关联域本身一切都有利于支持我们的确定性：这是并始终是确定性，然而当然是这样一种确定性，除此之外它还有相反的可能性，因此它是失去了纯洁性的确定性。关于这种确定性样态稍后再谈。在此只需理解，判断的样态性如何从已经具有的判断的批评中发生——不论是预期性地发生的，还是现在被再主动化的先前判断之获得的——以及如何从在其中被构成的范畴对象的批评中发生的。

通过批评达到决定的企图以及达到信念立场采取的保证，并不朝向 341
一单纯的决定本身（对任何怀疑、对信念的任何动摇加以判定）；此企图是一种“认知努力”，它朝向于真理。词语“Er-kennen”（认知）已经表示，它有关于一种“努力”*，有关于一种仅在预先意念中却尚未达到的“Kenntnis”（知识、认知）的努力，此知识当然是经验性的〔erfahrenden〕。按此广义理解，每一种进行中的经验行为已经是一种“认知”〔Erkennen〕。但是如所指出的，该词的通常意思包含着“朝向真理的努力”，朝向“真理知识〔Erkenntnis〕”的努力，按此，即在经验性知识中达到真理本身的努力。认知所朝向的真理的经验，假定着一种较低阶的经验，并将其包含在内。知识〔Erkenntnis〕就是一种空的预期性信念，

* Streben，或译：企图。——中译者注

特别是一种述谓信念（空的或非真正直观的），与相应的原初所与的经验之间的“一致性”意识，后一经验是有关于被信念者、被述谓判断者的，是作为其明证的所与性的[1]——它是这样一种一致性，在其中预期性信念与经验性信念达至综合的相符性并在其中被充实。换言之：这是在具有某种陈述意义的判断本身与有关在“其自身”〔es selbst〕样式中的此意义的经验之间的一致性。我们也可以说，对象的意念行为*，被设定的对象本身，在其预期性朝向中的被设定的事态本身……被肯定着，被证实着，并在与事态或对象本身的综合统一性中被完成着。因此，在此一致
342 性中的被经验者即真理，而此一致性本身也是经验性的。[2]

这样一种一致性可以在无中断的经验证明中由经验所确定，真理的知识于是可以具有如下特征：一种无中断性的证实〔Bestätigung〕，空判断、意念的充实。但是，如果认知者的认知企图在其动机中含有实际的或惯习的、无论如何已被激发的有关如下可能性的意识，那么其认知即获得了一种建立在对“判断意念”、对被意念的事态本身的批评过程之上的特征，此可能性即：不是肯定的证实，而是可能发生了对某种已持信念的根本动摇，或者，如果他在真理探求中面临着在真伪之间抉择以维持相关诸可能的统一性，而且正常的情况正是如此。

在以空判断行为体验中由判断意念（此判断意念不可能在基础性的基底对象的自所与性中达至充实性证明）所激发的批评态度中，所意念的事态本身是与实际的事态分离的。[3] 在批评的态度中，单纯被意念的事态（此事态或者是完全空的，或者是多多少少由直观充实的）是与被充实的、完全被直观贯穿的事态完全分离的，在后者中其基底的事态达到
343 了完全的直观所与性。“事态本身”正是完全被充实的事态意义的观念，完全被充实的事态意念〔Sachverhaltsmeinung〕的观念，当然是一种二阶意义的观念，因为事态本身是一种意义对象。

---

① 关于明证性概念，参见§4第11页及下页。

* Meinung，或译：意指行为。——中译者注

② 关于不同的真理概念，参见《逻辑》§46第113页及下页。

③ 参见同书§44，β。

§69　判断意念本身与真事态。事态如何成为意义对象

从此以后将不再对以下论断感到生疏：事态可以通过名词化从判断中引出，此事态即意义对象，一种特殊意念区域的对象。这并不意味着，在事态引出中，事态作为判断过程中的一独立特殊区域之特殊对象被主题化，而我们将仅只朝向于被意念者本身而非朝向于某现实物。我们所朝向的永远是现实存在的事态。最初在受取层被构成的对象之现实的"事态"，进入此事态的对象，正是我们永远的主题性最终目的。但是，一旦述谓判断被构成，一旦它们被产生，在其中新的对象立即自发地被构成，并具有一种自足性〔Eigenständlichkeiten〕。它们可能被重新产生，或者在交流互动中被再产生，并因此有其特殊方式可作为意念而达至明证性，达至清晰明证性，却并非因此就必须已经具可充实性。于是它们显示为一种自足的对象区域，而且，此自足性〔Eigenständigkeit〕——此事实，即在判断行为中一种新类型的对象被预先构成，一旦判断以及 344
一般范畴对象被构成，不论其可能的直观充实如何，作为纯空的句子，具有其自身的生命并独立于低层阶，那么作为单纯的意义，它们将可能达到清晰明证性，并成为多种多样判断之基底——所有这些都一再要求我们从原初的那种（朝向真实存在的基底对象及其规定的、其事态的）直接态度，转向批评的态度，按此态度，空意念、句子本身是与事态本身分离的。

事态本身即被完全充实的事态意念之观念，而且此意念行为原初地实行于判断句中——于是前面（§ 60，第 290 页及下页）已经谈过的事态与判断句之间的关系对于我们来说是可理解的。有关事态在何种程度上可被看作是一意义，以及在何种程度上可被看作是一判断（判断句）的问题，基本上是相同的。这意味着：事态意念本身是一判断句，而后者正是对象意义，在其中正是该事态本身被意念着。但是，判断句中的事态之此"同一性本身"〔Selbst〕不只是被这样地意念着，好像是每一对象的同一性自身在一对象的意义上被意念着并最终在其本身内被给予

似的；而是，只要它是一相关于被完全充实的判断意念，那么事态本身就不仅是在该意念中被给予的（有如在受取性经验对象的被充实的意念行为中对象的自身最终被给予），而且是首先被产生的：事态本身作为在同一性自身充实中的意义，是在被完全充实的判断句中产生的，即在其内在自发产生的方式中被给予的。

345 再者我们注意到，在此，对象意义概念具有歧义性。最初，意义概念，作为与“句子”① 的对比性词语是通过在《逻辑研究》中出现的性质与质料间区别的普遍化而获得的。经此普遍化，特别是在应用于判断时，产生了作为“判断质料”或“判断内容”的意义概念，以及与此相区别的完全判断句，即具有其设定性特征的意义。判断内容和设定性特征的此一统一性构成了一种广义的判断之“意义”概念②：判断意念本身，设定性特征作为“判断诺耶玛”〔Urteilsnoemas〕的一结构，也属于此判断意念本身。因为“句子”一词是具有歧义性的，因为人们以此理解单纯被意念者本身，以及也可以其理解真实的、被充实的句子，事态本身，因此我们在意指句子本身时，永远补充说“被理解为纯意义的句子”，以便以此指出它属于意念区域本身，属于广义的意义。在正常进行中的判断过程中被名词化者，于是并不是在引号内的句子，即判断意念本身，而是具有效性的句子，即被意念的事态本身。

§70　事态所与性的明证性，类似于基础性基底对象之明证性

关于事态与作为事态基础的对象的关系，还应注意以下所指出者：

346 当基础性的基底本身本质上不可能成为完全充分适当的所与性时，有如在一切实在的对象的情况下那样，当预期本质上属于其所与性方式时，以及完全充分适当所与性即一存于无限性中的观念时，那么对于建立在其上的事态来说也如此，它们于是在本质上仅只以预期性方式被给

① 参见《纯粹现象学通论》第 274 页。

② 参见《逻辑》第 192 页。对于判断质料概念参见同书中常被引用的第 269 页。

予。基础性的基底对象的知觉，当然是一原初构成中的意识——本质上这种对象原初地不可能以其他方式被给予，而且不可能在其存在中以其他方式成为自明的，而只可能以一种未被规定的同一性自身的方式成为明证性的，并指涉着可能的再规定性。在其一切展延中的原初构成性的意识，通过规定性经验的无限持续性，在此并未提供自身内被完全规定的自身，后者毋宁说只是一理性观念，它是一观念上封闭的、多方面无限可能的知觉体系的相关项，是一无限性统一体，此无限性统一体可被视作无限性过程中的可能性。它是一同一性自身，它为一仅只能在一定条件下被“理性动机化”规定为现实，而且它只可能在先验性范畴条件下成为真实的自存在。

因此，每一具体物的事态都分有此特征。它具有其明证性、其真实性，但这意味着，它是一原初被给予的“有条件性”〔Vorbehaltlichkeit〕，一未被确定的真理。它是原初地被构成于一未确定者的形式中的，而不是作为在其真实的规定性中的一同一性自身：具体物的判断事态也是一观念。正如基础性的知觉绝不可能是充分适当的，正如它从不包含物本身在内，而只有充实中的“物意义”作为一自身不断变化和扩大者 347
一样，于是知觉判断也永远不包含事态本身，如果我们以此理解到真实的存在者就是判断所“意指”者，就是在判断中的被判断者。没有真实存在着的、相关于超越性实在〔Reales〕的事态是“充分适当地”被给予的；或者，没有任何经验判断，不论其具有如何丰实的经验性，在其中判断行为可能带有作为“真实者”〔Wahre〕的事态本身。

§71　判断立场采取作为承认或否定。承认作为认可及其对于朝向自我维持之努力的意义

到此为止的讨论，指出了在述谓判断变样与一般认知生命本质结构之间存在的联系性，即不同的动机，从它们出发，超越了能够在经验中被证实的判断，而通向了空判断，不论是以预期变样方式，如在直接跟随经验过程的判断那种情况，还是超越了它以返回原初性经验的判断的方式，而后者又被再促动为已被惯习化的空意念。被变样化的判断行为，

普遍地出现在任何判断行为不可简单、直接验证于经验的确定性形式中。判断行为出现为非确定性者或在批评过程中恢复确定性者，此批评导致新的经验证实，最终导致其更正。不论一空判断行为如何发生，不论是
348 顺应其自身过程而产生于对未来经验的预期，还是通过先前判断获得之再主动化作用：证实最终永远只有一种可能性，即返回判断基底的自所与经验。一切证实均归结为判断基底。被变样的判断的发生永远联系于超出了自所与性的空判断行为，并联系于对此预期的批评。于是原则上一切判断变样都应被设想为立场采取变样、决定变样，这些变样呈现于对空意念的批评中，并应据此加以理解。

严格意义上的判断行为，为一用某种方式进行的决定，并因此是对承认或否定（拒绝）予以支持或反对的决定。这不应与存在变样本身相混淆，如以下诸变样：简单的“存在着”，已经在对象的意义上出现为纯不容置疑者〔Patentwerden〕，“无意义的”或“非无意义的”，以及通过双重取消后“仍然如此”。所有这些变样可能已经出现在受取性中，自我不需自己实行任何立场采取，但它也可能通过那些被动的变样化而被激发至此变样。在特殊的判断中的立场采取行为中，“是”和“否”产生于诺耶玛侧，而它们的诺耶玛相关项即出现在对象意义上的“有效”和“无效”中，此特征则来自自我赋予的有效性或无效性解释。因此，在此特殊意义上，判断行为就是自我采取 positio（立场、位置）的行为，就是
349 在其双重可能形式中的设定：赞成或拒绝（否定）。最初这只意味着，当根据动机化的知觉进行判断行为时，可能出现两种相反的立场并随着不同情况导致其一被实现。这是否意味着“设定”本身在传统逻辑学的意义上具有一种双重“性质”，则仍然有待于进一步思考。

此立场采取是完全非独立性的，只要其在知觉本身内存在者中，在其自身的或许纯粹被动的过程中，有其动机化基础。知觉具有其自身的意向性，此意向性还不包括自我的自发行为以及其构成性的功能，因为反之此意向性就是有前提的，并因此自我可能具有某种东西去对其决定者加以赞成或反对。这两种对立的立场采取，由于此动机化状态的统一性或由于来自其区分性之统一性，而紧密地相互联系着。例如，当两种可能性相互冲突时，支持一种可能性的决定（即使不是实际地也仍然是

潜在地)，也即反对作为其相关项的相关可能性。

如果我们进一步考察，在自我本身实行的动机化如何运作，以及自我如何对其进行肯定或否定的应对，那么就必须谈到以下诸点。

无论对于作为自我坚定的有效性设定之决定，还是作为对于其否定的决定，其动机化基础都是对知觉一致性的再确定。相互抵消的知觉统握的冲突中的分裂，被归结为无裂隙的统一性。自我被这一切所触动。作为自我，其本身以其方式，与自身不一致，被分裂，而最终被再统一。
它倾向于立足于一统握的基础上，即首先去实行其“期待倾向”，使倾向 350
成为来自自我中心的主动的期待，但是自我之期待仍然再次受到阻碍，仍然被推向相反的期待倾向，并倾向于相反的统握。如果知觉的一致性被重新确定，如果一单一的知觉被再次展开于正常的形式中，那么自我和自身的内在冲突就被解消了。自我不再可能一会儿倾向于此方向一会儿倾向于彼方向，被取消的统握，连同其被取消的意向性倾向，特别是连同其在活跃准备中而被取消的期待，不再可能被实行。此外，自我现在不仅具有自由的期待视域，而且具有现在被一致性产生的、作为实行领域的意向性：自我也主动地在此基础上采取立场，将该一致性地所与者坚定地视为存在者。“承认”即去实行一特殊的认定和确定，对从此以后对我始终有效的存在之确定。这意味着自我通过其积极努力的获得而主动地取得一持久的知识，而且是被意识到的。因为，在阐释为有效性的及在所谓自我实行承认的本质中，含蕴着这样的意思：作为有效性呈现于自我者具有自此以后具有效性的特征，具有继续始终有效性的特征，这意味着一种在意识性自我的开放的时间视域内的有效性。我们在判断中肯定地设定为有效者，我们因此将其视为自此以后对我们来说永远被确定者，未来被确定者，即作为存在者或如是存在者。

而且以上所述并非一孤立性事件，而是正像在一般实际生活中以及 351
在积极的认知生活中那样是被组织起来的，虽然这些永远展开于诸个别的实际努力中。一切确定性都是被组织在一个确定性统一体之内的，与此相应，一切对我存在者都是被组织在一个世界中的，于是任何时候与此世界相关者，都是一适应性努力的、一广义行动性努力的诸特殊途径，此努力也包含着认知实践。一确定性的每一样态化都相关于世界的主体，它同时也相关于确定性的全部系统，并意指着持续性实践中的一种障碍，只要已被解决者再次被质疑以及因此前进被阻碍着。因此，一实践的兴趣依赖于每一信念、每一立场采取。在“变为不确定”〔Ungewiß〕的意义上的每一变样化，因此都类似于在不完全性中、在特殊怀疑性形式中、在广义的确定性消解中的一种“完全性变样”（达成者的、在完成性努力中被构成者的变样）。于是每一变样化必然都采取朝向相应确定性的“肯定努力”的形式。判断的生命，以及首先甚至是单一自我的生命，都贯穿着广义上的朝向判断一致性的努力，朝向判断行为一致性的坚持。这意味着，变样化不只是相关于具有其存在特性的对象的以及对象世界和实践世界的现象，而且以个人方式相关于判断主体，如果主体被迫要放弃一种判断确定性（而且一般来说一种信念确定性）的话。于是对判断一致性和对确定性的努力乃是自我对于自我保持〔Selbsterhaltung〕之一般性努力的一种特性。自我在自我保持时，也即能坚持其立场采取时，坚持其有效性时，坚持其“真实性”判断时，以及坚持其“有价值及善”
352 判断时。自我对每一干扰此自我保持的反应都相当于一努力，此努力最终是朝向非变样的确定性的努力，其中包括着判断确定性。有关变样化的一般意义及朝向确定性的努力就讨论这么多吧。

§72 判断之“性质”的问题；否定判断不是基础形式

那么当决定成为否定性的相反统握时所发生的是什么呢？自然，此统握仍然保持在持存态中。自我曾经预先介入统握，而且或许已经偏向于持有此统握。甚至可能是，正是此统握预先一致地存在于正常知觉形式中，而且此统握被自我所完成，当它观察着意念中的存在物时。于是出现了促动性动机也使此目光朝向此方向，或再次朝向此方向。但在此情况下，自我现在通过拒绝，通过无效性阐明，予以应答。因此这显然对立于一种先前做出的有效性阐明或对立于对此有效性阐明的一单纯倾向，于是也对立于一立场采取或对立于立场采取之倾向，以及对立于其最终确定之结果。于是显然，肯定的和否定的、承认的和拒绝的立场采取，并未简单地呈现两种相当的〔gleichstehende〕“性质”，有如在红与蓝色域中那样，因此“性质”一词一般来说在此并不适用。自我的否定行为在于有效性之排除，而且在此词语中已经含有一种第二意向性特征。

传统逻辑学的一种基本错误在于，它确立了判断的基本形式，却在可能谈到判断基本形式时未对其意义加以阐明，而且尤其是允许其中出 353
现了否定（否定性范畴判断）。与此相反，应该强调，不再谈到一系列基本形式。仅只存在着一种基本形式，即简单的（肯定性的〔positive〕，例如，而不是“承认的”〔anerkennende〕）范畴判断“S是p”。此判断有其本质形式，后者于是当然也可被称作是一定意义上的基本形式，即作为元形式之本质特殊化。它们毫无例外地都是变样，而且如我们所见，承认〔Anerkennhung〕也是变样，它们都是变样，而且是在简单元形式变样化的广义上的变样。

在此情况下出现了对于每一逻辑判断概念来说甚至更为重要的观点。我们通过“具有行为”〔In-Besitz-nehmen〕，通过“对自此以后有效和确立者加以占有”〔Zueignenung〕来描述“赞成……的决定”。“反对……的决定”意味着，这种有效性，作为我们有所期待者和可能先前被我们采取者，是被拒绝的——正如我们在其他行为中发现某种类似者，例如，当我们拒绝一决定时，因动机化状态改变了，或者因一意志倾向改变了。但是，作为“反对……的决定”的否定对应着“无效性”，后者则可不难通过态度本身的改变再次变成有效性，即可能使肯定性判断成为确定性。“无”或“空的”于是进入确定性之内容。于是，人们可以也如此地来把握判断概念：它只相关于确定性的存在行为，而且该“空无”是作为一内容成分包含在其内的，可以说是作为存在着的非存在〔seiendes Nicht-sein〕。事实上，逻辑学和科学将一切都还原为确定性判断，而且是理由充分的。不论被否定者可能有多少，在理论陈述中没有什么可否定的， 354
而是他们有时确定一个如是存在，有时又确定一个非如是存在，如此等等。因此，人们偏好的判断概念就是那种只认识一个“性质”的判断：对有效者的确定。当然，这并未改变如下事实，“自决定”本身并非只具有一个样态，而是展开于诸对立样态中，即使逻辑学的兴趣专只朝向确定性，朝向肯定性。

§ 73　存在判断和真理判断，作为带有被变样的判断主词的、较高阶的判断立场采取

判断性立场采取的最简单例子，设定着有效性的和无效性的、承认的和拒绝的立场采取，其特点是，在其中立场采取直接地建立在一致性和非一致性的被动综合上，并建立在其批评上，有如它们出现在知觉的受取性（层阶）上那样。但是如果述谓判断已经被构成，如果它们仍然是活跃的并被再主动化的，那么它们的出现就相当于要求证实对在其中被意念的基底及事态本身之可能性，于是对批评态度的转向（按此批评态度，此要求的正当性受到检验）即将引生一种特殊的判断性立场采取形式：特别是引生“存在判断”的形式和“真理判断”的形式。于是，并非每一述谓性肯定或否定都已经包含着一存在判断。宁可说，此种事例只发生于这种情况中：当对象的意义（按此，意义存在者时时被我们
355 意念着）本身被如是对象化时。在存在判断事例中，以及同样在有关述谓真理的判断中，问题于是相关于一高阶的判断行为的立场采取，而非像在简单的承认和拒绝的事例中那样，仅只相关于在前述谓经验中连续发生的自更正结果之述谓固定化作用〔prädikative Fixierung〕。因此，在此特殊批评态度的高阶上的判断行为，既不可能是那种简单规定性的和关系性的判断行为（如关于简单基底的判断行为），也不可能是具有纯粹意念性本身作为基底的判断行为，如作为一特殊区域的对象，此区域现在（例如）应该按其内容而被规定；反之，在判断行为中二者将以特殊方式被纳入关系中，此方式产生了一特殊种类的判断。

在从一判断行为到另一判断行为的、简单规定性的、同一化的过渡中，在此同一性中被保持者，在其不断更新的规定中与自身连续相符者，即绝对意义上的对象，即与所有这些判断相关的对象。它现实地“存在着”，如果它成功地以原初所与性的直观充实着判断意念的话。否则就只存留着空的意念，“句子本身”，它与“现实物”丝毫不对应。对象在原初所与的直观中显现为“同一的自身”，如果它是个别性的，就是在知觉中的。渐进地充实着意念的知觉，从知觉过渡到同一化充实，是对于知

觉对象的同一性自身的产生过程，是此同一性自身作为最终目的的过程，一切判断性活动都朝向于此目的。该意向通过构成句子的一切结构朝向于此同一性自身，以至于每一结构都是一句子，此句子在明证的所与性中，在同一性自身样态结构的所与性中有其目的。在此前进的过程中，相符性综合相对于被意识为同一者和相同者的意义，连续地被产生着， 356
而且充实性的、如是地在同一性自身中证实性的综合，就是一典型的相符性综合。

于是此综合是在原初性的、直线进行的述谓性和前述谓性的规定性中的。被意念者本身进入了与真实同一性自身的同一化相符关系中，而我们并未在主题上朝向于此同一化综合。如果我们现在过渡到批评性态度，那么一切句子都在我们面前成为纯意念，但这些意念要求在自身带有作为充实性意义的真实同一性自身。命题句是相对于我们而存在的，我们将命题句区分为以下诸部分：简单意义，（在述谓层面上的）"判断内容"（判断质料），以及设定性特征①，而且我们现在朝向同一化综合，后者发生于意义和真实同一性自身之间——只要此意义正是可充实的意义。我们于是非常一般地说："一对象对应着此意义——此意义是有效的意义"，或者，"没有一对象对应着此意义——它是无效的意义"。我们于是赋予意义以"存在"的谓词。这就是原初存在性的判断行为。

我们在此不考虑这样的现象学明证性：我们的判断行为包含着作为意义的命题句以及此意义被设定为"存在的"样式。反之，此明证性假定着前面谈过的对被意念者自身的反思，此反思并不考虑此被意念者与其真实的同一性自身的可能同一化。然而，此态度也应与诺耶斯反思相区别，在该反思中，判断句的诺耶玛统一性和其意义被呈现为诺耶斯复 357
多体的统一性。我们在此持有此态度，如果我们实行着先验逻辑并指出了这一切的话。当我们进行存在性判断行为时，我们就另一方面设定着存在性谓词，就像我们设定任何其他谓词那样（此谓词不是作为意义的命题句的谓词）。我们意念着存在者，而且在此意念中，正像在任何其他判断性意念中一样，我们朝向于"真实的存在"。准确说：我们在此朝向

① 关于"意义"和"句子"概念，参见前面第345页。

于同一化综合，在此综合中出现的正是“真实的存在者”。

存在性判断“A 存在着”（例如，此先前被我们规定为房屋者而且其本身被我们意念作存在着的对象）于是意味着：意义“A”具有相应的现实性。于是在存在性判断中意义被赋予了谓词。人们不可能对此承认，只要人们把意义视为行为的实在因素的话。因为，这将产生不可克服的困难：显然，存在判断的实行并不要求相对于范畴判断的立场采取这种改变，我们将此改变称作是对行为和对行为因素的（诺耶斯的）反思。我们维持着对象的朝向性，只要我们不再关心对象的诺耶斯侧的行为。

“真理判断”，“句子是真的”，对应着存在判断“对象（事态）存在着”，在此判断中被判断的是意义本身，即句子的“质料”。在此判断中我们具有作为主词的“句子本身”，即被判断者本身，因此具有其设定性特征的判断意义（因此此命题句是相同的，不论我们实际地进行判断还是在一判断中进行着想象，它是一可能的命题句）。于是如果我们过渡到
358 对应的观点，那么实际的判断，“事态意念”，就与事态本身相符，而且发现了其“肯定性”。事态“存在着”，它就是实际存在的事态——与之相应，命题句（事态在句子中被设定）就是真实的命题句。

当然，在知觉的展开中，我们会不断遭遇同一者〔Selbst〕自身，却并不关心存在性陈述及真理陈述，而且也不朝向它们。但是，如果我们朝向它们，就会相当于对其肯定，也就是如果进行同一化行为，那么在被设定者和同一者自身之间，在对象句子和其本原之间，就发生了关系。但是，被设定者是纯粹的对象意义，我们并未同时做此存在性设定。我们也可能尝试着“以假设的方式”使所提出的词语与同一者自身同一化，并之后判断说：X 是现实的或非现实的。原始物意识的“对象本身”对应着诺耶玛的“对象”。存在性判断是这样一种判断，它根基于被意念的对象本身（对象意义）与原始物的同一化，以及反之：根基于在冲突中实现的同一化。

另外，真理判断在主体侧对作为一可能设定的对象句进行判断，此句子被看作意义。对此句子我们说，它是“真的”，它与对象、与事态本身一致。但是，对象本身、原初者、自身是同一的，而且不仅相关于意念着该原初者的现实行为，而且它是一观念，因为它对于一切可能的行

为都是同一的，此可能的行为作为原初者与任何这类行为都是相符的。在此情况下，我们在陈述真理时朝向着一种正是在同一者自身内实行的同一化，即朝向一如是被实行的对象句，以及朝向我们原初具有的同一者自身。

如果我们在陈述判断时却并无实际的所与性伴随，那么关于一致性关系的断定，其形成就正如关于任何其他的关系的断定那样，而且像某一其他断定有其自身的客观真理一样，此关系本身也有其现实的存在。我们可对此感到信任。先天地属于每一命题（句子）的是：每一命题都或者是真的或者是假的。[①] 于是，真理判断有其特殊的基本功能，只要一切其他判断假定和要求证实的话。于是在关于述谓句真理的每一论断中，我们都有命题句（作为可能判断性设定的观念）与其原初者，即与其真理的关系，此真理是在一原初意识中被给予的，而原初意识意味着明证的意识。在此情况下，一致性也即一明证的一致性，它构成着判断的基础。命题句是真的，它即与一真理一致，与其原初的同一性自身一致。否则它就是伪的，是与原初命题句相冲突的。 359

§74 存在述谓关系与现实述谓关系的区别

a）现实述谓关系的根源

存在述谓关系在存在的否定中有其对立面，此存在述谓关系不应与现实述谓关系相混淆，后者在非现实及虚构之述谓关系中有其对立面。我们现在就来讨论二者之间的区别。

我们从经验开始，经验之基础迄今为止被假定为前所与的。在正常经验本身内的每一所与者，根据经验都被简单地视为正常述谓关系内的 360
现实〔Wirklichkeit〕，后者却并未被包含在作为概念的“现实”内。它被包含在这样的概念内，此概念在非反思的意识中规定着“现实物”〔Wirkliche〕。在自然态度中，首先（在反思之前）并不存在谓词“现实

① 关于每一命题可决定性的这一论点的前提及限制的问题，参见《逻辑》§§79 及下一节，第 174 页及以下各页。

的”〔wirklich〕，并不存在作为类属的“现实”。只是当我们进行想象时，而且在幻想中（因此即在其一切样态中的准经验行为中）超越了生活态度而达到所与的现实，以及当我们进而超出偶然个别的幻想及被幻想物，我们才将它们视为一般可能的幻想以及一般虚构物的例子，由此我们才产生了“虚构”（或者幻想）概念，而且另一方面，则是“一般可能经验”概念和“现实”概念。

此外，虚构就是由经验及根据经验而被设定的一被经验的幻想行为的对象，即其意向性对象是在一样态中，此对象正是在此样态中被想象着。关于生存于幻想世界中的幻想行为（关于“梦想者”），我们不能说，它把虚构设定为虚构，而是说，它具有被变样的现实，即“似真现实”〔Wirklichkeit-als-ob〕。“似真”特性永远联系于如下事实：自我是一进行经验的主体，它实行着未变样的初阶行为，而且在其内在意识中它在诸行为中具有幻想行为，后者的对象于是具有被变样的特性。只有当何人生存于经验中，并根据经验“沉浸于”想象，因此使被想象者与经验行为形成对比时，何人于是就可以有虚构概念与现实概念。当然，我们必须说：在一切概念化之前已经存在它们之间的对比。在初阶被经验的现
361 实和在它们之内被构成的高阶现实间，形成了其必要的现实关联性。正是本身没有关联域的一切被想象者，发生于现实之外，而且作为虚构的组成部分所构成的世界，与被经验的世界“形成对比”，于是在现实物和被变样者之间建立了一种特殊关系（因为人们不可能谈到真正的对比）。

在此对比关系中我们具有一般的本质共同性：此处的“对象”和彼处的“对象”，同样在两侧都是个体，是时间延展物——简言之，即一切可述谓者。但是幻想-“对象”是对象本身世界内部的“虚幻”。它们为其所是，只因作为相关于自我、相关于其对象和体验本身的行为相关项。因此在想象中，甚至在引号中的对象也是被变样的：它具有一双引号系列。

b）存在述谓关系朝向于意义，现实述谓关系朝向于作为主词的句子

现在，如何理解陈述形式“A 是一现实”或“是现实的”和“A 是一虚构”或“是非现实的”，对比于存在述谓关系“A 存在着”“A 不存在着”？

例如，在讨论相关于被经验物、人、风景时，我们说它们是现实物，而在相关于想象物或相关于虚构图画里的被呈现者时，我们说它们是被虚构者，不是现实的人、物等。需要注意，这不仅适用于在确定性变样中的经验和经验判断，对应地说，相关于绝对意义上的存在，而且也相关于存在变样“这是可能的，是可疑的，等等”。如果我们始终基于经验现实的基础，这意味着如果我们实际上进行经验并因此具有确定性样态 *362*
中的一现实，并由此产生了冲突、怀疑、猜想和或然性，那么这些都是现实、现实的可能性、现实的猜测性等。但是，如果我们亲身参加一出新戏的演出，那么将产生“在图像中”、“在戏里”、在虚构中的被呈现者，对于角色未来行为的猜测，或然性，怀疑，因此一切都具有虚构的被变样的特性。

每一正常陈述都是在现实样态中被实行的，因此不正常陈述存在于引号中，或者需要相关于陈述行为的环境，其中意义的变样化成为可理解的。此变样化不是一种意义改变，有如发生在现实意识内部那样——因为在那里我们只有“现实的”样态中的意义，而是这样一种变样化，它赋予意义本身以虚构特性。

在现实意识内部，意义对于我们作为确定的存在者或或然的、猜想的存在者，而且对此它的述谓关系为：“A 存在着”“A 是猜想的”，等等。如果，意义被取消了，未达成充实性，而是显示为与其他意义冲突，证明为不存在，因此被判断为“A 未存在着”，但并不因此意味着 A 是一虚构、一想象对象；反之它是并仍然是经验对象，但正是被取消的经验对象，它不可能根据彻底的经验确定性达至充实性的证明。存在和非存在之间的区别存在于与现实和现象的平面完全不同的平面上，此为如下事实所指出：此取消行为甚至可能发生于一致性想象关联体的基础上。 *363*
我们可能构成“想象假定”，它因不属于我们迄今为止持有的想象世界的统一性而被取消。而且正如出现在现实经验和现实世界中的一切都在“似真世界”〔Als-ob〕中有其对应物似的，存在和非存在之间也如此。在一想象世界的一致性基础上存在一准-存在，而且同样地也存在一准-非存在和与其相关的存在性判断。

由此推出，在关于现实和虚构的述谓关系中存在的主词不是意义本身，即单纯的判断质料，像在存在判断中那样，而是被设定为确定性、或然性、猜测性或非存在的意义，因此即句子。句子即相反谓词“现实的-虚构的”之主词。我们设定的（或者我们如是采纳的）每一陈述本身都对应着一陈述-“句子”，而且后者，作为现实判断行为之相关项，按照其呈现于意识的特性，正是现实的。它对比于陈述句被称作“现实的”，陈述句在“虚构”中以准-判断的形式（“似真判断”）被给予，并可能是从中导出者。

§75 现实述谓关系和存在述谓关系不是规定性的述谓关系

在通常语言的用法中，对象本身与现实的对象等义。对象并未获得“现实的”规定性。对象获得规定性，即在经验行为中的与经验一致的所
364 与性。被设定的对象是在经验行为中被规定的，或者是在经验行为中被意识到如此规定的，以及在经验解释中和经验述谓关系中作为主词被把握的，其规定性（在经验行为中被经验者）是被赋予的，如此等等。谓词“现实的”并未规定对象，而是意味着：我不是在幻想，我没有实行准经验行为，没有进行准解释行为及述谓行为，而且没有在谈虚构，而是在谈对象，此对象是与经验一致地被给予的。此对比行为意味着，人们判断着引号中的对象，对象命题，即判断着作为经验的意义内容的“经验对象”，后者对立于出现在经验内部的想象的对象，因此即对立于虚构的对象。如果我们在经验中具有“同一”对象，在想象中，或作为虚构，具有“同一”对象，那么我们就在两侧具有相同的意义本质，但后者当然不是述谓关系的主词；反之，在一侧主词是现实中有效的意义，即取自经验的或不如说在经验中生存的并在诺耶玛反思中被把握的命题句，在另一侧主词是取自想象的、在诺耶玛反思中作为想象之相关项被发现的虚构意义，后者带有其准有效性，因此即想象命题句。如果我们说，“X 是一现实”，一个命题句即包括在现实区域内，另一个命题句即包括在虚构领域。

对象，例如房屋，并未获得真正意义上的“规定性”，没有获得解释

性的准确规定性，如果该对象被称作是现实的话。例如，被规定为房屋的对象（在经验意识中被设定者）被归结为命题句。房屋意念在诺耶玛反思中被把握，并被归于“现实的命题句”类属。该房屋设定接着被实行或能够继续处于被设定中，于是我们说：就其命题句而言，该房屋是 365
现实。于是这不意味着该范围属于现实的对象的类别，好像存在不是现实的对象类别似的——每一对象类都是一现实类——而是反之，经验命题句，未被变样的命题句，具有与其对立的想象命题句，它是现实命题句的“反映项”〔Spiegelungen〕，属于此反映项的是虚构之谓词。

当然，对于“存在性述谓”〔Existenzialprädikationen〕也应做类似的分析。此类述谓甚至不是真正意义上的“规定性述谓”，它们并未判断它们似乎在谈述的对象，并未判断所谈述的质实性关系领域的对象，在此质实性关系中发生了存在性述谓的机会。反之，因为其主词是对象意义而不是对象本身，述谓判断加以述谓的“存在”适用于意义，而非提供着对象的规定性。按此方式，存在性述谓因此并非像简单述谓那样是规定性的。

§76　过渡到严格意义上的样态性。怀疑与猜测作为主动的立场采取

我们现在再回到判断变样，在此判断变样中肯定不计入现实述谓关系。变样领域绝对不只是迄今为止讨论的关于承认和拒绝的判断立场采取。反之显然，严格意义上的变样，即那些其中确定性终止为确定性的变样，我们到此为止仅只在受取性层面考察过（§21，b－d），必定在高阶上有其对应者。

在已经出现在知觉统握动摇中的怀疑意识与可能意识，也对应着自 366
我的主动行为，首先是我们在真正的意义上用“怀疑”一词（“我怀疑情况如是或不如是”）所称谓者。在此问题不再相关于知觉分裂现象本身，而是相关于自我与自身的不一致，虽然此不一致自然基于那些被动事件的动机化基础。自我现在与自身不统一，与自我处于分裂中，只要它倾向于有时相信此有时相信彼之时。这种倾向性，于是不只意味着偏好可

能性之触动性特征，而且使作为存在者的我本身产生倾向，自我于是在一“自决定”的样态中有时这样做有时那样做，并在一主动的立场采取中有时赋予此有时赋予彼以有效性，但每一决定均一再经受着阻碍。自我的跟随动作是被可能性本身的分量所促动的。从这些作为有偏好性〔Anmutlichkeit〕的可能性中产生了一种判断倾向，自我在一段时间内主动地跟随此倾向，这意味着自我像是在实行着偏向于此的临时自决定。但自我始终受制于相反可能性的情绪性要求，此要求甚至似乎希望被听到，并使我倾向于相信。此倾向性作为一种行为冲动、行为倾向，作为被促使进行如是判断的感觉，属于影响、倾向的现象，属于广义的努力现象，而且必定区别于自我的立场采取，区别于（如同在主动的怀疑中）可能只是临时被实行的判断行为，在此判断行为中我偏向于选择两侧之一。另外，判断倾向必定在概念上和实质上区别于情绪偏好，区别于其
367 受其促动的有倾向性的可能性，虽然二者往往紧密地纠缠在一起。主动的“怀疑立场采取”具有这样的特征：它是受到阻碍的；在此怀疑立场采取中，我根据被呈现的我的有偏好性的可能性，将自身交替地置于对立倾向的这一侧或另一侧。阻碍在此并非仅只是剥夺，而是一受阻碍的决定现象样式，正是一种决定样式，此决定始终受阻于过程中。自我似乎一段时间内逡巡于实行过程中，但达不到坚定的信心决定之终点。同样，自我的拒绝性决定（它在此动机化状态下朝向另一对立的可能性）即被阻碍的否定性决定。

必须区别怀疑立场采取和猜测或视为或然性的立场采取，后者于是将发生，如果一有偏好性的可能性获得较大的分量时，如果对此偏好性的可能性谈述更多的话。如果我们穿行于不同的可能性分量时，那么较强者可能触动偏向于它的决定，一种被偏好的承认，尽管有如此的承认，它却并不包含一种对存在者本身的断定或肯定。

在作为自我立场采取的猜想中（此自我立场采取，应该与被动的、情绪的偏好相区别），我们倾向于一侧，在一定的方式中做偏于该侧的决定，但是我们在此过程中仍然使另一侧有效，虽然以较弱的分量。在猜测形式中的此决定可能经受越来越新的力量强化，如通过阐明对立倾向和对立的可能性，使其相对的弱点和劣势越来越清晰，或者当新的肯定

动机出现了，强化了其猜测的分量时。但是反之，也可能是一侧的分量 368
减弱了。于是，猜测具有其自身的强度维，后者本质上被决定于基础性偏向的强度，而且此强度可以增强或减弱。猜测决定持续存在着，并独立于此强度的摆动性，只要一侧维持着其较大的分量；它维持着意义"A是猜测的（可能的、或然的）"。但是如果摆动偏向于另一侧，而且如果较大的分量有时落在这一侧，有时落在另一侧，那么该猜测就变为怀疑了。

猜测的否定性相关项当然"认为是不大可能的"，一种拒绝在此再次被意念着，但它不是一种直接的否定。

不言而喻，我们关于存在述谓和现实述谓所讨论者，也适用于在此发生的述谓关系，如"A是可能的，猜测的"等等，即它们也是非规定性的述谓关系。

§77 确定性样态和信念概念。纯粹的和非纯粹的、假定的和确真的确定性

与各种不同偏向性的可能性相对的立场采取的另一种形式是那种采取其中之一而内在地抵制其中另一的形式。在此情况下，一种在信念确定性意义上的决定已经被实现了，这是一种确定，一种断定，但是一非纯洁的、可以说染病的决定，它带有坏的"逻辑良心"——不像如下的情况中那样：信念的此坚定的决定性是受到问题本身、受到一致性地被构成的经验或受到相反可能性之消除等的触发。这显示出，承认的或拒绝的立场采取本身 369
的此确定性，具有其纯洁性与非纯洁性样式，完全性或不完全性样式。非纯洁性永远存在于还有其他具偏向性的可能性起着触动作用之处，但是我们仍然在确定性中决定其中一侧。我们在不中断的设定中实行着"它是这样的"判断，但是同时情况可能仍然是：当我们非常确定、非常"肯定"时，很多事情可能对此"如是存在"表达了其反面，作为具偏向性的〔anmutlich〕可能性的另一种存在出现在我们面前。这样一些偏向性〔Anmutungen〕可能具有一种不同的重量；它们可能实行一种较强的或较不强的牵引力，但它们并不决定着我们，仅只一种可能性决定着我们去相信，对此可能性我们已经决定了，或许我们先前在一经历过怀疑和猜测的过程中已

对此可能性做了决定。一信念概念和信念强度在此事态中有其根源。信念强度对应着纯洁性程度或确定性的完全性。

信念的此强度在谈及的猜测的强度中有其类似物。与之相应，在一定意义上猜测也能具有其纯洁的及非纯洁的确定性样式。猜测的立场采取是一确定的立场采取，当它为其采取立场者被意识为具有某种优势的可能性强度时，以至于没有相反的倾向性压倒此优势。于是，也是在此存在某种猜测立场采取，它带有较好的或较坏的“逻辑良心”：带有较坏的逻辑良心，在具偏向的可能性重量被给予后，当一怀疑而非一猜测立
370 场采取对于两侧之一为正当时，即当相反的重量并未被充分纳入考虑时。在另一种观点中，当然——在此这是另一确定性概念，以及与此对应，在纯洁的和非纯洁的确定性之间的另一基本的区别性——猜测确定性本身可能被称作是非纯洁的确定性。

应该严格区分这些确定性样式与“经验的”“假定的确定性”样式，此样式在自身之外具有“确真确定性”的“反样式”〔Gegenmudus〕。一方面，该第一组确定性样式相关于具偏向性的（我们称之为有疑问的）可能性范围，即时时表达对其偏向性的可能性范围。另一方面，只要我们具有确定性，它相关于开放的可能性的作用范围，我们所说的就是经验的、假定的可能性。于是，任何时刻的一切外在知觉，在一般规定的确定性之内，都带有一诸特殊化的作用范围，在其特殊性中并无任何个例获得偏向。我们也可以说，对于一作用范围的一切开放的可能性均具有同样的偏向，它们都是同样可能的。这意味着，不会偏向其一而反对另一。在此也并不排除非存在性，这是可能的，但不会是被促动的。因此，外在经验的确定性可以说永远是一种有待于未来信息的确定性，是假定性的，虽然此确定性在经验进程中是需不断被加以证实的。所以，我们不应把此被肯定的假定确定性与纯猜测性相混淆，后者受到对立的偏向性之影响，此偏向性也同样有其支持者；也不应将其与或然性相混淆，后者表达着一种较大重量的优越性，其重量压倒了其他重量，故可
371 能直观地被偏向，并随着条件的不同可因其优越性而获得决定性承认。①

① 对有关或然性的明证性的本质附加的评论，参见本书附录 2。

（有关外在经验世界的确定性只是假定性的观点，因此绝不意味着，它是一纯猜想或一或然性。）

假定的确定性的反样式是确真的、绝对的确定性样式。它意味着排除了非存在，或与之相应，此非存在再次恢复为绝对确定的。在此不存在敞开的相反可能性，不存在作用范围，于是与绝对确定性概念对应的是必然性概念——述谓判断的另一种样态。但是因为我们在目前的讨论范围内根据经验尤其是外在经验来研究判断样态之生成，显然我们在此不可能涉及此样态的起源问题。

§78　问题与回答。问题作为朝向判断决定的努力

在被变样的确定性范围内，问题现象也有其起源并与怀疑之间存在紧密关联。正像怀疑一样，它在根源上是在被动领域的事件中受到促动的。在此领域内选择性的诸统握出于摇摆中，它们对应着在意向性冲突中被分裂的二直观；在冲突的统一性中，A、B、C 在相互对立中被意识到并获得统一。我们只能对此用这样的方式表达说：在意识中存在“或者 A 或者 B 或者 C”，而且我们正好在主动的问题表达中以及主动的怀疑中发现之，也就是作为问题内容或怀疑内容发现之。例如人们说，我提 372
问，我怀疑“A 等等是否存在”。因此，在此提问之前，以及同样在怀疑之前，在被动领域内出现者，是有疑问的诸可能性的一统一领域。自然，在此情况下，至少存在两种可能性。但是，此外，也可能是这种情况：在这些冲突的可能性中只有其一在意识中出现，而其他可能性在背景处未被注意到，它们仍然以空的方式存在于主题上未被实行的观念中。每一自我行为都具有其主题，而且一怀疑主题正像一问题主题一样，或者是一有疑问的个体，其对立的相反项于是始终在主题之外，有如当我仅只在问“这是一木偶吗?”（参见 §21，b，第 99 页及以下页的例子），或者主题是非常有疑问的二中择一的问题，有如：“这是一玩偶还是一个人?”

现在作为自我的一自身主动态度的提问之特殊性为何？有疑问的诸

可能性（被动意义上的怀疑）的被动的、相背反的张力关系，首先促动着一种主动的怀疑行为，一种导致自我分裂的态度。此分裂性，根据自我朝向其立场采取行为一致性的本质性努力，直接导致一自我不适感，并导致一超越此状态以达到统一性的正常状态之原初性冲动。于是产生了一朝向坚定的、最终无障碍的、纯粹的决定。如果此努力始终不仅是一单纯促动性的〔affektives〕、被动的倾向，而是由自我主动实行者，那么就产生了一问题行为。问题行为，在非常一般的意义上，是朝向一坚定的判断决定的努力，它产生于分裂与障碍的样态变化中。问题行为在问题中有其意向性的相关项，问题是在问题行为活动中被预先构成的范
373 畴对象，有如判断行为在判断中有其相关项，在判断中事态作为对象被预先构成着。问题行为其本身不是一判断样态，虽然它当然是与判断及认知领域不可分离的，并必然属于作为认知科学及其被认知者的逻辑的，而且更准确地说，是属于作为认知性理性及其结构的科学的。而这是因为，判断的、也是理性判断的生命，是关于一特殊的愿望、努力、意欲、行为等的介质，其目的正是判断，而且是一特殊形式的判断。一切理性都同时是实践理性，而且逻辑理性也如此。当然，在此应当区分评价行为、愿望行为、意欲行为、行动（它们通过判断行为朝向于判断和真理）与判断行为本身，后者本身不是一评价行为、愿望行为、意欲行为。于是问题行为是一实践的、相关于判断的行为。如果我提出一问题并未达到决定，我就处在一不安的挫折中，此挫折或许也在我的实践生活的其他决定中阻碍着我。于是我愿望着做出决定。但是，问题行为不仅是一愿望状态，而且是一针对判断决定的努力的朝向，此判断决定已经属于意志领域，并其后正是成为一进行决定的意欲行为和行动，如果我们看到实践路径以实际达到判断决定的话。

当然，正常的问题概念即一朝向另一人的问题概念，而且或许在返回我本身时，是一个对自我本身提出的问题。与他人通讯的问题在此继续不予考虑；我们也还不能考虑转向自我的问题，后者将使自身像是另
374 一人似的成为交流的对象（因为自我实际上可与自己交流）。我们于是把原初的问题行为理解为一朝向判断决定的实践性努力，而且更广泛地视为惯习的实践性态度，后者或许长时间有效地永远准备着过渡到相应的

意欲行为、努力行为和行动，准备着通往验证解决之途，如此等等。

问题行为的真实意义由回答或者在回答中被揭示。因为随着回答出现的是努力行为之解除张力的充实化，出现的是满足性。满足可在其中出现的不同方式和阶段，对应着不同的可能回答，例如，“A 存在吗?”回答是“是的，A 存在”或“否，A 不存在”。此问题于是具有两种可能的回答，两种确定的判断立场采取。因为提问的努力在相应的判断行为中被充实、被回答，不言而喻，平行地适应着问题的意义内容的判断形式之经验意味着，提问者已经有意识地预期着这些可能的回答形式，而且意味着，它们已经出现在作为问题内容的问题本身之表达中。每一可能的判断内容均可被设想为一问题的内容。在问题中，它当然还不是一实际的内容，而是仅只在预计中被采取的、仅只被观念性表达的（被中性化的）判断，它作为问题的内容同样是朝向于是或否的。如果问题是置于多向张力间的〔mehrspännige〕、完全冲突的形式中的，那么它可能是（例如）“这是 A 还是 B？”。于是它选择性地通向相应的诸判断，对此我们先前已谈过。按此，诸回答为：它们朝向于在诸冲突项目中被预期采取的、作为问题内容的可能判断行为。

在严格意义上的回答是一判断决定，首先是一肯定的或否定的判断 375
决定。当然，在一定的意义上，它也是对问题“我不知道”的一个回答。这显然相关于通讯性交流，在此交流中我以此回答告知另一人，我不能符合其愿望，我对其问题没有回答。但是甚至在回答被给予时，作为判断决定它永远不必定再有坚实的确定性样式。或然性之认定也是一种进行决定的立场采取，虽然它可能并非一定令人满意。在进行决定时，它永远是在以某种方式解决分裂性，只要自我在主张或然性时根据一种可能性采取信念。事实上，我们对问题“A 存在吗?”经常回答说“是的，它或许存在”或“不，它或许不存在”。同样，甚至更弱化的回答也是可能的，只要正是每一仍然体现着某种决定的判断样态，甚至任何受阻决定形式，都可充作回答：例如，对于问题“这是 A 还是 B？”，回答是“我倾向于相信它是 A”。当然人们在此经常先回答“我不知道”或“我不能决定”、“我怀疑”。因此显示，问题行为的实践性意向实际上朝向于一种“知道行为”，朝向于一定的决定的严格意义上的一判断行为。但是此被弱化的回答形式仍然是一种回答，即使它不完全令人满意，即使它似乎不是这样的回答：“A 是令人愉快的。”

§79 简单问题和正当问题的区别

所有这些都是这样的结构与关系，它们对于一切种类的问题行为都
376 在同样的方式上是共同的，而且对一切问题行为都同样是可能的。但是，
在此一般领域内，必然要考虑一问题之等级序列以及因此两种本质上不
同的问题种类。一方面，我们有简单的问题，它从一原初怀疑状态出发
朝向一决定目的，而且在回答中达此目的。然而另一方面，对于以下事
实的通常经验——被产生的一致性和由其实现的自我与自己的内在统一
性——可能再次被失去，可能经受进一步动机化；它可能激发冲动去克
服新的令人不适的非肯定性。在此情况下，自我并不必须像通常那样满
足于努力达至判断决定，获得及巩固满意的判断；反之，努力朝向于一
最终可靠的判断，即朝向于这样一种判断，自我可以主观上肯定具有此
判断，而不至于再次陷入变样化的分裂性。换言之，问题可以通过坚定
的断定获得坚定的回答，按此断定我们似乎达到了一最终的立场，尽管
如此问题行为仍然会再出现。例如，“A 存在吗?”，回答是“是的，A 存
在”。但我们仍然可以再问：“A 是现实的吗?”或许我们并非事实上有所
怀疑。的确问题可能根基于知觉领域：分裂的知觉通过变为一个一致性
知觉，它体现着决定与统握之一致性。然而可能性始终保持着开放性，
知觉的继续进程将并不肯定属于统握的预期，并因此将不肯定其意义的
377 有效性。于是可能产生了进一步保证对知觉判断予以正当性证明及强化
的必要，例如通过靠近，通过按照被规定的可能性使知觉积极自由地活
动，以便察验是否实际地存在着一致性。所以，我们必须区分简单的问
题与正当性证明的问题，后者可根基于一最终被保证的判断，一个这样
的判断，对此判断自我可以通过正当性证明为之提供基础，而且相应地
朝向于现实的、真正的存在。因为在此断定中，先前被判断为存在者复
被提供了一新的特征：真实的、确实如此的，以至于我们也可以将此问
题称为真理问题。因此，与它们对应的回答将往往是一真理判断，一关

于述谓真理的判断（对此参见前面§73）。当然，此类逐次提升行为可加以重复。“现实的”和“真的”并不必定是严格最终性的，例如，新的视域可展开，并产生对更新的正当性证明的必要。

我们具有的每一确定性，我们不论以何方式获得的信念，都能以此方式加以质疑。我们的确肯定它如是存在，但仍然可问：“它真是如是存在的吗?”这意味着，我们在问：它如何被证明正当，如何予以客观证明？与之类似，在法庭诉讼中可以确定证人A是正确的，而且此后全部问题都被决定了，不再怀疑；然而人们还可以继续提问，仍然将问题置入疑问，以便通过客观的澄清以获得一“更好的”决定，获得一基于理性的决定，它可完全消除相反的可能性。这些可能性于是不再有效，但它们必须在客观上被证明是无效的。于是正当性问题不再朝向单纯的判断确定性，而是朝向有根据的确定性。问题相对于被获得的确定性之基 378
础，而且因此它可对于已经获得的任何确定性提出来，甚至对绝对的确定性提出来。对此必须这样理解：对于每一绝对的明证性，人们均可以思考对应的非明证判断。后者所判断的为同一物。同样内容的每一非明证的意念行为都可被质疑，即使它最初产生于明证性；我们在对此证明时，可以回溯至明证性，对其论定，并因此达到回答：它真是如此，是的，真的。在正当性证明问题中，我们停止进行判断，我们将其变为一纯“思想”。但不只如此，而是进而同时具有相应的认知目的，我们探求一动机化途径，通过此途径，我们重新达到此刚被停止的、作为现实的判断之判断，也即作为一完全被促动的或作为一在自身内部带有其基础的认知，作为从此基础获得的认知，被其“实质地”促动的认知。所以，一方面必须区分主观的确定性、主观的决定性、信念及实质的确定性，以及另一方面，实质的确定性，即具有明证性基础的、具有被意念的问题本身的明证性的决定性。因此显然，特别是非纯粹的确定性样式，具有“坏良心的”确定性，将为正当性证明问题的产生提供一特殊诱因，因为它们正是有关一现存信念确定性的、基础性的问题。但是一切成为惯习性的空判断行为样式，原初地都可能是自身的或外来的实质明证性的产物，而且可以产生有关基础正当性回归的问题。基础性存在于对事物本身的回归，对其在原初性对象明证性中的自所与性的回归。 379

特殊意义上的理论兴趣是对基础论证、对规范化的兴趣，由此而断定，对可持久表达的固定化，以及对此基础论证的铭记，均与此规范化一致。每一穿过一基础论证的判断都具有规范正当性特征，即 orthos logos（理性行为）特征。显然，基础论证可以比较完全或比较不完全。问题并不需要被绝对质疑，而是可以仅只相关于其基础论证的完全性以及在此意义上引起正当性疑问而被质疑。相关于基础论证本身的理论意向当然还不是提问性意向，但是只要我们在理论的态度上知道意念〔Meinungen〕有时被充实，有时在一理论充实意向中被落空，我们通常就会采取提问的态度。

此外，在此必须注意：正如一般地我们并不轻易放弃一信念，即使出现了其他与此信念冲突的信念时；正如有关信念是否站得住的怀疑、肯定使其特征变样而且仍然并不取消其特征“我相信……”一样（例如，使其仅为一假设），于是这也证明，我们是“暂时地”进入反思，而且我们接着通过问题“这确实是真的吗?”来进行核查。必须对以下两种情况加以区别：一种情况是，我们是否仍然并未实际进行决定（这意味着在此采取一断定），即我们是否仅只在说“它似乎如是”“它如是呈现”；而另一种情况是，“它似乎就是如此，但当然此一与彼一并不一致”，而且
380 “我怀疑它究竟是此还是彼”，或者，我们是否做了一决定，例如，我们先前有一坚定信念并之后注意到，此信念与新决定的信念相冲突，我于是陷入怀疑。但是，一般来说，一切证实的努力，即使自身再次获得信念的努力（呼唤证人），在科学和科学态度中是受到这样的思想触发的：记忆可以欺骗，充实的证明或许永远不可能完善，等等。而且这并不是空的而是实在的可能性，此可能性在被意识到时，使得对一切事物，不论其情况如何，某种意义上都成为可疑的了。于是，甚至被导向惯习性具有的直观确定性，都再次成为非确定性，成为怀疑，以及成为问题。一切将再次成为有疑问的。但是我们仍然努力朝向着无疑问的认知，朝向着不受质疑的信念。

第三部分
一般对象的构成
和“判断行为一般”的形式 381

§ 80　思考的展开

在此前全部讨论中，我们获得了关于述谓性范畴判断的起源、基本形式和诸变样等的概观，在该讨论中我们专门引用了带有个别判断基底的例子（关于个体的判断）。这是可以理解的，因为问题相关于经验性判断的起源，而经验最终意味着个别对象的自所与性。然而其中也存在一种抽象的限制，因为甚至根据经验的判断行为，大部分将不满足于对个别特殊性、其存在和如是存在的论断，而是努力于讨论一般概念下的被判断者并由此在特殊意义上对其把握。于是，客观化的运作还并未由迄今为止讨论的形式所穷尽。在其之上建立起另一层阶的运作，而且其中的大部分已经与该层阶的运作不可分离地缠结在一起了。

当然，在对个别性的每一把握中已经有了个别对象与一般性类型间的一种关系在起作用——此关系作用已经通过以下两过程加以实现：通 382
过有关"类型式熟悉性"的及认知性的视域（在其中每一存在者本质上都是预先被经历到的），以及进而通过在一切述谓判断行为中使用不论什么名称（这些名称都具有一般性意义）的必要性。[①] 但是在以下两种情况间存在着一种基本的区别：一者与判断行为本身的普遍项的这种关系本身是主题性的，另一者并非如此。到现在为止我们考虑了由仅只相关于意义的那种"类型式熟悉性视域"所规定的预期作用，预期作用具有此意义以构成非真正受取层所与性样式，以及构成空的预期性述谓判断样式。但是我们还没有考虑这样的事实：这种类型化的认知特征本身能够导致一种新种类的对象的构成吗？即能够导致此类型化的一般性本身吗？其每一对象均可是"代表性的"并可在其最初出现时立即被如是把握，而并不因此与该类型的关系就必定已经是主题性的。如果此关系是主题性的，那么就产生了一种新形式的判断，原初范畴判断的变样，其元类型〔Urtypus〕我们已经认识为形式"S 是 p"。它们是不同的所谓一般判断或普遍判断，在其中对象不再被主题化为此个别的对象，而是主题化

---

① 参见导论第 39 页及以下和 § 49 第 240 页及下页。

为此种类、此类型的任何对象。如果这类判断应当是可能的，那么这当然假定着，对象按其被把握的一般项，不仅是在有如我们迄今为止发现它们的方式中那样被被动地预先构成，而且假定着，结果带有一已知性
383 特征的对象不仅为我们所知，对象因其之故具有此特征的“一般类型性”〔Typisch-allgemeine〕本身仍然是非主题性的。反之，一般性本身必定被如是把握，而且此把握行为，一般对象的此一主动构成，是一新种类的自发产生性的运作。在其中新的对象被主动地构成，这些对象于是可以进入判断成为核心——此核心不再像此前考虑的那样是个别性的核心，而是任何一般性层阶上的一般性核心。

那样一种变样，它意味着与此前形式对立的一般性判断行为之形式，因此应当首先在判断核心侧加以研究。而述谓综合形式按其基本结构来说始终是相同的，不论就 S 和 p 而言问题是相关于个别性核心还是相关于一般性核心。就此而言，我们此前关于述谓综合的分析的效力及其变样化，都是有关于普遍一般性〔universaler Allgemeinheit〕的——虽然由于我们必须在此举出具体的例子，所以不得不限制在具有个别性核心的判断上，因为随着一般性判断的引入，基本结构经受着某种使其复杂化的变样。

在有关概念性思维运作中被构成的一般性对象中，一般性、类型、类、属，其本身被理解为对象，理解为可能的判断基底，于是，它们属于不同的层阶，而且最初呈现的经验假设类型的一般性，将显示为仅只属于一个层阶，即一较低的层阶。一般项可能不仅是被构成于那样一种
384 事实的基础上，此事实是在已经被动地被认知却还未被把握的那种类型的经验中被预先构成的，而且一般项也可能是在自发性中被自由形成的。这首先导致了纯粹的或本质的一般性，并在此基础上导致判断行为，后者不再产生于对象与其经验性认知类型间关系的主题化，而是产生于它们与其纯粹本质间关系的主题化。

只是由于此一般判断的运作，逻辑活动才达到了其目的。对象不仅是在基础上被构成同一性统一体，而且是同时因此而被理解以及由此而在特殊的意义上被认识。只有一般思想才通向断定行为，后者创造了一种认知之储积，它超出了实际情境以及实际的主体间关系，而这正是认

知活动的目的所在（参见导论第 64 页及以下）。述谓规定行为和在经验中自所与的个别性基底的相互关系建立，作为个别特殊性的判断行为，确实永远多多少少地受限于经验情境——后者大部分也在语言上通过使用指示词或其他带有“偶然意义”的表达加以传达。只有在一般性形式中的把握行为使有可能脱离经验情境的此刻与此地、此经验情境被包含在思想的客观性概念中，于是我们在此实际上与逻辑活动的最高阶相关了。从已经谈述者中产生了我们未来的讨论次序。我们从最低的、构成性最简单的一般性一直上升到最高一般性，在其产生的原初性中探讨其一切形式。但是在构成性上最原初者并不是最靠近手边者以及最先呈现 385
者，如同那种经验上假定的类型那样。从生成学角度看，在其之前还有更简单构造的一般性（第一章），从它们开始我们必须逐步逼向最高的、纯粹的一般性，其构成性是独立于此种经验类型的前构成的，并根基于自由产生的构造的（第二章）。如果我们如此沿着一般性对象的层阶结构进行，那么就能够研究作为最高自发性运作的普遍判断行为形式之构成（第三章），而一般对象的构成则肯定成为其前提。

第一章　经验的一般性〔Allgemeinheiten〕之构成

§81　一般〔Allgemeinen〕之原初构成

a）相同者与相同者的联结性综合作为凸显一般性之基础

一切经验对象首先被经验为类型式已知者，在一切统觉的及其根基于联想性激发的惯习性连续作用的沉积中有其基础。联想原初被动地产生了相同者与相同者的综合，而且此综合不仅是在现前领域之内，而且也穿过全部体验流，穿过其内在时间以及穿过一切在其中被构成者。① 于是相同者与相同者的综合是由联想性激发所构成的，而且其后它们可以
386 在准现前的直观统一体中被结合。如果我们要在其原初产生中探讨一般（项），那么我们首先就不应依赖于那种导致经验性类型的相同性综合，因为在此通过联想被结合者不必然是自所与者。联想性的相同关系的确也存在于一现前知觉中的自所与者和某种程度的晦暗记忆者之间，这些关系成为类型式认知特性的基础，经验性类型就是通过类型的认知特性被前构成的。因此我们应该首先不考虑这一切，而限制于在知觉中一现前统一体内的自所与者，以便追踪一般项如何根据其基础而原初地被构成于自所与性中。

让我们回到对联想性统一体构成的分析结果。每一对象都从出现在

① 对此以及对以下诸节参见 §16 第 74 页及以下。

一领域中的共同所与者的多元性中触动我们，而且多元性本身也可能作为诸多分离的对象统一地触动我们。它们不是一单纯的诸分离者的聚合，而是已经在其前构成的被动性中本质上包含着一内在相似性的结合体，只要属于它的个别性对象具有共同的性质，根据此性质它们于是可能被结合进入一主题兴趣的统一体内。在穿过个别项的聚集活动中出现了相关于它们之间共同性的“类似性符合”，以及出现了相关于不同者的区别性。按照类似性的“大小”，诸共同项具有越来越大的相互激发力，在以此方式特别结合的两个对象内凸显了（例如）相同的或相对而言极其类似的颜色，在另一对对象间凸显的可能是形态，如此等等。在此过渡中 387
每一项都与其相对项相符，因为存在着同一的基底和类似性因素与相同性因素的基底。在相符性因素中，类似者与类似者可以说按照类似性程度彼此相混合，而在此混合中被结合者的一种二元性意识仍然持存着。这些类似者有其程度性，称之为类似性对比程度或一定意义上的“区别性”。在完全相同性情况下，混合性对于意识而言是充分的，即无差异的及无区别的。所有这类现象纯粹都是在被动性之内的过程。混合性和相同性相符，其发生完全无关于进入相符性的个别项究竟是实际上自发集体地被穿越，还是始终存在于多元性的被动前构成内。

如同前面已经指出的，关系判断的事态形式可以根据这种相同性综合被构成。从一种被知觉的墨迹过渡到另一墨迹时，一种相符作用实现于相同性综合形式中，而且事态“A 相同于 B”发生于这样的事实中：它们是分离地被维持的并综合地被结合的。

但是判断行为仍然也可朝另一方向进行，虽然根据相同者和相同者之间的联想性激发，一对象不再仅只是因自身被触动，而是在与其相似者的结合中被触动，同样，对于对象本身有效的每一判断都可以进入与对于类似对象有效的判断之结合关系中。换言之：在由于类似性产生的多元性统一体中，一个别判断可以进入与另一个别判断的共同体中，在此过程中发生了超出个别性的新的判断方式。在考虑相同者与相同者间 388
综合的独特样式时，这是可以理解的。其特殊性在于，虽然它看起来的确非常相像于这样一种同一性综合，但它仍然不是这样一种综合。它如此相像于这样一种综合，以至于当我们从相同者过渡到相同者时，我们往往直接说："这肯定是同一物。"但相同者是两个分离对象，不是同一对象。然而在每一这类二元体中而且在任一相同性复多体中，实际上存在着严格意义上的一统一体和同一体〔Selbigkeit〕。它原初地出现在"相同相符性"〔Gleichheitsdeckung〕的综合中，或者它通过此综合被原初地前构成为对象，于是一种新的判断行为方式在其之上建立起来。

b）一般在产生的自发性中被构成。个别判断与一般判断

首先我们假定，主题上规定的兴趣集中于 S 并其中被特殊化，而且这样做时并未失去对与 S 结合者的一般兴趣。那样一种触动作用〔Affektion〕始终是连续有效的，此触动作用导致了朝向一进行中的、综合广泛兴趣的以及连续主动的统一化。在对 S 的限制中，凸显出来作为其特性的因素 p，于是首先在形式"S 是 p"中被把握。假定兴趣变化到同时触动性的〔mitaffizierenden〕S′——此同时触动性是以作为其个别因素 p 的充分相同的因素为根据的。此 S′以和先前 S 同样的方式由其因素 p 加以述谓规定。在 S 和 S′间被动性相符的综合，以共同的触动作用为基础，
389 它现在可以被主动地把握着。我们将说 S 和 S′是相同的，此即"是 p"：虽然 S 仍然有其因素 p，而 S′也有其因素 p。正像基底一样，它们的性质是分离的，但是在我们进行的主题转变中它们是相符的，而且存在一同一化活动。但是这并不意味着两侧的性质因素，或者甚至 S 和 S′，被意识为同一的〔identische〕，虽然我们说，S 和 S′是相同的〔dasselbe〕。在此显然不可能有一种完全的同一化，但是，也不可能有那样一种我们称作是"解释性相符"的部分的同一化，而且我们赋予此解释性相符关系的是作为规定性的性质因素。

在任何情况下，显而可见，在从相同者向相同者过渡时，在相符性中出现了统一体，一种二元因素的统一体，二者既分离又结合，此外，此统一体作为完全同一性的同一者一再出现，当我们过渡到一新组成项 S″，之后又过渡到 S‴时，在后者中我们具有一相同的及再次相同的因素 p。统一体最初在个别因素的被动的"相同相符性"基础上出现，而在返回它之后可被把握为自身。于是我们应该区分：第一系列判断，在其中每一基底都获得了作为谓词的个别因素："S′是 p′"，"S″是 p″"，以及与之相反的判断系列，在其中，处处相同的 p，成为作为一般项的谓词，作为

出现于 p′、p″等之中的一切组成项中的同一性整体〔identisch Eine〕。这意味着，统一体是前构成于 p′、p″等被动的相同相符性中的，作为“种”〔Spezies〕p 的统一体。根据此统一体，一朝向新方向的判断行为是可能的：在此判断中，当我们返回 S′并再实行同一化时，我们不再用作为其个别因素的 p′，而是用作为在 S、S′等等之中的“同一的相同者”〔iden- 390
tisch dasselbe〕的 p 来对其规定。判断“S′是 p”“S″是 p”等产生了，在其中 p 不再意指着一个别性的述谓核心，而是意指着一一般性的〔generellen〕核心，即一般项〔Allgemeine〕，它首先作为对于两个或多个接续被把握的 S 来说的共同因素〔Gemeinsames〕。因此，此共同因素不是被瞬间消失的及多变的因素所规定的，而是被“观念上绝对同一的因素”所规定的，此同一因素，作为观念性统一体，被一切个别对象以及在重复化或类似化方式中被复多化的〔sich vervielfältigenden〕因素所贯通。我们稍后将指出，此统一体根本无关于诸因素的现实性，它不随诸因素产生及消失，而且虽然它在其中被个别化，却并非其组成部分。

首先我们要注意，不同的判断形式彼此在此应该加以区分，而且要注意，一种新的判断形式被构成，它不同于此前所讨论的判断形式。判断“S 是 p′”，在其中 p′代表个别对象 S 中的个别因素，此判断完全不同于判断“S 是 p”，在其中 p 代表一般项，意指着艾多斯，而且判断“p′是 p”（个别因素 p′属于 p 种类）也是如此。在一种情况下，在基底与其个别因素之间出现了一种同一性，在另一情况下基底的谓词是一一般项。基底被规定为属于 p 种类，或者 p′ 在与其他相似因素 p″ 等相符的基础上被规定为属于 p 种类。在一种情况下，我们于是有一判断，它包括个别性核心并赋予其个别性谓词，我们称之为一个别性判断。在另一种情况下，至少在一侧，出现了新的核心，即一般项：判断是一般性判断。这 391
是一新的判断行为形式，因为诸核心的区别性具有一结果：同一性综合形式的变样化对立于简单的解释性综合，如同我们将其设想为我们的范畴判断“S 是 p”的基本形式之原初性基础一样；它是一综合，此综合自然只能出现在这样一种简单解释性综合或一此类综合复多体的基础上。

从原则上的生成角度看，这样一种一般性核心，一种 hen epi pollōn（多中之一），作为一先天一般项统一体，当然先天地呈现于意识中，并且只有在综合性过渡内的诸相同性对象的分离性把握主动完成后，才可准备达至可能的主题性把握。但是并不必须在先地发生比较的关系性判断，例如形式 pS（S 内的因素 p）相同于 pS′，而是要求另一种态度。对一般项的、与复多体对立的统一体的兴趣方向，目的并不在于规定一相同者与另一相同者之间的关系。所以，它并不是被动产生的相同者的相符性综合，实现于"'是'—述谓关系"的形式中；反之，触发兴趣者是被动的前构成者，后者存在于被个别把握的相同者〔Gleichen〕的相符中，此即根据相符性基础被凸显的一整体，一同一者〔Identische〕，后者是单一的并永远再次是相同者〔dasselbe〕，不论我们会在什么方向上前进，它是被主动把握的。

再者，被实行者显然不再是某种像是相同对象的解释。在此显现的单一整体〔Eine〕，不是在对象中作为其部分，作为"部分上的同一者"；否则的话，它肯定只是一处处相同者，而且诸相同者处于交叉关系〔Überkreuzung〕中。

392 于是该单一整体不是在诸相同者中被重复着，而只是一次性地，但在多成分间被给予的。它出现在我们面前作为一新型对象，作为一理解对象，它产生于主动性的原初来源中，虽然当然是在感性基础上，因为，贯通、个别把握、纳入相符关系的主动性是必要的，如果一般项本身要被在前构成之后进而能够成为主题性对象的话。它的原初性把握具有另一种兴趣领域，此领域必定为该兴趣所贯通，正像在简单受取性中的一对象的情况中那样：注意的目光必定贯通已被构成的个别性对象，而且当它进行相同性联结并实行相符作用时，被构成的单一整体被主题化为某种内在于个别性对象者，但并非作为其部分，因为被比较者也可能是完全分离的。

c）对一般项的同一性之参与及单纯的相同性

这种内在于个体项的自所与行为，相关于一切特殊的同一性关系，它区别于一切其他这类关系。如果在 A 和 B 内以相同方式被凸显的一般项 a 在对象侧被把握，那么它就呈现在 A 内、B 内，而且新型的事态可能产生于相应的过渡中：A 是一般项的个别例，它参与一般项，它通过 a 被理解。如果我们使 a 成为主词，那么这意味着：a 使谓词归于个体，即

归于 A 和 B，于是此概念将寓于〔wohnt... bei〕个体内。如果用常识语言 393
表达第一个事态，那么我们说（例如）“这是红的，那也是红的”。我们在此应注意，形容词形式本质上属于事态形式，而并非语法上的偶然现象。[①] 稍后将必须讨论“普遍判断行为”的形式如何根据此关系被给予。

参与关系不应与单纯相同性混淆。我们不应以为一般项的同一性仅只是一夸张式表达。通过叠加作用，在此在彼的相同者，相较于区别性因素凸显出来。但是正如这样一种情况一样：具体的个别对象在复多体中、多元体中被分离，而在聚集行为的主动实行中产生的“重叠性相符”也对此分离性未加改变，于是，在此引起注意的相同性因素以及区别性因素也是被分离的；每一对象都有其内在于自身的因素，如红色因素，而且诸多红色的对象中每一个都有其个别的自身因素，但它们都是在相同性中的。

反之应该强调，相同性仅只是“一一般项的同一性”的一相关项，此一般项实际上可被看作是单一整体和自存者，并可被看作是个别者的“对应者”。此同一者首先被“个别化”为两项，而且之后，如我们马上会看到的，也被个别化为任意多项。一切这些个别化作用都通过其与同一者的关系而彼此发生关系，并被称作是相同的。按照通行的说法，自
身来自此个别化的具体对象，于是被称作是“相对于红色”而言的相同 394
者，而且在非严格的意义上其本身可被看作是一般项的个别化。

§ 82　经验的一般及其外延。概念的观念性

我们最初认为一般项是通过两个基底的联结给予我们的。而且事实上，一种一般项在此已经被构成，当然是在最低层阶上的一般项，正像两个对象具有的共同因素那样。但是比较行为可以继续，首先从 A 到 B，之后从 B 到 C，到 D 等等，而且随着每一新的步骤一般项获得了一越来越大的外延。如我们已经指出的，根据此相同性相符不仅个别判断能够被给予：A 是红的，B 是红的，C 是红的，等等，而且也呈现了作为“多

① 关于形容词概念，参见前面第 248 页及下页。

元体”的新“事态形式”：A 和 B 是红的，A 和 B 和 C 是红的，在此“红”意指着该种属。反过来说，判断红色（现在作为主要基底，作为新句法形式内的主词）属于 A，B，C，……于是在第一形式中有一多元的主词，一多数；一复合的射线从每一个别项发出，朝向于仅只一次性设定的一般性谓词。反之：作为主词的一般项释放出一述谓关系的多元射线，每一单独射线都终止于一集合中的组成项：A 和 B 等等。

在此情况下，通向一一般项的比较作用相关于个别规定的对象，它出现于在个别规定性中的一有限封闭的经验中。一般项，虽然与它们作为非实在者相对立但仍然与它们相连接，之后显现为在它们之内的凸显
395 者，显现为存于它们之内的概念。然而，只要经验扩大着并通向新的相同的对象，而旧的对象或者仍然在把握中或者通过联想达到再忆性的触发，相同性综合于是立即继续下去，新的相同者立即被认知为同一一般项的个别化。此一过程可无限地继续。只要相同性对象的一开放性视域在意识中被假定为现实的或实在可能的对象之视域，而且只要它被直观为开放的无限性，它就立即呈现为同一一般项的个别化的无限性。被个别把握的和联结的诸一般项，现在获得了一无限的外延，并立即失去了其对个体的联结性，一般项最初是从诸个体中抽象而得的。

此外，应该注意，绝不需要对一种原初的“一般性构成”的综合性联结，以便把握作为一般项个例的一个体。如果概念，如“花”，先前出现在原初的比较中，那么一新出现的花就将根据过去确立的类型“花”的联想性触发而被再认识，却并不需要出现对在先比较情况的直观性再忆。但是一般项的现实自所与性于是要求我们超出相同性中的个别性，最终达到可能继续进行的开放视域。先前的情况此外是否被个别地再现，并无关系。于是显而易见，一般项并不受限于个别的现实。

我们现在也可超越经验以及在经验中实际给予的对象的比较，并过
396 渡到自由想象。我们想象着相同的个别性——与最初实际被经验的现实相同——而且不论我们立即选择了多少，作为相同的个别项，永远都是新的，个体彼此间是不同的，因此，如果经验继续着，它们即可实际地被给予我们。于是，纯粹可能个体的、纯粹可能的概念对象的一无限外延，属于每一概念。如果我们想象物，那么我就在物中把握作为纯粹可

能性的物的概念。在现实的物中，准确说在被意念的物中，我可发现同样的概念，我根据现实经验将被意念的物设定为现实物。后者，作为实现着同一一般项的诸个别化，呈现于从想象到现实经验的过渡中，此一般项在想象中，不是实际地而只是准现实地，存在于直观的可能性中。

结果，一般性对象构成的可能性，“概念”构成的可能性，其扩展的程度取决于联想的相同性综合之存在。在其基础上存在概念构成运作的普遍性，一切以任何方式在现实中或可能性中在对象侧被构成者，作为现实经验对象或作为想象对象，均可作为比较关系中的比较项而出现，并通过本质性同一化主动性以及被包括在一般项内而被理解。

在其观念性中的概念应当被理解为一对象物，它具有一纯粹观念性存在，此存在并不以对应着现实存在的个别项为前提；它可以是任何物，即使对应的个别项只是纯粹可能性，虽然在经验性现实范围内它也可以 397
是现实个别项的被实现的概念。而且如果存在现实的个别物，后者仍可被其他与其相同者取代。一般性之纯粹存在和纯粹可能项之存在是相互对应的，纯粹可能项参与着一般性，并必定被构造为其基础，以及被构造为通向一般性的纯粹抽象性基础的一种观念上无限性外延。

当然，概念作为纯粹概念，从一开始即通过纯粹想象可能性的比较而发生于与实际现实的一切关系之外。因此显然，作为被给予为存在者的可能项（其存在不是在经验现实的意义上，而只是作为可能性）之每一如此获得的现实相同性，在意向性上包含着诸可能现实项的一可能的相同性，以及它们可能参与一可能的一般项〔Allgemeines〕。另外，即使它们原初地构成于作为实际一般性〔Allgemeinheiten〕的经验基础上，概念永远可被理解为纯粹概念。

尽管存在着我们用以描述其与个别性关系的一切柏拉图式词语，一般项的观念性不应被理解为似乎在此问题相关于与一切主体性因素没有关系的自存在性。反之，正像一切理解对象一样，一般项本质上相关于（相应地属于它的）生产的自发性过程，而且在此自发性过程中一般项达到了原初的所与性。在其不同的层阶上的一般项的存在，本质上是在该过程中被构成的。

由于我们从经验出发以及从在经验基础上发生的比较作用和概念构

398 成出发，我们到此为止还不能处理纯粹一般项问题。我们已经描述者是经验的一般项之获得。自然生命的一切概念，（无损于其观念性地）带有对一经验领域的共同设定，在此领域内它们在诸个别项中具有其可能的现实化。如果我们谈到动物、植物、城市、房屋等等，那么我们以此首先意指着世界物，即我们的现实的、虚构的经验世界中之物（不是一纯可能世界之物）；与之相应，我们将这些概念意指为现实的一般项，即意指为受限于此世界者。每一这样的概念的外延虽然都是无限的，但它也是一现实的外延，在所与世界中的现实的与实际可能的物外延。这些属于经验性概念外延的实在可能项，不应与纯粹可能项相混淆，后者相关于纯粹一般项。对此我们稍后再谈。

§83 经验类型的一般性及其受动的前构成

a）从自然经验统觉类型中获得经验概念

仍然有重要的区别应该在经验一般项范围内进行。首先必须更仔细地检验从被动前构成的类型化向经验性概念的过渡，此经验性概念不仅是在日常概念的意义上理解的，而且是在高阶上的经验科学的概念上理解的。

让我们返回先前已经谈过的问题。经验的事实性世界是在类型中被
399 经验的。物被经验作树木、草丛、动物、蛇、鸟，在种级上被经验作松树、椴木、丁香、狗、毒蛇、燕子、麻雀等。这个表列具有“被再认知者”特征，以及仍然是新对象。被经验作新对象者，首先即按照真正被知觉者加以认识，它使我们记起相同者（或类似者）。但是按其类型被把握者也具有一可能的经验之视域，它带有相应的已知性规定，于是即为一还未被经验的但被期待着的特征之类型：如果我们看见一条狗，于是我们立即预期着其进一步的行为样态，其吃、玩、跑、跳等等的类型种类。我们没有实际看到其牙齿，虽然我们还没有看见过此狗，但我们预先知道它的牙齿是什么样子的——不是个别地规定的，而只是按照类型规定的，只要我们早已经常有过对“类似的”动物的经验，经验过“狗”，那么它们就有像“牙齿”的相同物并具有同一类型。一开始，在

经验进程中关于一被知觉对象所经验者，是“在统觉上”被直接赋予具有类似真正知觉成分的每一被知觉对象的。我们预期它，而且现实经验可对其证实或证否。在证实中一类型的内容被扩大，但该类型也能被下分为诸特殊类型；另外，每一具体实在物仍然有其个别的性质，虽然同时它们也有其类型形式〔Typenform〕。

每一按类型把握之物都可导引我们至我们在其中对其统握的类型之一般性概念。我们并不必定按此方式朝向于一般项，尽管可能使用带有其一般性意义的名称“狗”（参见前面第382页及下页），我们并不必须 400
把按类型加以统握的狗在主题上把握为一般项“狗”的个例，而是也可以朝向于作为个体的狗，于是朝向其类型（按此类型它从一开始被统握）的被动前构成的关系始终是非主题性的。但是根据此关系的基础我们永远可以构成一一般性概念“狗”，并设想到我们的经验已知的其他狗；我们也可能在一任意的想象构成中设想无限多的其他狗，并从中直观作为一般项的“狗”。如果我们曾经适应于一般项之把握，那么按照§81讨论的综合，每一部分，一对象中的每一个别因素，都提供我们某种在概念上把握为一般项者，每一分析于是将与一一般性述谓关系平行进行。于是统一的一般类型，根据一对象与另一对象按联想性触发的相同性关系首先被统握的一般项，将成为一一般项，成为包括很多特殊概念的一概念。但是，如果对象是实在的对象，那么被凸显的一感性类型，并未穷尽我们可在连续性经验中，以及因此在此作为相同者的对象的真正存在的展示中，所发现的一切相同成分。对象越如其所是地显示自身，其中每一个就越多地出现在直观中，于是发现相同性的可能性就越多地展示出来。但是同样明显的是，进一步的规定性与已把握的规定性，通常存在于规则的联系中，或者同样，在经验的进程中它们应当被期待为共同出现者。

例如，一组类型特征属于“狗”类型，此组类型特征带有对其他这类性质进行期待的一开放视域。这意味着：按照其“一般项”，一条狗像 401
每一其他狗一样，而且（尤其如此的是）此一般项通过先前对狗的经验（即使这些经验只是肤浅的及非常不完全的）被规定为一切狗的特征；并且此一般项按其类型是已知的，它带有由仍未被知的类型特征所组成的一未定视域。如果我们继续在经验中前进，首先达到某条个别的狗，那么我们就将最终不断发现新的性质，这些性质不仅属于此一狗，而且属于狗一般，并通过迄今为止我们所赋予的类型性质加以规定。于是，在超出了现实的和通过现实经验经常获得的概念时，出现了一假定性观念，一一般项观念，属于此观念的，除了已经获得的性质外，还有一未规定的开放的未知性质视域（概念的规定性）；也就是在连续假定的意义上的、在连续经验确定性意义上的视域，按此确定性通过已知性质被认定为一狗者，将通过相关于被给予的及被仔细研究的狗，也具有新的性质，此性质是符合规则地显现的，以及如此继续下去。于是，经验概念是通过连续接纳新的性质而改变的，但是遵照着一开放的和永远须更正的概念的经验观念，此经验观念同时自身包含着经验性信念的规则，并根基于连续性的现实经验中。

402 **b）本质类型与非本质类型。科学经验通向本质类型之凸显〔Herausstellung〕**

当然，存在某种经验类型的一般项，它已经被动地被前构成并其后从主题上被把握着，如草、树丛等等，对于它们来说，一种无限开放的类型视域并不联结于最初规定性的性质。这意味着，按照经验，有关需学习了解不断更新的新类型的此一可能假定未被肯定。直接经验往往仅只根据任何显然的差异性与事物相分离和相区别，此差异性可掩饰一种事实上存在的内在关联性，例如，被称作哺乳类动物的“鲸鱼”的归属性，被鲸鱼在生命方式上与鱼类外表的类似性所掩盖，此一事实已经显示在语言的称谓上了。在此情况下我们谈到非本质的类型。在具体自然的无所不包经验中，个体越来越按照本质的类型，排列于不同的一般性层阶上。在此基础上存在着科学的、经验自然史的研究。在其基础上必然存在前科学的以及多种多样非本质的自然经验统觉的类型学。科学的种概念通过系统的和方法论的经验去规定本质的类型。科学的概念只能包括有限数量的被规定性质，但它们也因科学上例外的或然性而带有一
403 无限开放的类型特征之视域，此类型特征是在概念上被共同规定的，尽管最初是未知的。此视域可在进一步研究中被探索和加以描述。此外类型特征也相关于因果性：在生命条件下相关类型（种）的动物和植物的“生命”因果性、它们的“发展”方式、它们的繁殖等等，对于这些问题我们在此无须进一步涉入。

§84　一般性层阶

a）具体一般性作为完全相似个体“重复之一般项*”

被经验者排列其中的“类型一般性”属于不同层阶。例如，当我们将经验过程中遇到的“枞树”和“针叶树”并置时，后者具有一较大的“外延”，因此具有一较高阶的一般性。一般性的层阶是由外延个项的相同性程度决定的。

如果我们从个别对象出发，那么我们从生成次序上遇到的最原初的和第一级的最低阶一般项，即那种从诸个体的单纯“重复”中产生者，能够被经验为独立的和完全相似的。我们称其为具体项。每一个别对象均可被重复地思考，一完全相似的第二个对象可通过与具体项的比较而被思考。每一个体都是其具体项的个别性单一体，它是具体性的个体。来自相同的诸独立[①]对象之重复中的此一般项（即来自个体的），是最低 404
的一般性，是最独立的一般性，这意味着，它是这样的一般性，即不以任何其他一般性为基础，因此也不以其他一般性为前提。于是例如，一般项“亮度”根基于一般项“颜色”，颜色包括亮度；颜色又只被设想为有形态的颜色，而且后者，或有颜色的形态（空间形态），准确说有形态的空间物本身，就是完全的具体项，也即完全独立的一般项。

我们由此看出，最低阶具体的诸一般性是其他一般性的基础，它们

---

* 此处关于西方形上学名词的中译法，素来不一致，原因是彼此语言单词（字）的语义结构不同。即使西方各国的相应表达法也欠一致。此类问题可上溯至亚里士多德，经中世纪逻辑学，再传至近现代哲学。对于本处的处理法解释如下。相关德文词有三：Allgemeinheit，Allgemeine，allgemeine。其词根均为“一般”，而各词词性不同，简略分别为：一般的性，具体的性和形容词“一般的”。翻译问题发生在前两个词的异同上。一般的中译法往往将二者都译为“一般”，不另加“词性字”，根据上下文，读者或可辨析。按照本人的译法，有时加上了词性字有时则未加，不够统一，因为硬加上词性字有时不合中文习惯。另外加与不加，还和语境有关。这就是为什么说“中译文”不可能充分准确对应于德文，深研者必须读德文的理由所在。此处英译者将前二词均译为 generality（ties），法译者则区分为 la généralité（s）和 le general。关于这个“一般”是什么词性，中文读者应该主要据语境来体悟为妥。——中译者注

① 关于独立性，参见前面§29 和§30，第 151 页及以下；对于具体项、抽象项概念，也参见《纯粹现象学通论》第 28 页及以下。

的抽象因素的诸一般性本身也再次自然地呈现为一重复的一般项，但是一非独立的一般项：最低阶的、非独立的抽象种〔abstrakten Spezies〕。作为原初具有一非独立个别体外延的诸一般性，是适合于原初形容词把握的，其本身是原初形容词的一般性。与其对立的是作为名词的一般性的原初独立一般性。

b）高阶一般项作为基于纯粹类似性的一般项

如果一一般性外延的个体项的相同性不再是完全的相同性，那么就产生了较高阶的一般性。我们将完全的相同性视为类似性的极限。从类
405 似项到类似项的过渡中出现了一相符关系，但它仍然不是完全的相符性。相互重叠的类似项是彼此有区别的。不同的类似性可能具有不同的区别性，而且这些区别性本身也仍然是可比较的，具有其自己的类似性。类似性因此具有一量度性，而且其极限，即完全的相同性，意味着相符性中的差别消失，也即达到诸纯自重复项间的相符性。后者即一般性的最低阶之基础。关于一般性的最高阶以之为基础的类似性本身，我们有作为其主要区别性的完全类似性之区别性（相关于类似者的全部个别因素的类似性）和部分类似性之区别性（相关于诸个别因素的类似性，其中每一个均有其相同性之局限，而其他因素则不是类似的）。①由于此区别性，产生了不同层阶的一般性。因此，一般性层阶既决定于一切类似因素的类似性差异的大小，这些类似因素出现在一般性外延的个别项上——就完全类似性而言，它们是全部因素——也决定于类似性因素的数量，即决定于在完全类似性上的接近性程度。准确地说，完全相同性〔völlige Gleichheit〕就是完全类似性〔total Ähnlichkeit〕的极限，而就纯部分类似性而言（即使就相关于个别性因素来说，部分类似性达到了完全相同性极限），此极限也不可能相对于全体达到。它们永远仅只是类似项。然而，类似性的一般项，由于其与极限的关系，也包含着相同性的
406 一般项，但只是一部分的、间接的相同性，“相对于此一、彼一因素”的相同性。于是，甚至在类似性相符中显示了一共同因素，或者说，

① 关于作为类似性极限的相同性概念，参见前面第 77 页；关于“完全类似性”、“部分类似性”和“类似性差别性”，参见 § 44 和 § 45，第 225 页及以下。

作为共同因素，它原初地将光亮照穿于〔scheint…… hindurch〕“诸个别项间”。它在从完全相似项重复的一般项向下一较高阶“种”（纯类似性的一般项）的过渡过程中达到了完全的所与性，进而达到部分类似性的一般项（相同性），后者并不包括绝对完全的相似项或完全的类似项，而是相关于此一、彼一因素的相似项（类似项）。

纯类似项的一般项是一较高阶的一般项，因为其外延内的个别项，即使是仅由二相似项的相符性构成者，永远已经被设想为相似项的可能重复中的一般项。于是一作为种的一般项〔Art-Allgmeines〕，已经下辖着两个或多个具体一般性，稍后我们将讨论更高阶的一般性种类，即“属”的一般性等等。它们是非独立的一般性，这是因为它们产生于一般项之比较（来自重复的最低阶一般项）。于是，一般性可以像其他对象一样被比较，例如“红色”和“蓝色”，而且在此综合性主动性中一较高阶一般性被构成。在此主动性中，一般性达到了作为一一般性的原初自所与性，此一般性下辖作为个体性的一般性。于是在相似的具体项基础上产生了一“具体”种，以及从具体种产生了一“具体”属。当然这并不意味着，“具体”种等等本身是一具体项。我仅称之为“具体种”〔konkrete Art〕，以便关注其起源与具体项，因为也存在在其下具有非独立的一般项的种，抽象因素重复的一 407
般项，即“具形态的种”〔Arten von Gestalten〕等等。与具体高阶一般性对立的，我们称它们是抽象的：抽象的属与种。

无须强调，经验性类型，作为最初显著可见地产生的一般性种类并根基于类型认知的被动前构成者，大部分都是属于一较高阶的、属于一般性种或属的一般项，因为从完全相似项的单纯重复中产生的最低阶一般项的确是一限界情况。

§85　质实的一般性与形式的一般性

另一种重要的区别性是在质实的一般性与形式的一般性之间的区别性。为了对此理解，我们必须回忆我们在欠缺逻辑句法形式的对象与具有句法形式的对象（即理解对象）间所做的区别性。按照为了把握一般项而被比较的对象属于何种种类，出现了两种基本差异性的一般性种类：

1. 诸相同项的相符性综合，显然可以联结于作为简单经验的对象，因此即这样的对象，它还未经验过句法的形式化。它们仅只从此相符性综合和其中的抽象获得一句法形式。于是发生了纯粹质实的以及具体的概念，后者当然不具有名称。因为语言上显著可见的概念如树木、房屋等，已经在此之外包括了种种在判断活动中获得的谓词。
408 然而仍然重要的是一开始提出初始的限界情况。在此问题相关于在一切解释和谓词的句法联结之前的具体概念。

2. 我们于是要比较句法的结构，在其中出现了新的相同性，此即：

a) 那些属于通过解释从被动性经验中引出的内容，于是此内容依存于质实共同性。[①] 它们给予了质实性的一般项概念。

b) 属于从自发性产生中出现的句法形式的诸相同性，意味着它们相关于单纯形式的共同性。例如，"红色不同于蓝色"；在此陈述句中，除了质实性概念红与蓝外，纯粹形式也表达于我们有关区别性和命题句的全部形式的语言中：主词形式、谓词形式、宾词形式。概念，如相同性、区别性、统一性、多元性、集合、全体、部分、对象、属性——简言之，一切所谓纯粹逻辑概念，以及一切这样的概念，它们能够并必定表达于事态形式复多体内，以及（从语言角度说）在陈述句形式复多体内，它们是纯粹形式概念、形式的一般性，如果我们在语句中仅只容许一切质实性成分〔Sachhaltige〕被规定的话。

① 关于质实性的共同性与形式性的共同性间的区别，参见前面 § 62，第 296 页及以下。

第二章　通过本质直观法获得的纯粹一般项 409

§ 86　经验一般性之偶然性与先天必然性

我们说过，经验一般性具有由现实的和实际可能的个别项组成的外延。这些一般性的获得，最初是根基于在相同的并之后进而在纯类似的、在事实性经验中所与的对象之重复性的，它们不只相关于此有限制的及所谓可计数的现实个体项之外延，从此个体项中它们被原初地获得；而且它们通常具有一视域，此视域假定地展示出更广阔的个体项经验，后者可以自由随意地通过展开此假定的存在视域而被获得。当问题相关于前所与的无限世界的实在物时，我们可以想象任意数量的其后可被给予的个体项，也包含着作为实在可能性的此经验一般性。于是，外延是一无限开放的外延，而且经验上获得的种与较高阶的属间的统一体仍然具有偶然性。这意味着，一偶然所与的个别项就是概念形成的出发点，而且此概念形成超越了同样偶然的相同性和类似性——偶然的，因为作为比较出发点的个体项是偶然的，是在事实性经验中被给予的。

此偶然性的相对概念是先天必然性。应该指出，相对于该经验概念如何构成纯粹概念，此构成性于是不依存于事实上所与的、作为出发点 410
的个别项及其经验性视域的偶然性，而且这些概念似乎并非仅只“事后地”，而是预先地，即先天地，包含着一开放的外延。此种预先包括作用（Umgreifen）意味着，它们必定能够为一切经验性个别项规定规则。在经验性概念内，外延的无限性仅只意味着，我只能想象任意数量的相似个体项，但是并非实际明证的是，在实际经验进程中此假定中关于“一再性”之设定，是否可能经受取消作用，此继续的可能性是否事实上可达至其限界。另外，在纯粹概念中，此事实上的继续可能性的此一无限性是明证地所与的，正是因为，这些概念在一切经验之前，规定着为其继续展开的规则，并因此排除了一种突然变化，一种取消作用。此种先天一般性和必然性观念，在我们以后的讨论过程中将会更为清晰。

§ 87 本质直观法

a）自由变异作为本质直观的基础

从我们已论述者可清楚了解，为获得纯粹概念或本质概念，经验性比较法可能并不足够，而应通过特殊安排使得首先在经验所与者中被凸显的一般项，从其偶然性中解脱出来。我们企图从此运作中获得一第一概念。它根基于一被经验的或被想象的对象的变样以达到某任意举出的
411 例子，以使其同时具有某种引导性“范式”之特征，使其作为产生一无限开放的变样复多体的出发点，因此即根基于一变异作用〔Variation〕。换言之，为了其在纯粹想象中进行变异，我们让自己由作为范式的事实来引导。为此应该永远具有新的类似图像〔Bilde〕作为模像〔Nachbilder〕，作为想象图像为我们所用，这些想象图像都是具体类似于原始图像的。于是，我们自由任意地产生了诸变体，其中每一个，正像变异作用本身全过程一样，出现在主体的“任意性”的体验样态中。于是显而易见，一统一体穿越了此连续图像复多体，在一原始图像的（即一物的）这种自由变异作用中，一不变项必定保持为必要的一般形式，如无此形式，这样一种与此物相像者，作为其种类的例子，是绝对不可想象的。虽然使诸变体彼此区分者〔Differierende〕之性质对于我们来说无关紧要，它将在任意性变异作用中凸显出来，而且作为一绝对同一的内容，一不变者，一切变体都会与其相符：一一般性本质。我们可将目光朝向它，有如朝向该必然不变者，后者为一切在此“任意性”样态中运作的变异作用规定了限界，一切变异作用都应是同一原始图像之变异作用，

不论此变异作用是如何实行的。结果表明，如无此一般性本质，这样一种对象是不可能设想的，即如无此一般性本质，对象不可能在直观中如是被想象。此一般性本质即艾多斯，在柏拉图意义上的“idea”（观念），但它在此是被纯粹把握的，并排除了一切形上学的解释，因而按此理解，有如在沿此途径产生的“观念洞识”〔Ideenschau〕中直接直观地给予我们的那样。一开始，此所与性被设想为一经验所与性。显然，一单纯想象或在想象中作为对象直观地呈现者，已足可达到我们的目的。 412

例如，如果我们以一声音作为出发点，不论是实际上听到它还是使其“在想象中”呈现为声音，那么我们就在“任意的”变体变化中获得“声音”艾多斯，它必定对于一切变体都是共同的。现在如果我们将另一声音现象作为出发点，以便任意地对其变异，那么我们并未在新的“例子”中把握另一艾多斯，而是在新的与旧的声音例子的并列中看到：艾多斯是相同的，两侧的变体以及诸变异作用本身汇总为一单一的变异作用，而且此一、彼一变体以同样的方式成为一艾多斯的诸任意性之个别化。而且甚至一目了然的是，在从一变异作用向一新的变异作用的前进中，我们可以赋予此前进及此新变异作用复多体之构成本身以一任意性前进的特征，而且在此以任意性形式的前进中，同样的艾多斯进而必定“一再地”呈现：此即同一的一般本质——“声音一般”。

b）变体形成过程之任意性结构

艾多斯相关于一可自由任意产生的、达到相符复多体的诸变体，相关于一开放的无限性，此事实并不意味着，一在无限性中的现实的继续性是必不可少的，一切变体的一现实产生——似乎只有这时我们才能肯定，最终把握的艾多斯实际上是符合一切可能性的。反之，问题在于，作为变体构成过程本身的变异作用，应当具有一任意性结构，即这个过程应该在变体的任意性继续构成的意识中被实行。此时即使我们中断，我们仍然并不将直观的、个别的及彼此交替中的诸变体之事实性复多体，意指为某种方式上自呈现的及任意被使用的事实性对象系列，或首先在想象中被产生的对象系列；反之，正如每一个体都具有例示任意性特征一样，一任意性行为也永远属于变异性复多体，至于何者仍然与其相联结，以及在“我可以按此方式继续”的意识中我还须把握什么，都是无 413

关紧要的。此一令人关注的及非常重要的“关于如此任意继续”意识属于每一变异复多体。只是因此才被给予了我们称作“开放的无限的”复多体。显然，不论我们是按照一漫长过程进行产生行为，或者任意地利用任何适当因素以达到现实的直观系列，还是我们预先加以中断，结果都是一样的。

c）完整变异复多体的被持续把握作为本质直观的基础

作为艾多斯的一般项之真正直观，作为一较高层阶，根基于此复多体之上（或者根基于变异作用的被构成的开放过程基础上，其变体实际出现于直观中）。在此直观之前，存在从起始例子（此例子给出方向，我们称之为范式）向永远更新的模像的过渡，不论这些模像是产生于我们对联想的盲目偏爱，是由于被动想象的一时兴致，以及只是任意地持有
414 它们作为例子，还是由于根据原初模式进行自身纯粹想象性虚构行为而获得了它们。在此从模像向模像的过渡中，从类似物向类似物的过渡中，一切任意的任意性之个体都在其出现的次序中达到了重叠性的相符性，而且纯然被动地进入一综合性统一体内，在此统一体内它们都呈现为彼此的变样，之后进而呈现为任意的个体序列，在此序列中同样的一般项被个别化为艾多斯。只是在此连续性的相符关系中，一种同一物〔Selbiges〕成为自身一致体，此同一物现在可纯粹就其自身被直观到。这意味着，其本身是被动地前构成的，而且艾多斯的直观是存在于被如此前构成者之主动直观性把握之上的——正如在理解对象及特别是一般性对象的每一构成中那样。

当然，这一切之前提是，复多性本身作为多〔Vielheit〕呈现于意识中，而且绝未从我们的把握中脱离。否则，我们将达不到作为观念性同一者的艾多斯，后者只是 hen epi pollōn（多中之一）。例如，如果我们专注于对一物或一图像的想象，将其改变为任意新的图像，我们就永远有新物，并永远只有一物，即被最终虚构者。只有当我们持续把握先前想象之物时，作为在开放的过程中的一复多体，而且只有当我们注视该一致性作用及纯粹同一物时，我们才获得了艾多斯。我们当然不需要主动地实行重叠的相符作用，因为它纯粹被动地出现于连续的穿越中以及对被穿越者的持续把握中。

d）本质直观与个体经验的关系。抽象理论的错误

在变异作用基础上的“本质看”的特殊性，如果在将其与个别对象的直观经验相对比时，将更为显明。与变异作用内的特殊自由性相反，在每一个体经验中存在一完全确定的约束性。这意味着，当我们根据被动的前所与性在受取层经验到一个体时，当我们转向把握它时，当我们视其为存在时，我们可以说根据此统觉采取了立场。按此，诸视域因进一步的可能经验而被规定，这些经验都是根基于由此第一步骤而被前所与的基础之上的。我们进而经验的一切，必定被带入一一致性关联域，如果这些经验应被视作我们的有效对象的话；反之，它们将被取消、被空无化，将不被视作受取层的现实：在一已为每一个别经验对象所规定的经验统一体基础上，一致性必定具支配性；而且每一冲突均被排除或归于取消。严格意义上的一切经验，至少包括最低层阶的主动性，因此就意味着“在经验基础上采取立场”。 415

对于想象行为也是一样，只要我们在一关联域中进行想象，以至于诸个别想象行为可汇总为一想象统一体。在此，在“准”样态上，一切关于现实经验所说者，进行着重复。我们将一“准世界”视为统一的想象世界。它是“基础”，在其上我们可以在一统一的想象行为过程中采取立场——唯一区别在于，留给我们自由任意选择的是：我们可容许此统一体伸展到何种程度；我们可以将此世界任意扩展，而一现实世界统一 416
体将被其前所与性设定界限。①

与个体经验的此一限定性对比，我们就不难理解“本质看”中的特殊自由性：在变异复多体的自由产生行为中，在从变体到变体的前进过程中，我们并不在同样的方式上受到一致性条件的约制，像在根据经验统一体基础上从一个别对象向另一个别对象前进中那样。例如，如果我们想象站在一个别房屋前，它现在是黄色的，那么我们也能够设想，它可能是蓝色的，或者设想它可能有一石板屋顶而非瓦屋顶，或者不是有一现在的形状而是另一形状。该房屋是这样一个房屋，它在可能性范围内可能具有其他规定性，而不是具有与其不相容的、在统一性想象中任何

---

① 对此一切参见前面 § 40 第 200 页及以下的详细讨论。

出现的规定性。此同一房屋，可设想为 a 及非 a，但当然，如果设想为 a，那么就不能同时设想为非 a。它不可能同时是二者，它不可能同时具有二者而又是真的，但它可能在每一时刻是 a 而不是非 a。因此它可被设想为同一的，在其中对立的规定性可相互交换。在此明证性的过程中，对象的存在“直观上”的确受限于具有此一、彼一的对立属性，并受限于排除二者共同具有的要求；然而，显然存在着一致性特征的一同一性基底，
417 只不过不可能对其直接的设定，而只可能在被变样中对其设定：如果存在着被规定为 a 的同一物，那么 a′ 即在被取消的形式“非 a”中属于此同一物，而且反之亦然。当然，同一的基底不是一绝对个体。“逆转”〔Umschlagen〕是指一个体突然变为第二个体，后者与前客体在共存中互不相容。一绝对个体是一存在的个体（或能够存在的个体）。但是，在冲突中被直观为统一体者，不是一个体，而是一具体的个体混合体，这些个体相互取消并排除共存性：带有一独特具体内容的一独特意识，其相关项意指着在冲突及不相容性中的具体统一体。此奇特的混合体存在于“本质看”的基础上。

旧的抽象理论意味着，一般项只有通过抽象才能在单一个别直观中被构成，因此此理论仍有不清晰部分，即在部分上是不正确的。例如，如果我根据单一个别树木的直观形成一般概念“树”，即被设想为纯粹概念，那么呈现在我心中的该树就根本不被设定为个别规定的树；反之，我将其想象为：是在知觉中及在自由运动想象中的相同者，并未被设定为存在者也非被质疑者，以及绝未被断定为一个体。作为本质直观基础的个体，并非在严格的意义上是一被直观个体本身。在此有基础的此奇特统一体，宁可说是在“非本质的”构成性因素变化中的一“个体”（那些作为补充性因素出现于本质因素外者，应被理解为同一者）。

418 **e）变异复多体的重叠相符性中的一致与差异**

在已讨论者中含有如下意思：在变异复多体相符性中的一致性，一方面与多方面的区别性相联结。如果我们，例如，从一所与的红色向其他任一随意选择的红色系列过渡——不论我们实际看见该系列还是说该系列仅是“想象中”的颜色，那么我们就获得了艾多斯“红”，它作为必然共同因素即在“任意的”变体变化中具一致性者，而在相符性中不同

的延伸范围，则不是具一致性者，而是凸显为相互冲突者。

于是，区别性观念，只应在其与同一的共同因素的缠结中被理解为艾多斯。区别性即那种因在复多体重叠中未被达至而呈现的一致性统一体，即那种并未因此使艾多斯显现者。未曾达到一致统一性，这意味着：在此重叠性中不同的因素彼此发生着冲突。例如，一颜色是同一的，然而它有时具此种外延及形式的颜色，有时具其他种外延及形式的颜色。在重叠中，二者彼此相互冲突并相互排斥。

但显然，事物间如无共同处也不可能相互冲突。在本例中，不仅已经假定了二者有相同的颜色，而且假定了一者是圆形的，另一者是方形的，即二者具有外延不同的图形。因此，二者相互重叠中与相互冲突中的每一区别，都指涉着一新普遍项，一作为重叠性区别中的普遍项（如 419
本例中的“形状”），这些区别时时成为冲突中的统一体。这一点对于直到最高区域的观念等级结构理论来说都是极其重要的。

让我们通过总结概观属于观念化过程的三个主要步骤如下：

1. 变异作用复多体之产生性贯通。

2. 连续相符性中的统一性联结。

3. 凸显一致性因素对立于区别性因素的主动性同一化。

f）变异与改变

还有一点需要澄清。我们谈到变异（作用）和变体（变异项），没有谈到改变和“改变时相”〔Veränderungsphasen〕。事实上，两个概念尽管有一定的关联性，但彼此本质上是不同的。

一种改变永远是一实在物的改变，此实在物在极其一般的意义上被理解为一时间性存在物，一具时延者，通过一时延延存者。每一实在物都是可改变的，都是在改变中或未改变中的。未改变仅仅是改变的限界情况。改变意味着经常性的“异他存在”或“异他发展”，但仍然是同一者，是在经常性异他发展中的个别同一者。例如，一颜色的改变，其变为白色，如此等等。一实在物作为此个别实在物改变着，其状态改变着，但在此状态改变中保持着其个体的同一性。另外，未改变意味着在时延中是同一的，但此外在时延的每一时相中都始终保持同一性。在改变中， 420
在穿越诸时相的时延中的存在，是在每一新时相中的一异他存在或异他发展，即仍然是个别的同一物〔Dasselbe〕，但同时又不是同一的〔gleich〕。

如果我们的目光朝向于实在物时延的诸时相以及朝向于占据这些时相者，我们就具有同一物的呈现复多体：此时的同一物，彼时的同一物等等，以及与之相应，从时相到时相的过渡中同一物间作为既相同者又非相同者。但当我们的目光朝向一时延性物时，它呈现于诸时相中并在时间上“侧显为”同一者，我就经验到了统一体，它改变着或未改变着，它穿过“呈现复多体流”〔FLuß der Darstellungsmannigalti-gkeiten〕而连续着延存着。此统一体像是诸个别时间性时相的一般项，它们不再是其诸变体。此统一体正是一个体，后者延存着，并在延存中或者改变着或者仍然是相同者。个体在一切改变中仍然是同一的。反之，变异则根基于以下情况：我们抛弃了个体的同一性而且我们将其想象为其他可能的个体。

另外，在一个体的改变中我们也可将其诸时相视为变体（虽然是经过目光方向改变后）。于是我们看到，没有改变是可能的，如果在其中不是一切改变的时相都归结于共同属的话。一颜色只可能改变为另一颜色，而不是（例如）改变为一声音。由此显然可见，每一可能的改变都是实行于一最高属之内的，其改变不可能违背其属。

§88　一般性的“（直观）看”〔Erschauung〕一词之意义

421

我们谈到一“本质-‘（直观）看’”及一般地谈到“一般性-（直观）看”。这种用语还须证明其正当性。我们需要在非常广义上使用此词，其意义不过就是自身经验行为，“具有被看物本身”，以及根据此“自看行为”在自身眼前具有类似性，借其可实行心理重叠，在其中共同因素（如红色、图形等）“本身”出现，而且这意味着，达到了“直观看的把握”。在此，问题并非相关于一感性的直观看行为。人们不可能看到“一般红色”，就像看见一个别的、单一的红色那样，但是“看”一词的扩解（在日常语言使用中并非没有道理）是不可避免的。为此我们要指出，我们直接地并就其本身而言地具有任意多的单一被见例子之一共同因素和一般项，它们非常类似于我们在感性知觉行为中具有一个别单一体；但当然（直观）看行为在此更为复杂：它是一种来自主动比较的一致性重叠。对于共同性和一般性的每一（直观）看的把握均如此，虽然在一纯粹艾多斯处应当被视为一种先天性，此（直观）看行为具有其特殊的方法论形式——这正是被描述的、在变异中凸显的与现实的无关性，因此而呈现为现实者，它获得了任意例子的特性，获得了一种变异系列的非相关起始项的特性。

§89　为了获得纯粹一般性必须明确排除一切存在设定 422

人们现在或许以为，我们对“本质看”的描述导致任务显得过于困难而且不必要地触及所谓被基本强调的变异复多性问题，以及触及以如此特殊方式参与其中的想象功能问题。我们这样说即已足够：在此在彼的任意红色，经验的或其他心理观念中的任意多的前所与的红色对象，均提供了对红色艾多斯的“直观看”的可能性。在此有必要加以描述者仅只是那种主动性，按此主动性人们穿越了那种在重叠性相符和一般项性看中凸显的被给予者。然而在此应该注意，在此用语中“任意的”一词不应仅只意味着我们的一种语词用法或仅被视为我们的一种非重要的态度，而且应意味着：“任意性”属于“观念看”〔Ideenschau〕本身行为的基本特性。

但是，即使此词语用法意指着，一定数量的类似对象足以使我们通过比较性相符获得一般项，仍然必须再次强调：我们肯定在此处的此红色和在彼处的彼红色二者中均获得了同一的和一般的因素，但仅只作为此红色和彼红色二者所共同者。我们并未获得作为艾多斯的纯粹红色本身。当然，在考虑到第三个红色或更多个红色时，不论它们何时呈现给我们，我们都能够承认，两个同一性相同者的一般项是与多个相同者的一般项相同的。但是，我们如此获得的共同性和一般性，永远仅只是相关于经验性外延的，因此无限进行中的可能性还不是直观地所与的。然

423 而，只要我们说，每一任意的及新计入的相同者必定产生相同的结果，而且如果我们一再重复：艾多斯“红色”是相对于无限多可能个体中之一者，这些个体属于能够与艾多斯保持相符性的任何此一、彼一红色，那么我们就已经需要一种在我们的意义上的无限变异作用作为基础。此种变异作用提供给我们属于作为其不可分离相关项的艾多斯，“纯粹概念性本质”的所谓艾多斯的外延，作为可能个体的（数量）无限性，这些个体列于艾多斯下，成为其“个别化例示”，而且按照柏拉图的用语，与其处于参与性关系中：一般来说每一可设想的个体都相关于该本质，都参与它及其本质因素。列入此纯粹一般项的全部个体，相应地作为其外延而属于它，这是我们马上要讨论的。

首先必须指出，即使完全自由的变异作用也不足以使我们获得纯粹的一般项，甚至通过变异作用获得的一般项仍然并非在严格意义上是纯粹的，是摆脱了一切“现实性设定”的。虽然通过变异作用已经排除了与偶然的、事实存在性的“起始例子”的关系，与现实性的关系可能仍然与该一般性联结在一起，即在这样的方式上：对于一纯粹的艾多斯而言，我们在变异作用内运作的个体事例之事实现实性与之并不相干。对此我们必须逐字逐句理解。现实性必须被视为其他可能性中的可能性，即被视为任意的想象可能性。此种态度只有当与前所与的现实性的任何联系被最精心地加以排除后才能实现。如果我们实行自由变异却暗中坚
424 守着如下事实：例如任意的某声音必定在世界内，由地球上的人听见或可能听见，那么我们虽然具有一本质一般项作为艾多斯，它却相关于我们的事实性的世界，并受到此普遍事实性的约制。这是一种暗中的约制，即由于可理解的原因，我们对其是察觉不到的。

在普遍连续统一化的经验之自然发展中，被经验的世界，作为普遍永恒的存在基础以及作为我们一切活动的普遍领域，被给予了我们。世界，作为我们一切惯性中最坚定、最普遍者，对于我们是有效的并始终保持其有效性，不论我们持有何种兴趣；正像一切兴趣一样，艾多斯认知的兴趣也与世界相关。在每一想象运作中，正像我们在任意可能的、属于一经验上获得的概念中诸个别性的假定下已经设想的那样，于是在对一“观念看”的意向的每一想象变异中，世界也是被共同设定的。每

一事实和每一艾多斯都始终相关于事实性世界，属于此世界。由于其普遍性，我们当然并未在自然态度中注意到此隐蔽的“世界设定”及其与存在的约制性关联。

只有当我们意识到此约制性关联，有意识地使其失去作用，并因此也使此最广泛的变异作用之周围视域摆脱一切经验关联性及摆脱一切经验有效性，我们才达到了完全的纯粹性。我们于是才（可以说）立于一纯粹想象世界内，这是一个绝对纯粹可能性之世界。每一这样的可能性现在都能够成为在任意性样态中的可能纯粹变异作用之中心因素。从这些可能性中的每一可能性中产生了一绝对纯粹艾多斯，但从其他可能性中的每一可能性中仅只产生了这样的条件：如果此一、彼一可能性的变 425
异系列，都按所描述的方式结合为单一系列的话。于是对于颜色和对于声音出现了不同的艾多斯；它们属于不同种类，也即相关于在它们之中的纯粹被直观者。

一纯粹艾多斯，一本质一般性，例如，即作为“种”的红色和作为“属”的颜色；但只有当其被把握为一纯粹一般性时（于是即摆脱了任何事实存在者的一切前提后，摆脱了任何事实性红色或任何有颜色的事实性现实物后）才如此。几何陈述的意义即如此，例如，当我们将圆称作是一种圆锥曲线时，即当我们对其予以艾多斯直观把握时，我们在此并非谈及一作为这样一种事实性自然现实的事实性平面。因此，是一种纯粹艾多斯的“判断行为一般”，正如几何的或相关于观念上可能的颜色、声音等等，在其一般性中并不联结于任何被假定的现实物。在几何学中，我们谈到可设想的图形，在艾多斯的颜色理论中谈到可设想的颜色，后者构成了纯粹直观的一般性之外延。

全部数学也是以这种原初创造的概念运作的，它产生了其直接的艾多斯法则（公理），后者作为“严格意义上的必然的及一般的”真理，“对此不容许任何可能的例外”（康德）。数学将诸真理看作是一般性“本质关系”〔Wesensverhalte〕，后者在绝对同一性中对于其纯粹概念的一切可设想的个体例示——对于那些严格限定的变异复多体或先天性外延来说——都是可产生的，并作为明证地可认知者。按照演绎性直观（必然推理的先天“明证性”），数学从这些纯粹概念中产生了其理论及被推导

426 的诸“定理”，它们永远是作为观念性的同一体的，后者在产生行为的任意重复中都是可直观的。

§90 纯粹一般性和先天必然性①

我们现在转而讨论前已谈过的关于纯粹一般项外延的问题以及与其紧密相联系的有关纯粹可能性和经验事实现实性的关系问题。

按照其自由变异的方法根源及对一切现实存在设定的一致性排除，纯粹一般性当然不可能具有事实性之外延，不可能具有与经验联结的经验现实之外延，而是仅只有一种纯粹可能性之外延。另外，艾多斯的一般性必定时时相关于出现的现实物而被设定。每一实际出现的颜色，肯定同时是一纯粹意义上的可能颜色：每一颜色都可被视为一例示并可能变为一变体。于是，在自由任意性领域，我们能够把一切现实提升至纯粹可能性层面。但是之后显示，自由任意性也具有其特殊的约制性。在想象的任意性中（即使它是无关联性的而且并不与想象中可设想的实在之理解一致）彼此可能变异者，带有一必然的结构，一艾多斯，以及因此即必然性法则，后者规定着必定属于一对象者为何，以便使其能够是
427 此种对象。此种必然性于是适用于一切事实物：我们可以看到，一切不可分离地属于纯粹艾多斯颜色者，例如，光亮因素，也必然属于每一事实性的颜色。

我们仅只在其中展现属于纯粹本质一般项者的一般真理，是前于一切有关事实物及其事实性真理的问题的。所以本质真理被称作是先天性的，这意味着，就其有效性而言，本质真理是前于一切事实性的，前于一切来自经验的论断的。每一在经验中所与的以及经由经验思想被判断的现实，就这些判断是正确的而言，都服从这样的无条件的规范，它必须首先符合一切先天性“可能经验的条件”以及可能的经验思想：这就是，符合其纯粹可能性条件，符合其作为一一致同一性意义对象的可设想性及可设定性的条件。

① 对此也参见《纯粹现象学通论》第 15 页及下页。

带有其一切命题的自然数学为自然（为物理经验的现实）表达了这样的先天性条件。它先天地表达了这些条件，即无关于“该”自然是否为事实。与事实的关系属于应用的事物，此应用永远是先天可能的，而且在此可能性中是显然可理解的。现在我们能够一般地说：按照其纯粹可能性法则判断现实，或者按照“本质法则”、按照先天性法则判断现实，是与一切现实相关的、普遍的及绝对必要的任务。在数学思想和数学自然科学的例子中不难阐明者，一般而言，对于每一对象领域也同样如此。一可能的先天性思想，因此一先天的科学及此科学的相同应用功能，属于每一对象领域——只要我们处处赋予“先天性”以同样严格的 428
及独一重要的意义。并不存在任何微小的理由去考虑先天性思想的方法论结构，有如我们在数学思想的一般本质特征中所展示的那样，例如作为数学领域的一种专有独特性。[①] 的确，鉴于现实性与可能性之间、经验与纯粹想象之间的一般本质关系，甚至承认这样一种限制都是荒谬的。从每一具体现实和在现实中每一实际被经验的及可被经验的单一特征处，存在一条途径通向观念的或纯粹的可能性领域，并因此通向先天性思想。而且按照此最一般的方式，个别纯粹可能项形成的方法，以及彼此在变异转换中混合的诸可能项的无限“外延”，都是处处相同的，而且于是自然地，属于它们的纯粹本质一般项的原初直观构成也是相同的：此一般项即“观念”（本质、纯粹概念）和本质法则。

§ 91 纯粹一般性之外延 429

a）全部纯粹概念外延并不提供个别的区分化

一方面，纯粹一般项具有一纯粹可能项之外延；另一方面，它们也与经验现实具有关系，只要它们为每一现实物“规定规则”。但是这不应被理解为，似乎它们除其纯粹可能项外延外还有其现实项外延。我们通过对比

① 对此当然应该强调，数学本质思想方法，作为观念化方法，在重要论点上，应该区分于其他领域中的本质直观，后者模糊的知识类型不可能被严格理解，以至于此类比性只可按最通常的方式把握。对此区别性问题，现在也可参见胡塞尔著《危机》等，《哲学年鉴》第 1 卷，特别是第 98 页及以下，第 124 页及以下。

一纯粹概念外延和一可能经验性外延就可清晰理解此一奇异的关系。

属于纯粹概念“人”外延的是我可任意想象的一切人，不论他们是否出现于世界上，不论他们是否可能存在于此世界统一体内，也不论他们是否被设定为具有相互关系。于是它们或许存在于完全无关联的想象中以及其他作为自身可设想者的直观中，而且它们构成了对“一个”人的解释。在时间延存中情况亦然。“时间的延存”〔zeitliche Dauer〕观念之外延包含着一切不相关联的“时间延存”〔Zeitdauer〕本身，如那些不相关联的可被想象的或被实际经验的时间延存，以及一切在现实时间中的时间延存。时间延存的全部外延并不提供作为“种”的“时间延存”的个别化，有如属于一最低本质性颜色种差的全部想象的颜色，并非即现实意义上的个别颜色，并非即此最低种之个别化。

“延存”可被“种级化”〔spezifiziert sich〕，只要在不同的直观内
430 （不论是设定的还是非设定的直观，关联性的还是非关联性的直观）人们可以进行大小比较的话。但是之后我们遇到如下奇异特点：在同一想象内，以及在贯穿于一想象统一体和想象世界的任意丰富化内，以及也在一经验统一体内，出现了并非“种”层阶的扩大的区分化，而且后者不可能超出此世界，所以，如果我们比较一个想象世界和另一个想象世界之间的对应的区别，对它们的同一性或非同一性问题我们根本不能加以论断。

现在当然对于一切对象（如颜色等）的规定也是一样。但是我们看到，由于它们仅只在一“世界”中有可能的时间性（空间性亦然）区分化，这对于它们也间接地有效。在一世界内部最终区分了一最低颜色种差者，也即使其个别化者，也即此时此地存在者，因此也即时空上最终之种差，后者本身仍然也具有其自身的种级区分化。

只是在一“世界”内才存在个别性的区分化；在一现实世界内的实际个别性的区分化，在一可能世界内的可能个别性的区分化。①

b）可能性区分化与现实性区分化

根据已论述者可以知道应如何理解纯粹概念外延全体。它相关于作

① 对此参见§38到§40，及附录1。

为其个别化的纯粹可能性。逻辑概念的个别化不是一客观上可同一化者的个别化，换言之，作为一对象的个体性，作为谓词或客观真理（服从 431
无矛盾性原则者）之一同一性基底的个体化，其逻辑要求并不通过一概念外延的个别化加以满足，而是服从时间条件。这意味着，对于个别的个体化我们要遵从这样一种可能性的要求，此即由现实的及可能的（可能与现实联系的）直观之连续关联性加以一致证实的可能性。全部纯粹概念外延不是世界中（实在的）对象的全部，不是一经验性的全部，该独一时间内的一全部。

对于每一本质，我们也要区分两种区分化：

1. 可能性区分化，在非关联的可能项形式中的区分化，可归结为以非关联方式所与的想象行为或经验行为。

2. 在一关联性的现实或准现实统一体范围内的区分化，或准确说，在一可能的现实范围内的区分化，此现实之形式即一独一性时间。一本质的所有这些区分化都在诸可能行为的一无限性中被构成，但这些可能行为是相互联结的，只要它们都具有彼此间的关联性。

全部自由可能项，一般来说，是一无关联性世界，它欠缺诸关联性之统一体。然而，从此世界凸显的每一可能项，同时意指着诸关联性的可能项全体的观念，以及必然与此可能项全体对应的一独一性时间。每一这样的可能项全体都规定着一世界。但是，两个这样的世界都是无关联性的，其“物”、其地点、其时间，彼此之间毫无关系；提出这样的问题是没有意义的：在此可能世界中一物和在彼可能世界中一物是否相同？ 432
在此只有私人的非同一性以及一切比较关系具有其应用性——对此问题请简要回顾本书第一部分中的诸论断。

§ 92　纯粹一般性的层次结构与通过观念变异作用获得最高具体属（区域）

在我们的研究中，完全不同层阶上的纯粹一般项、本质，已被凸显出来。因为显然，我们说的本质规定着一全部对象域的必然性法则，它们不同于最低层阶种类的本质，例如像艾多斯红色那样。换言之，正如我们已经能够确定存在经验一般性中的一等级结构（从较低阶一般项上升至不断升高的一般项）那样，于是对于纯粹一般项自然也能确定一等级结构。那么，本质直观活动在对其把握中达到的最高阶是什么呢？

让我们从这样的事实出发，人们可在自由变异中从作为模型的同一个例子达到非常不同的纯粹本质。这是真确的，尽管一切变异复多体（在其中一艾多斯达到原初的直观）与一独一无二的变异复多体相联结，并某种程度上仅只是该独一无二的复多体本身的诸方面。因为在一独一无二的复多体中的变异系列的联结可能具有非常不同的意义。在一变异系列中从一任意红色出发并继续进行，我们获得了艾多斯红色。如果我
433 们将另一红色作为例示性出发点，那么我们将肯定在直观中获得另一变异复多体。但很快显示出，此新复多体属于第一复多体之“如此等等”开放视域，正如第一复多体属于新复多体之视域；艾多斯是同一的。当然也是同样的，如果我们不是选择红色而是选择一任意的绿色的话。另一方面，应该注意，此两个变异系列（一个关于红色，另一个关于绿色），在某种方式上尽管相互差异，再次被联结于一包容广泛的变异复多体内——联结于一独一无二的复多体内，它不再是艾多斯红色或艾多斯绿色，而是艾多斯“颜色一般”。在第一种情况下，我们通过变异行为朝向达到红色直观的目的，为此我们必须固守红色的方向，或者尽管我们必须对变异活动在其他方面的任意性限定于一个方向：如果在变异开始时一共同的红色闪现于我们面前，我们就能立即将其固定，除了红色本身不再意指其他，因此，共同的同一红色是由任何其他变异作用给予我们的。另外，如果我们的兴趣朝向如下事实，刚才被拒绝的变体绿色与一切红色变体相冲突，但二者之间仍然具有一共同因素，因此也有一相符点，那么被把握为纯粹艾多斯的此新共同因素即可规定该变异作用：于是对于红色、绿色以及黄色等等而言的诸变异复多体即相互从属的，该一般项现在即颜色本身。

于是我们可能首先采取这样的态度，即在完全无约束的方式中，因
434 此即不必须变异任何已经显露的一般项〔Allgemeine〕并寻求超越一切凸显可见的、之后给予限制的诸一般性〔Allgemeinheiten〕的共同性：在我们的例子中，此共同性即作为最高阶的一般性〔Allgemeinheit〕超越了诸

一般项红色、蓝色、绿色等等。为此仅只要求，变异作用不论其如何进行，仅只是变异作用，因此一般来说，即在一彻底一致性相符综合中，与一彻底的共同性相联结。这就是通往作为最高属的最高阶本质一般项构成之路。这些一般项不可能具有高于自身者。另外，它们同时具有被包含在一切特殊一般项中的特点，这些一般项在此全部变异作用中作为观念的共同因素被产生——因为它们属于全部变异作用中的有限制的变异区域。红色、绿色等观念参与了颜色观念。

我们还可以说：观念，纯粹一般项，本身可能再次起着变体作用，之后从变体中可在较高阶上直观出〔herausschauen〕一共同性，一观念中的观念或观念的观念，其外延由观念构成，并仅只间接地通过其观念的个体构成。

在我们的例子中，变异作用通向一最高的抽象属，通向一抽象的本质，这就是“颜色”，它不是独立的对象，不是自身独立存在的实体。它是有外延的，是在一外延上分布的，而且该外延本质上属于一“有外延者”，首先属于一平面，但即使此平面也非自存的，而是指称着一作为其限制者的物体。于是我们最终被导向一具体对象，在此即一空间物，此空间物上的颜色为一抽象因素。当然，并无变异过程从一所与颜色通向 435
这样一种对象，抽象物的变异作用永远一再仅只通向抽象物。

但是，在变异作用中我们能够首先从一具体、独立对象出发。于是例如，通过此钢笔的变异作用我们达到了“有用对象”属，但是，我们也可抛弃此限界并不断发现诸变异可能项，例如我们可以想象钢笔变成了一块石头，而其中仍然贯穿着一种共同因素：二者都是具空间广延的物质物。我们于是达到了最高属“物”，此物即被我们名为作为最高具体物属的区域。另一区域，例如，为作为心身本质的“人”。此区域性本质在自身之外不再有更高的一般项，而且此区域性本质为一切变异作用设定了一固定的、不可超越的界限。一区域的一基本概念不可能被变异作用转化为另一区域的基本概念。作为进一步的运作，在此至多还可能有这样的形式化，通过此形式化两套概念在“某物一般”〔Etwas überhaupt〕的形式范畴下被把握。但是，形式化本质上不同于变异作用。变异作用并不是一种“想象作用”〔Umfingieren〕，它将“应被变异者”

〔zu Variirenden〕的规定变成了其他规定；变异作用是一种“忽略作用”〔Absehen〕，它将一切对象物以及内容性规定施予一种虚空化。①

较高阶的一般项是通过观念变异作用获得的。这意味着：“观念看”
436 本身是直接经验的一种类似物，只要它肯定是一较高阶的及被主动产生的意识，在其中一作为新型对象的“共同项”达至自所与性。我们从经验出发在观念化名目下可能实行者，我们也可从任何其他类型意识出发加以实行，只要它实行了某种类似者，即使一种对象在原初的自存性中被意识到。每一种观念化均自行为此，被看的观念在此即被称作是被看者，因为它不是模糊的、间接的、借助于虚空象征或词语被意指的或被谈论的，而只是直接地被自行把握者（也参见§88）。于是，在提供给我们任何一种直观看的〔schauenden〕把握和具有〔Haben〕的基础上，我们永远能够本质上按同一方法实行观念化。

所以我们不是只能够对经验物进行变异并因此获得作为本质一般项的物概念，而是我们也“经验着”我们自行聚集的集合，实在的事态，内外关系，而对它们的“直观看”是需要与它们相关的活动的，如此等等。因此我们也获得了关于聚集作用、关于关系和关于任何事态的纯粹的及共同的观念，因为从它们借以达至所与性的“直观看”的活动开始，我们正是构成了所有这些对象，变异复多体，并从中直观到了〔herausschauen〕本质共同性和本质必然性。于是对于这样获得的观念我们也能够以同样的方式继续实行。我们因此获得了“形式区域”观念：对象一般。它包括可能对象之形式的观念。

437 §93 获得最高属的困难性显示在“物”区域的获得中

然而获得一最高具体属并非如此简单，并非像是在此前我们的讨论中看起来那样简单似的。简单的变异作用并不足以完成此过程，如果我们并不在方法上足够谨慎的话，即使变异作用实际上具普遍性，并实际

① 关于一般化和形式化的区别，也参见《纯粹现象学通论》，第26页及下页。

考虑到一切属于一具体区域的完全概念。

a）应被变异的例子之确立法

当我们为了获得自然物区域，或者以一事实性现实的例示物或者以一已为纯粹可能的自由想象作为出发点，以便对其实行自由变异法，那么就不应忽略，应被变异的例子之确立已经要求具有一颇为困难的方法。

如果我们从一知觉客体开始，那么它将肯定是在知觉中“被原初地给予的”，但是原则上这只是不完全的；首先应该在一继续性直观中要求对对象意义进行系统的揭示，我们必须首先为我们获得一关于此物的充分直观。但是，我们不可能按照此物实际上所是（如果是的话）之全部，无限充分地及自由地去运作实际的经验；原则上，我们在一实际经验统一体内获得者是“单侧的”，以及是不完全自所与的；达到作为物的自具有〔Selbsthabe〕者，是由一假定的视域所围绕的，此视域包括内视域和外视域。我们至多仅能够达到此视域之展开，此视域连带其选择性的可能项系统，是关于被预期为可能者之视域的，我们想象着其后的经验如何可能前进（在诸多彼此不相容的方式中它可能为何），再者，物如何可能显现，以及它如何在此进程中被直观地实现为这样一种东西，它类似于在所有这些在一致性经验过程中相互协调的显象统一体。因此我们已经处于一可能的变异系统中，我们跟随着一可能一致性经验路线及其显象内容，并遵从着起始知觉的连续性引导，此知觉连带着其中确立的对象意义——但是此意义仅只是这样被确立的，它以其实际的和真正直观的内容，在视域中规定着继续的直观经验内容之风格，在一一般可规定性方式中，此可规定性不是一任意的而是一符合规则的可规定性。 438

但是，我们自己只是从变异作用和本质思考中才对此了解。若非如此，我们就朴素地跟随着从现实经验到一可能经验的路径，我们就朴素地实行着当我们以模糊语言谈到直观化方式时所理解者，按此方式该物可能存在于对其显现的预期中，以及按此方式此物必定存在于任何应被实行的经验之展开中。此可能经验在此被设想为认知行为，被设想为展现于精心的个别把握及说明中，并包含着相应的个别规定（前概念的规定）。我们于是可能自由变异，首先通过维持知觉的出发点内容，而且在自由任意性和纯粹一般性〔reinen Überhaupt〕的意识中凸显风格的共同

439 性。但是我们也能够放弃对出发点内容的联系，只要我们将出发知觉变为纯粹可能性，并将其本身设想为进行着自由变异，也就是将其设想为任意的、按照一切感觉视域应进行者，连同在关于同一物的一致性经验之风格中从其所产生的经验之可能形成的诸系统。在目光不是朝向主体行为而是朝向被经验的物、朝向永远保持同一性的被经验物以及朝向其被解释的性质时，在变异作用内以及在一般性中的连续自相符〔Selbstdeckung〕过程中，产生了在其一般规定中的“自同一者一般”〔Selbige überhaupt〕，此规定性一般来说是与其相适应的；也就是，一般项即相关于纯粹可能项的一般项，此一般项相关于事实和每一可能的事实（单一事例），它不是事实，但它只需一般地被设想为相同者以及被设想为例示性事实之变样即可。

但是，现在困难在于，在例示性起始直观中——我们必须从最初的、临时性的、有限而封闭的直观开始——所意指的物，确实作为“此物本身”，但仍然具有一开放的无限性，在其意指中只是隐含着这些“无限项”，而且事实上以这样的方式，每一无限项此外均缠绕于相对项复多体中。情况并非是，对于物的一致性经验都意味着一直线的无限性（开放的无终点性），连带着一物之连续的自显现，在其中一自显现统一体综合地被构成于一一目了然的风格统一体内，似乎人们可以为此全部显现连续体，以及为在此连续体中永远显现的该种类的“物”确立一持续存在
440 的本质。反之，物为何，以及经验中显示者为何，均相关于环境，后者受制于规范性和异常性的风格形式，正是风格形式同时规定着可能直观化的显示途径（连续可能经验的确立）。于是静止与变化二词已经指称着规范现象，后者规定着可能运动及变化的意义，或规定着可能直观化的经验之途径。此外，每一个别物都有其自身本质〔Eigenwesen〕，后者可以说是唯我论的——无关于一切物环境及从属的实在物之间的因果关系。在此，正常物〔Normales〕即在其不变性和变化性中的物之感性直观者（在初始意义上的直观物），它使一切因果性（因果性以其为前提）失去作用。作为物自身“本有”者，首先呈现的是在正常感性（属于它的是正常身体性）中被最初直观者，而且再者，如此直观者是为我的，为进行经验者的。但是此感性可成为异常的，知觉功能可能异常地起作用，

而且此外，物及其直观内容可在为我存在着的他人之直观中有不同的呈现。如果我最初简单地将此内容视为属于物本身的，这是由于我的疏忽而习惯地将其视为对于我和对于他人所呈现者相同——没有考虑到一种主体间的异常性。因而与一正常经验共同性（在其中个人与共同体尚未遇到异常功能）的关系只是后来才出现的。

b）充分具体化的获得问题。抽象的与具体的本质思考 441

这一切均非偶然性事实。反之，当我使我自己对一物进行直观时，经验系统与正常性和非正常性的这类相对性与关系性，属于符合其一切规定性的意义说明之诸可能性。这一切都具有其有序的关联性，而且一系统的和完全的直观化必定使其足以揭示一可能存在之物的完全的本质风格。例如，如果我从对静态的和可变的诸物之非意志性思考开始，并使它们经受观念化作用，那么我们就首先直接思考着正常的身体性以及仅只由这些身体性组成的一共同性。但之后结果带有一相对性，后者没有被揭示，也没有被考虑。只有当一切相对项都被展现并被纳入本质思考时，某一“物一般”的区域本质观念才会产生：此后在一无限开放的一般自然关联域内，进而在一（相关于一一般主体共同体的）一般可能具体世界关联域内，它才成为其开放的周围世界。只是那时我们才获得对充分具体化的一本质洞见。一切在较低层阶上并始终陷于一潜在相对性中的本质思考，并非因此而成为无结果的，而是成为抽象的，并在相关于其结果的意义上，呈现出一种具有严重危险的非完全性。一种抽象的，虽然是纯粹的本质，却是非独立的，它使得未知的本质呈现相应的开放性；它是非独立可能性之名称，诸可能性的主题性变异具有一非主题性的共同变异〔Mitvariation〕的领域，后者共同规定着意义，却未规 442
定主题的意义。具有在感性形象中的感性性质之“感性之物性”〔Sinnendinglichkeit〕，属于一物之“存在意义”（作为实际存在者），但它是相对于一感性之主体的。再者，它是属于实际存在物的，是“人人”可经验的同一物，具有人人之感性，后者可以是“正常的”或“异常的”。与此相关的是如下事实：每一感性物都受制于与现实联结的因果关系系统，此因果关系涉及主体间关系，它带有相关于身体性感性的相对性。一切在此相关于一作为客观实在之物的本质者，都是直观上可把握的，虽然不是在初级感性直观性之最低层的意义上。在观念化中产生了本质一般项，但后者首先仅只是朝向达至充分具体化的诸层阶，此具体化在本质看中包括了属于它的一切相对性。

正因如此，古老的本体论失去了其目标，因为它没有看出系统贯彻“本体论之具体化”的巨大任务，而且没有阐明“具体本质直观”方法和“一般本质直观”方法。按照真正方法达到的每一本质概念，虽然是片面的，但同时均属于普遍本体论。一切本体论的相对性都是相关于本质的。

一切艾多斯的可能性，相对的或实际具体的，同样提供了抽象限定性和自由变异的机会，以便构成抽象本质，例如颜色、图形等等。从作为最普遍的和最自由的最高阶一般性的区分化中产生了特殊的问题。在
443 专门朝向此纯粹可能性并坚持此态度时，即通过实行纯粹想象和其结构的客观化时，我们能够使自身坚持着的前提是在纯粹可能性内的前提。例如，我们在直观实行的方式上坚持着“图形一般”时将其设定为受到三边的限定性，而在构成此“差异性”时却探讨着这样一种自由结构的本质特性。当然，本质一般性的这种特殊化不应与具体的概念相混淆，如狗、树等等。如我们已经看到的，经验性概念不是纯粹一般性的现实性特殊化，它们意指着类型的一般性、经验的运作领域，后者从现实经验中不断预期着新的规定性的出现。

第三章 "一般样式"〔Modus des Überhaupt〕中的判断

§94 过渡到对于作为自发功能最高阶的判断行为之"变样一般"的思考

在研究句法对象和形式的不同形式方面我们现在又向前迈出了重要一步。

概念的形成并非仅只是像在其他句法对象中那样产生新的对象，而且对于新形成的对象也并非仅只以类似种类的新事态形式为基础，有如在其他句法对象中那样。于是，一般项的出现不仅产生了个体项与一般项之间的一种特有的判断关系，如在概念红色与个别红色对象之间那样的关系，也即判断形式"这是红色的"。这就仅只类似于在个别的集合元 444
素和集合之间的新种类关系的起源，此关系当然产生于作为句法形式的"集合"。而是再者：与一般性一致地也产生了特殊的所谓一般判断行为，判断行为的"一般变样"〔Überhaupt-modifikation〕。于是显示出一完全新风格的句法结构，此风格假定着概念形成与一般对象的构成，并随此构成扩展到一切可设想的对象形式与事态形式。于是问题相关于自发运作的一最高阶，此自发运作，从一价值学角度看，也显示着相关于其认知价值的最高运作。在这些运作中存在着严格意义上的一切科学具有的"科学性因素"，此即赋予科学观念以其本质内容者。

§ 95 变样一般起源于对个别性的“此在”之忽略

如何在与迄今为止已研究过者的对比中来理解这些新的判断形式呢？它们并不是自然地从一般对象构成于自发性产生行为的事实中给予的。一般对象正像一切其他对象一样可能显现为判断核心，而判断本身并不因此必须经受朝向一“一般判断”〔Überhaupt-Urteil〕的变样。例如，在“A 和 B 是红色的”这一判断中于谓词侧出现了一般核心“红的”，然而此判断是一未变样的范畴判断。同样，当属、种等存在于主词侧时，可能产生未变样的判断。例如，“此颜色是光亮的”。但是一旦在一判断
445 中出现了一般词项，在个别性和一般性之间的一关系就在其中被前构成了，虽然此关系并不因此必然成为主题性的。而如果它成为主题性的，那么就产生了一般变样。

让我们通过例子对此加以阐明。我们在一花园中看见一株玫瑰，我们此时可以将其看作个别性的“在此物”。这意味着，它触动了我们，使我们对其发生兴趣；我们朝向它，把握它，企图认识它。该意向朝向于对一个别性客体的说明，而且在我们的述谓性规定进程中我们从一切侧面探究该客体，例如我们最初发现，玫瑰是黄色的，于是那时做出的述谓判断是“此玫瑰是黄色的”。一开始，我们根据先前对玫瑰的经验，按照我们对其一般类型的认知，构成了对玫瑰的判断。因此，还存在其他可能的兴趣方向以及另一形式的意向。我们的目光可以穿越这些“相同性链”，而且如“相同有效性”〔Gleichgeltung〕一词所表达的，相同者对于我们的兴趣而言，事实上“相当于是完全相同的”〔völlig gleich gelten〕，个别的差异性可能成为“无关紧要的”〔gleichgültig〕。于是一种个体意念形式被构成了，在其中个体仅根据作为无关紧要基础者〔nach dem die Gleichgeltung Begründenden〕（而正因此并非无关紧要者）被思考：正如任何 A，正如“一株”玫瑰，而并非如此越来越被准确规定的玫瑰，虽然所有其他玫瑰都个别不同地被规定着。正是这株玫瑰在此是无关紧要者，并超出了在形式“一 A”中被表达的意念。如果我们

假定着原初的直观，此无关紧要者是共同呈现的：通过说明被凸显，但在坚持目前意义赋予、目前判断方向的态度中，它却始终未被纳入思考。 446
在上面的例子中我们于是将该黄色玫瑰只看作众玫瑰中之“一株玫瑰”，而并不关注其个别的此在性，我们的兴趣朝向于如下事实：在此呈现的诸玫瑰中有一株是黄色的。我们并未进而判断“此株玫瑰是黄色的”，而是判断“一株玫瑰（在此范围内，例如在此花园中）是黄色的”。或许我们还发现了这样一株，并以同样的态度判断“还有另一株”或“两株玫瑰是黄色的”，或者以不定的多数表示“一些玫瑰是黄色的”——“一些”意味着一个又一个，如此等等。在此，无条件性的表达“一而再地不断地”〔immer wieder〕并不属于开放性的表达“如此等等”〔Undsoweiter〕，它通常仅只意味着：我们可以“重复地”“多次地”发现一 A。

§96　特殊判断

a）特殊判断作为非存在性判断。特殊性与数概念

根据此兴趣的变化，新成分在两个方面被构成：一方面，在从相同者过渡到相同者时，在此新态度中产生了形式“一 A”“一 A 和一 A”，或者还有“一 A 和一其他”“一 A 和另一 A，并再另一 A 等等”，即不确定的多数。我们因此处于最初数形式的起源，后者产生为这样的结构，它具有指示“任何某某”的功能，也就是在积极产生性态度中，此态度规定着判断活动并以特殊方式贯彻其中。另一方面，形成了新的判断变样，即特殊〔partikulären〕判断，例如“一株玫瑰是黄色的”。此判断完全不同于单一〔singulären〕判断，后者相关于个别被规定的词语，例如 447
“此株玫瑰是黄色的”。特殊判断的范围也可以是一无限开放的范围，例如相关于德国内的玫瑰。在这类判断的意义内显然包括如下意思：一“内存在”〔Inexistenz〕，在一关联域内的一存在，一范围。这就是内存在判断：在此花园内，在欧洲，在地球上，有着黄色玫瑰。

到此为止我们只认识最简单的特殊判断，它只包含一“任何的 A 一般”。但一般我们可以说：特殊判断的特点在于，它具有或者一个或者多个“特殊性词项”。按此我们正可理解如下语词：“任何的 A 一般”“任何

的B一般”等等，在其中每一语词内都特殊设定着概念一般项〔Allgemeinen〕的一未规定的个体。此外，每一多数的特殊性词项都意向性地包含着——或明显地或隐含地——一多数性，而在未确定的多数情况下包含着一未规定多数的特殊性词项。

特殊词项的确定的多数项即诸数〔Anzahlen〕。一数的意义包括：在一相应的形式概念下，通过比较和概念形成，产生了确定的特殊多数；某一苹果和某一苹果，某一梨和某一梨，如此等等。此概念共同性〔Gemeinsame〕被表达为：任何A和任何其他A，在此A是“任何概念”。这就是数概念“2”，同样的有“3”，等等。这就是原初地和直接地产生的数。算
448 术合理地导出了间接概念，通过加法和的运作（2=1+1，3=2+1，等等）产生了数及其规定的概念。

诸特殊词项之“多数”〔Mehrheit〕并不必须统一于多元复合体〔pluralen Komplexen〕中，例如，并不必然作为数出现；特殊项可以有非常不同的分布（例如，“一些玫瑰长在棚架上，一些是自由生长植物”），它们也不只出现在初级事态形式中；而是这些形式的每一变样以及从变样形式中产生的每一全体构成，都可按多种多样的以及须加以系统探究的方式采纳此特殊性；而且正因此，在相当复杂的事态结构中，在句法的部分结构内，可以出现以多种多样方式分布的特殊性词项〔Termini der Partikularität〕。

b）特殊判断作为被规定判断之变样

此外，也应注意，在“任何A”公式下的初始形式“任何A是B”并未产生一新的对象，B表达着此对象的谓词。“任何玫瑰”并非一新对象，它被表达为黄色的，好像它是关于任何确定物的一表达似的，例如一确定的玫瑰或一确定的苹果。反之，确定的述谓关系或确定的事态“这是黄色的”，对应着事态的特殊变样，后者作为述谓关系的一特殊未确定方式的结构，此述谓关系并未产生一新主词，而是在未确定的方式中设定着、思考着一一般主词，并将其思考作A。“任何一个”同时触发了“是”及“黄色”，因此即触发了被判断者的全部意义；我们有一心理
449 结构，它以非确定的方式相关于一事态，但其本身并非真的是一事态。此特殊形成结构标志着所谓一可设想的运作，后者在个别确定的事态上，

即在其确定的词项上，以及之后在一切事态联结体上及其一切变样上，原初地被实行着，此变样从那些先前被规定的词项中产生了新的被规定的词项。于是，在联结的、选择的、假设的事态形成中，特殊项出现在适当的位置上，而且对于那些全部结构，对于不管多么复杂的句式，产生了特殊句式形式。我们于是具有特殊假定的和因果性的“前句”〔Vordersätze〕和属于它的特殊“后句”〔Nachsätze〕。同样，不论句式表达简单的确定性还是有疑问的可能性、或然性等均无关紧要。甚至想象的思想可能性均通向特殊项，例如，我可以想象在此花园内有蓝玫瑰，这是可设想的。

c）特殊想象判断作为先天存在性判断

如果我们将判断行为和被判断的事态以及特殊事态思想转化为纯粹想象，那么我们就获得了新的特殊项；我们在相关于如下情况下获得了它们：“似乎”〔Als-ob〕样态的一切变样在前面描述的方式中产生了自身形式，按此形式从想象的现实中对我们而言出现了纯粹的可能项。如果在纯粹想象中我们设想某一般三角形是直角三角形，于是我们就在“似乎”样态中获得了一致性直观统一体内的此特殊事态——我们似乎获得了如此存在者并在相关的运作中获得了实际被形成者——于是在改变态 450
度后实际上发现了纯粹可能性：任何三角形都是直角形的。此外，其中包含着特殊形式的较简单的纯粹可能性：一三角形是一可能性，一三角形可能存在，可以设想它是存在的。如更清晰地表达对于在纯粹想象的意义上的此可设想性，我们需要关于先天可能性的词语：“这是先天可能的，先天可设想的……”

在此出现了存在性判断或内存在判断，“存在”经受了先天性特殊变样。在语言上，这些表达法是含混性的：“存有着”〔es gibt〕、“存在着”〔es existiert〕以及其他不同的特殊性语词形式。但是如所说的，它们并不是特殊项本身，不是实际的特殊项，而是特殊项的先天可能性。一切数学的存在性命题都具有此被变样的意义：“存在”〔es gibt〕三角形、四角形、一切边数增加的多角形；“存在”侧面的正多边形，但是不存在一切侧面数目的多边形。真实的意义并非直接地是一“存在”，而是：“‘存在’是先天可能的”。当然，它们自身也是实在的存在性命题，一般实在的特殊判断，即它们表达着可能项的存在，表达着“存在三角形”的可能性，但非直接地表达说“存在三角形”。处处均如是。作为先天存在性判断的数学之一切存在性判断，实际上是关于可能项的存在性判断；一切数学的特殊判断直接地都是可能项的特殊判断，但都是有关数学特殊判断的可能项。

451 于是我们可以正确地说：在先天可能性中存在这类特殊事件的可能项。然而我们还须加以解释。每一先天可能性都是“关于……”的先天可能性，是先天可能的现实性，于是先天可能性即：某物存在着，任何A存在着，任何特殊的事态存在着，正是关于这类事情的一纯粹可设想性。但另外，我们再次遇到歧义性：纯粹可能项本身是存在者，是某物，它实际上存在着，而且于是特殊句式也如此，它们在原初的产生中作为纯粹可能项是自所与的，也是某种存在者。在存在的“三角形可能项”中存在直角三角形和钝角三角形这类任何可能项：它们是现实的存在性判断和关于可能项的特殊判断。但同时这些可能项包括关于可设想的特殊事态的、关于可设想的存在等的先天性观念。

§ 97　全称判断

a）全称一般判断产生于特殊变样

我们现在转向原初全称判断，因此即转向全称判断内容的、全称命题的原初自所与性之产生。我们将立即看到，在此“一般”〔überhaupt〕概念再次发挥其作用，但获得了一本质上被变样的意义。

我们再次从一现实领域内的判断行为开始。我们假定，在此领域，通过经验行为和概念思维认识到，“此处 A 存在”与“彼处 A 是 B”，在进行的认知行为中不断发现其他的 A，并不断发现它就是 B。在此进程中
452 的每一步骤中出现了一不断强化的假定，我们期待着再次发现，新把握的 A 是 B。但不仅如此，在此进程中形成了关于可能的 A 作为实在可能项的一开放的视域，关于假定还会发现实在可能性的视域。我们现在对我们可能自由去做者加以补充说，任何 A 都是相关于此开放领域的。于是我们通过产生行为坚持眼前一假定的 A，以及在特殊化的态度中坚持

“任何一个”A，然而并非再次在此单纯的特殊化态度内。实际上，在预期方式中被增加为“任何A”者，我们同时在如下形式中对其把握：“不论何种的任何一个”，从此开放领域中任意选择的任何一个，此开放领域是我们预期地设想为一由诸A组成的开放链。只要我们形成了此有关普遍“任何一个”的思想，那么在其普遍性中就立即附着了一“B存在”之必然性，任意选择的“任何一个”于是就必然是B。

在此出现了新因素：在对被规定的及在直观预期中被完成的（最终可被期待的）诸新A之链的连续概观中，我们不仅从此特殊形式中“把握出”〔herausgefaßt〕“任何一个”，而且此直接“被把握出的”〔herausgefaßte〕A，即任何一个A，是这样一个A，该A链中的随意选择的任何一个A均可将其取代。* 它似乎是任何随意选择的一个“一般A”之“代表”。此“任意选择的一一般项”〔ein beliebiges überhaupt〕为一全新的形式，即一非独立形式；因为它属于关于事态的或关于判断的一完全新的意义形式〔Sinnesform〕，此判断在此新的意义上关涉到简单述谓性的可能判断。按照相应的表达法：在普遍判断的思想中实行着一全新种类的运作〔Leistung〕，一种判断行为，后者不是简单地对一被确定给予的，并在概念上规定着它的主词赋予一谓词，而是产生及把握 453
此述谓关系中的一种“新型的一般有效性”〔das Neue der Überhaupt-Geltung〕。于是我们说：“一般地〔überhaupt〕，A与B被共同给予”，“一般地〔überhaupt〕，如果某物是A，它也是B。”

从对一普遍的“一般内容”〔Überhauptverhalt〕的原初所与性的此一说明中显而易见，此普遍的“一般如是存在”〔Überhaupt-so-sein〕是

---

* heraus-faßen 为胡塞尔自组拼合动词，其直意为“从中获得”或“从中把握”，因 faβen 动词的转义有“理解、把握”意素，本拼合动词在此应兼含此二意素，即“理解性的取得”。汉语当然无法确译，英译本简译为“取出，引出”〔extract〕，法译本简译为“抓住”〔ressaisir〕。胡塞尔行文中经常采用异常动词或正常动词的特殊用法，以期（通过阅读中临时选择的词形意素搭配）“更精细地”描述心理行为之“动态”，这并非是在故弄玄虚（但也表明其用词风格含有个人思维方式的临时性）。这就是为什么我们一直指出：对于有意深研胡塞尔学的学者，应该扣紧胡塞尔德文原文进行理解。这也是中译者本人与许多西方胡塞尔学者的观点的区别所在：我们强调其思维仍然是在不同逻辑心理层次上进行的“实证性运作”。当胡塞尔宣称其思想不同于“实证主义”时，其所指的仅只是当时流行的“物理主义的实证主义”。我们借此动词用法个例，对此胡塞尔学思维的特点再予以说明。——中译者注

一较高阶的结构形式，它在其意义中包含着“特殊的一般性”〔particuläre Überhaupt〕并将其提升至更高的形式。此普遍的一般性具有一包含在“一般性思想”〔Überhaupt-denken〕内的“意义普遍性”。它是一种承认其意义特殊性的普遍性，而且它在每一被设想为特殊形式“一 A”中能够发现其直接特殊的充实性。每一确定的 A 都是一 A，而且是普遍的“一 A 一般”〔ein A überhaupt〕的适当例示。每一 A 于是都是应结合到“普遍 A”上的特殊化，因此产生了特有形式，即例示的形式：一任意的 A，不论是什么，例如，此 A，它当然是作为相应判断中的非独立部分。

有关普遍性判断所说者，必然也须类似于有关特殊性判断所说者。正像建立在确定词项上的每一事态形式，通过将此一、彼一确定词项转变为特殊词项以过渡到此形式的特殊变样一样，于是通过相应的朝向普遍词项的变化，最初的形式就过渡到普遍事态内容的形式。一普遍判断通过这些词项一般地就成为普遍性的，而且它也可以有很多词项。显然，同一判断可以同时是特殊的和普遍的，因而有两种词项，此外当然也可有单一词项，例如，每一专有名词和每一个别的“此 A”都表达着这样的判断。

454 **b）完全性判断**

最后我们还要谈一下关于原初普遍思想的最本质性转换，即完全性思想及完全性判断。如果最初我们形成了集合作用：任意 A 和任意其他 A 等等，而且如果我们通过这样的思想对其规定，即每一一般 A 都须属于它，那么我们就获得了完全性思想。“所有 A 都是 B”意味着，完全性的多数判断，等同于“完全性的每一 A 都是 B”——从逻辑角度看，这是“一切 A 都是 B”的简单思想的非必要复杂化。

c）在全称想象判断中获得先天可能性

如果我们现在过渡到普遍想象判断，那么我们将立即遭遇它们与现实领域内的普遍判断间的区别，此即原初赋予现实性的经验领域内的区别：在此领域中一般性即经验归纳的一般性，而且属于它的必然性是“经验性的”或假定性的。于是我们区别了经验一般性及必然性与非假定性的、无条件的先天必然性，因此区分了经验的一般判断和先天的一般判断。但是，在经验领域也有一相关的先天性，而且人们应该区分一种纯粹先天性和一种经验上限定的先天性，该先天性受到经验限制，不过该经验性在此是“非本质性的”。

让我们从纯粹先天性开始。如我们已知的，其原初位置是纯粹想象，
那么我们如何获得先天普遍判断行为及其先天结构呢？当然，我们能够 455
想象经验一般性判断，并因此在纯粹可能性领域设想经验一般性和必然性的相关关系，例如，当我们想象一经验的世界时，并在其中设想归纳的一般性及建立在归纳法上的一般事态。我们于是假定，例如：“一般地，在此情况下，A 必定是 B”或“一般地，如果某物是 A，它必定也是 B”。“是 A”可期待“是 B”为假定必然的。如果同样情况在相应的直观中成为“准自所与的”，那么某种可能性，经验一般项和经验上必然联系的可能性，就达到了作为先天可能性的所与性。但我们并未因此获得一带有相应先天必然性的先天普遍判断行为。

反之，这样的行为产生于这样一种判断行为中，它相关于自由变异中的纯粹一般项的获得。例如我们获得了声音艾多斯并发现，它包含一性质、一强度、一音色，并发现，在经历同样的声音时诸性质也是同样的。我们现在可以进行特殊判断：此种声音具体物的任何单一声音自身都有具体强度、性质等概念的一单一因素。但在任意性重复基础上进行时，我们可以说，具体的声音概念（声音具体物）包含着非独立的诸部分概念：此强度、此性质、此音色，而且可以说，此声音具体物的每一可能的个别单一因素都包含着此强度、此性质的一单一因素，而这就是在自由变异中的情形。我们看到，一般地它即如此，而且普遍事态存在于先天可能性领域内，此即：具体概念包含着其部分概念，于是一般地
每一可能的事态，如任何个别声音，都包含着事态——“此同一单一声 456
音具有一强度、一性质”。

我们现在也可以进行一形式的抽象，并获得一形式的法则。我们设想任意选择的个体，后者通过重复行为给予了任意具体物。我们形成了形式概念如个体、具体、具体部分等等，于是能够看到：每一具体个体都包含着性质因素或部分，每一具体个体都包含着部分概念，而且同一具体概念的每一个别单一体都具有相应于此具体物的每一部分概念的属

性。每一内在因素，个别物的每一广义上的部分都从属于一属性，此属性是其具体概念的部分概念。

让我们从关于"一声音"的思想开始，此思想是我们在纯粹想象中原初地因此先天地构成的，以至于我们在此直接具有作为先天可能性的个别单一的声音，而且与此相关的具有在绝对同一性中原初地形成的声音概念。我们分解了任意一个直观声音例子并发现了性质、强度及相关的概念或属性。我们现在能够在自所与性中及在先天特殊项意义上形成特殊事态：任何一声音具有任何一性质，任何一声音具有任何一强度。它们当然被理解为先天可能性。

但是，我们在此所获得者尚不止此。如果我们实行自由变异并从先天可能项中任意选取任何声音，那么我们就认识到，每一不论什么声音（作为先天可能性）都具有任何一性质，每一声音都具有任何一强度。人们也可以说：每一可能的声音，每一可设想的一般声音，都包含着一可
457 能的强度。但是此一说法含有歧义性，因为它可能意指着，一声音的可能性一般具有如下事实：我也可能认为它是由强度概念规定的，于是敞开了这样的可能性，即没有强度声音也同样可能被设想。正如我可以想象，例如，任何一种声音都属于提琴那种声音。但是因此就必须说，在任何一种可能声音的原初形成中我们一般可能看到，"是声音"的思想包含着"具有强度"的思想。在我们于其中思想一般声音的普遍态度中，我们也思想其"具有强度"是被包含在内的；同样，其具有性质、其具有音色也是包含在内的。我们也可以说：我们通过变异例子形成了先天概念声音，于是我们发现其中包含着作为部分概念的性质、强度和音色。如果我们保持着声音概念并在"一般性思想"〔Überhaupt-denken〕内思考任何一种这类个别的单一项，那么此概念一般地也包括：它也参与声音的部分概念。非常一般的情况是：如果一个概念包含在另一个概念之内，那么对于相应的述谓作用同样真确的是，它们包含彼此在内，这就是说，一般而言，具有后一概念作为谓词的主词，也必定有前一个概念作为谓词。

当然，当我们超越纯粹声音概念，进入此有关一般概念及一般概念对象的一般领域内，那么我们就完成了一更广泛的一般化、一纯粹形式

的一般化，并在形式的一般项中完成了一先天的“一般性思想”〔Überhaupt-denken〕。正像在我们的例子中一样，一般地我们也获得了在纯粹先天性中产生的一般事态，此事态具有作为其事态形式的一蕴涵关系、一相互关系、一相互包含关系。从产生于个别性重复及其具体部 458
分概念的最低阶的、绝对具体的概念出发，并上升至较高阶一般性层次，我们可以永远一再地断定这类“先天性蕴涵”的关联性，而且其中每一关联性都提供给我们自所与的和（如我们现在也可以说的）先天普遍的判断内容。这也可以在普遍判断的形式一般性中加以表述，并在绝对形式的自构成中加以把握。在此我们永远具有如下值得注意的特征：在纯粹先天思想中，因此也在纯粹想象中被实现的构造，产生了可被理解为客观的结构，这些先天性结构进入了与有待重新实现的构造的包含关系。再者，我们对这些普遍先天蕴涵判断的构造，正像对先天特殊判断的先前构造一样，具有如下绝对的确定性：每当我们想要产生这些具有相同内容的结构时，我们也必然发现相同的包含关系。这些关系时时都可在特殊先天判断中达到自所与性，但是先天判断显然属于一完全不同的路线，并伴随有作为相关项的一切绝对自所与的构造。

§98　总　结

让我们回顾一下我们所获得的结论，并在与传统适当的配合中（当然在有所改动后）将术语固定化。

我们的出发点是原初性范畴判断。在此判断中，一个别性主词本身被直接把握。通过其所有变样，存在个别性对象，它们起着原初术语的作用，而且它们的概念性谓词本身就是原初性实质谓词。所有这些判断， 459
不论它们可能多么复杂，我们都称之为单一判断。它们的词项被称作单一词项。在语言上，每一专有名词和每一有现实称谓的概念谓词，都指称着一单一词项，如红色、房屋等等。由此划出以下等级：

1. 第一级：单一〔Singuläre〕判断是这样的判断，它们只具有单一词项。当然，这些判断本身进而有其层阶序列，最低阶的是最简单形式组合的单一范畴判断，如“这是红色的”等等。

2. 第二级：我们在特殊〔partikulären〕判断类别下具有此级次。每一单词项都可被特殊化，而且因此该判断的全部意义都成为特殊的。于是，随着我们或多或少将词项特殊化而产生了多种多样形式的特殊判断。

3. 第三级：普遍〔universellen〕判断的级次。每一判断包含着至少一个普遍词项。其他部分可能或者始终都是单一的或者也是特殊的。在同一判断内，特殊性与普遍性并不相互排斥。

另一种区分法是个别〔individuelle〕判断和一般〔generelle〕判断的区分。这意味着，在范畴判断内的词项并不必定仅只是个别性对象，而也可能是一般性对象。然而，此判断可能是一未变样的判断、一单一判断，以及因此二者（不只是个别单一判断，而且也是一般判断）都可经受一种“一般变样化”〔Überhaupt-Modifikationen〕。因此有（例如）“个
460 别普遍判断”（带有“任何一般性”形式的一个别性核心）和“一般普遍判断”。

还有另一种区分法，它与前面提到的二者交叉，这就是单个〔Einzel〕判断（往往也称作单一〔singuläre〕判断）和多元〔plurale〕判断的区别，这些判断因此具有一个或多个主词以及一个或多个谓词（或关系宾词）。此区分法与前二者交叉，这意味着：例如，每一个别性普遍判断都可能是单个判断或多元判断，后者反过来说，随着任意选择的结合法，一“单一一般判断”可以是一“多元一般判断”，如此等等。

附录 1

某一内容被把握为“事实”和个别性的起源。时间样式与判断样式

我刚才想象的“同一”对象，也可能在经验中被给予：此同一仅只可能的对象（于是即每一可能的对象）也可能是现实对象。反过来说：关于每一现实对象我可能说，它不必须是现实的，于是它是“单纯可能性”。

“同一对象”——它因此并不意味着对象本身〔Gegenstand schlechthin〕，因为当我们绝对地〔schlechthin〕谈到一对象时，我将其设定为现实的，我们意指着该现实的对象。宁可说，在此以及在一切类似的表述中，问题均相关于“可被看到的同一内容”〔identisch herausschaubaren Gehalt〕，它作为“完全意义”既存在于进行经验的意识中也存在于其诺耶玛中，而且在此进行现实的意识中存在经验特性（经验相关项），在此“现实上”具有经验特征（经验相关项），正如它也存在于作为“准经验性的”相应想象意识中，并在其中具有该“被想象的”特征（准经验行为的相关项：准现实地）。如果我在改变的态度中实行一可能性设定，被想象者本身的设定，那么被如此设定者，该可能性，正是此完全意义自身。它被称作作为可能现实性的可能性，此即，每一这样的完全意义显然都可能是一现实性的“内容”，都可能在“现实的”特性中被经验到。 461

这显然构成了一“纯观念”〔bloße Vorstellung〕之概念，即作为“仅

只被设想者”〔bloße Vorsgestellten〕：此概念就是诺耶玛的本质内容〔Wesenbestand〕，后者在一经验设定中和在一准经验设定中是完全等同的。它不是一纯粹想象的相关项（纯粹想象本身在一完全不同的意义上被称作纯观念），而是在被知觉者本身内和在相应平行的被想象者本身内的一共同的本质。

因此此概念是任何所与对象的个别性本质，此对象显然包含两侧同一的时延和此时延中“时间充实”〔Zeitfülle〕之分布。但是，时延在此是一同一性本质，完全像颜色等一样。相同性、类似性以及一般地相符统一性，将在“现实的样态”中被设定的“对象”（正是此带有“现实的”特性之本质）与在“准现实的样态”中被设定的对象结合起来；正像一般地在不论什么样态和变样作用中的“被设定者”〔Geseztheiten〕一样，而且特别在这样的方式上：被直接结合者正是个别的本质。个别的本质与个别的本质相符，或者相互类似，或者相互对立。

462 但是在何种程度上此“个别性本质”是一般项〔Allgemeines〕的呢？是在通常意义上的一个本质吗？在被设定为“现实的”对象和被设定为“准现实的”对象的相符关系中二者仍然是分离的，并在它们完全相似的情况下成为统一的——但是在一体验和另一体验中的诺耶玛内容永远是一个个别性本质。而且如果我们使两个完全相同的对象对立，这就自然意味着：一同一的共同性在一者被个别化为个别的现实性，在另一者被个别化为个别的可能性。于是颜色在此和在彼各自被个别化，时延在此和在彼各自被个别化，并在任何时间点上均如此。

但是让我们现在设想这样的事实，相符关系不仅成立于两个被经验的对象（例如我们说为两个在独一当下中被给予的对象）中，而且也成立于这样两个对象中，其中一个在回忆中被给予，另一个同时在知觉中被给予。在此被经验的两个“对象时间”不同，但它们仍然处于“完全相符中”。在准经验中亦然，只要我们在这样一种准经验的语境统一体内运动的话。另外，如果我们不在统一的语境中进行直观，此直观不属于一经验或准经验的统一体——例如，其一是知觉（或准知觉），另一是准回忆——那么“完全相符”肯定也成立。但是当在前一情况中我们把两个相同的时间理解为在单一时间内不同的时间，理解为在此时间内不同的相同时间段，而且或许将显明地看到，在另一情况中这是不可能的。如果我在一次回忆中想象，那么被回忆者与在同一连贯性想象中的“被准知觉者”对比，就是一过去者；然而如果我保持一想象，它与后者就没有关系，那么在该想象中的此一被想象者与彼一被想象者之间就根本不存在前后关系。 463

我们首先来思考一“独一现前性”的情况，在其内出现了不同个体间的一种相同性。此两侧的“完全本质”相互符合，时延与时延相符。在原初经验过程中产生了一个和另一个具时延者，或其时延行为，或其时延，此经验是这样一个构成过程，它连续形成着，并永远连续设定着这样一种内容——此内容存于连续展开中，存于“存在的”可变所与者之连续流动中，并延伸于存在中。它们二者在两个位置上，通过不同的所与性方式，在不同的设定中，等等，发生于一包罗广泛的过程中。每一新的设定（现在设定）都在一新的时间点上设定着其内容。这意味着，时间点的个别差异性，是通过一所与性样式形成的某一“元确立”〔Urstiftung〕的相关项，此所与性样式，在属于新的“现在”之持存〔Retentionen〕的连续转换中，保持着一同一的相关项。变化本身，作为同一者的所与性方式的变化，对应着方位性〔Orientierung〕的连续变化。

然而我们在此还须探讨更多的明晰性。每一凸显的新的原初现前是有关一新的“内容”的有效“设定”，此内容在连续现前作用流（不断更新的现前点的生成流）内均可能是本质上同一的内容，或者本质上是一连续可变的内容。如果我们假定，它作为未改变者而延存着：在此流动中，此本质上同一的内容在意识中呈现为连续变化的，呈现为新的，连续呈现为他者，虽然“在内容上”仍是呈现为相同的。换言之，种属上相同的内容在意识中呈现为“事实上”不同的具体存在〔im Dasein〕，呈现为个别而言“现前连续体”中的他者。于是就此而言，它就被原初地呈现于意识中。在此它是个别性、事实性的原初点，以及存在中区别的原初点。此最原初性的具有，或对作为事实物的一内容之把握以及对作为不同事实物的一不同内容之把握，均实行于原初现前化的能动性中，并实行于内容之最初现前的意识中。此内容存在于“现在样式”中，是被意识到的“现在的内容”，而且在此样式中是此内容的唯一个别者，至 464

少个别性存在的最初及彻底的特性出现在“现在存在”〔Jetzt-sein〕的形式中。一可能的第二特性——“在此存在”〔Hier-sein〕，已经以其为前提。但我们在此不拟对此问题进一步讨论。

在内在的对象即感觉对象的情况下，我们可以研究“现在存在”如何与个别性具体存在，如何与意识流中诸内容的区分化相联系，这些内容在意识流中不断地前进着，彼此交替更新着。现在存在必然相互联系着，不可分解地与意识之能动性〔Aktualität〕相联结，此能动性原初地设定着相关内容。此能动地进行设定的意识，作为内在的元初性意识，当然是能动地进行设定的，元初地设定着内容的时间位置，设定着在一时间位置形式中的该内容，而此位置不是“现在样式”。因为“现在样式”相应于最初现前化的意识之变化，连续地在持存中变化着，此持存中的“刚逝去者”具有连续的不同程度或级次；作为内容的相同个体之意识穿过一切这些连续意识体验，此内容具有其确定的时间位置，但是
465 在连续逝去的过去样式中具有其时间位置。最初意识将时间位置设定为“现在”，而过去就是同一内容的过去，或不如说同一个体的过去，此个体被称作是此现在的内容；诸过去，按其形式，是作为过去之现在，而按其内容，是相同的内容，此内容不是现在的，而是在连续的变样中的。现在是最初意识中的能动性的现在，而且它是在持存意识中的被变样的现在、过去的现在。然而，通过所有这些变样，现在是相同的现在，是作为同一内容的现在，其相对的位置按照连续更新的最初意识变化着，并因此采取着一不断更新的过去样式。过去是一不中断的变化者，此变化在观念上是无限进行的。于是，任何在一最初意识中以及在此意识的连续过程中被给予的现在存在者，对于每一自我都是一无终止的独一无二的过程。每一现在，作为一内容的最初“具体存在特性”（此内容由于该具体存在特性而成为个别性事实），都是一无终止的过去连续体的起始点；一切过去，不论是现实的还是可能的，其结构均如此令人惊异，以至于均归诸一原初现前化过程。每一过去都清晰地分配有一带有其内容的原初性现在，一切都在无终止的过去的直线连续体中被区分，并在一二维系统中结合在一起，以至于这些直线连续体彼此连续地融合，并构成了由诸直线连续体组成的一单一直线连续体：此连续体正是由最初诸

现前流的直线连续体所决定的。

因此，时间位置同一性是什么呢？或者单一时间的同一性是什么呢？ 466
后者作为一单维直线连续体与此永远流动中的诸过去之二维连续体相对，诸过去都具有片刻性现在的一唯一起始点，而片刻性现在本身则在流动中穿越过一直线连续体。每一诸过去组成的直线都指称着一时间点，该直线连续体指称着一（"客观的"）时间连续体。因此每一时间点都是同一具体存在同一性之形式，该具体存在完全构成于一诸过去之系统中，此系统从同一起始点"现在"流出，并清晰地和一致地在全部无限流动中被决定着。其时间位置，以及之后（更准确说）其在位置上决定的时延，对每一个体均给予一规定，此规定相关于其具体存在，相关于其事实性本身。它被归入其过去之系统，并成为不断逝去的、继续向过去沉入的同一者。在此情况下，它始终是同一的事实，并因此不同于每一其他的事实，不同于每一在时间上规定的不同的其他事实（我们仍然忽略了共同存在的问题）。

事实性存在的本质，作为在时间意识中并在现前化意识中最初被构成者，为应出现并消失者，为应永远出现并永远消失者，然而以这种方式，即它在其每一过去时相后，成为永远的过去：每一过去时相都是一次性的。但是，单维同一性时间只是一种客观化，它并未穷尽我们对于我们的时间具有的全部理解，也未涉及此处本质必然性的形式为何。标称客观时间，时间点连续体"本身"，完全忽略了现在样式和过去连续体之间的区别性，然而我们日常的和科学的述谓行为仍然并必然与此区别 467
性相关，所以词语如现在、现前（在一松散而当然可理解的意义上）、未来、较近和较远的未来等等，都是完全必不可少的——即使有关人们如何能够使这类模糊语词趋于精确的问题也是有其自身意义的。对此问题我们在此不须考虑了。

每一时间点都通过无终止的持存连续体被构成一"最初所与现在"之上升与下降的统一体，而且对时间点有效者也对每一时延有效。一切存在者都是存在的，只要它在无限中展开并在相应过去连续体中流动。它是在连续分级的、从现在向过去的变化流中的同一者。"延存行为"在永远更新的生成流中，在永远更新的存在流中被构成，它存在于连续的发生和消退中。在适当内容的连续发生与消退中（向过去沉入），一同一性基底被构成同一性因素，后者永远在发展中，并在发展中永远成为坚持存在者，而且其时间长期延存着：只要每一时间点“点亮”了发展者的新现前，而发展者“在消退时”沉入了过去样式，它通过所有这些样式构成了其在客观过去中的位置、其客观时间位置，相对于此位置所有这些样式都是所与性样式，并与最初的现在点具有关系。因此我们有两个基本过程，不过它们是同一具体整体过程的两个不可分离的侧面：

468 1. 一新的即刻现前的连续出现，在其中存在者作为发展者永远一再进入现前内，永远以新的内容出现。

2. 发展行为的每一现前点或出现点的连续消退，然而在其中同一的时间点被构成了。

时延是原初的、现前的或过去的时延，而且其本身像时间点一样是一客观统一体。它通过一切第一原初性的样式被客观构成为同一者，直到曾经存在的或过去的任何一个层级。时延是原初地被构成的，即构成某一发展之出现的第一个现前点，存在于并已经沉入过去的样式，而且由于此沉入行为的连续性，永远出现着一新的即刻现前，因此未能具有诸连续体的连续体，一连续共存者的连续序列。在此连续序列中，每一相当于时相的连续体具有一唯一的出现点而且具有一唯一的过去样式，以至于这些过去连续体也按照“长度”被连续区分，并在相应的点上具有带有不同内容的相似层级形式。在此连续的序列中该原初时延被构成为原初者，以至于在确定的方式中发生了一彻底相续的相符关系。但是，当时延原初地进入曾经是样式时，此序列并不中断。在向过去沉入的连续过程中，在其中新的内容出现为新的现前性并不再属于延存者，全部被构成的时段下沉并在消退的无限性中保持着其时段的同一性（或者说，延存者永远作为曾经的延存者），它在其“曾经存在性”〔Gewesenheit〕中保持着其同一性。

469 我们是否能够认真地使所谓时间样式（现前、过去）相关于作为判断方式样式及信念方式样式之相关项的判断以及元信念（未被样态化的信念）呢？而且与之相应：这些时间样式是否指称着存在样式，因为信念的“曾经存在意识”在恰当的意义上即存在者意识？

一般来说信念是否应被区分，当我们（例如）从朝向本质的信念（如在本质把握中）过渡到对于个别性存在的信念时？具体存在是否为本质存在之外的一种存在样式，而且人们在此也不应谈及种的区分化，好像"存在"属可被区分为本质存在和"事实存在"〔Daß-sein〕等一样。

"最初意识"是一起源意识，从中发生了行为的复多性变样，这些行为全体"相符于"该最初意识，而且这些行为都"相信"同一物，都意识到此物的存在，并在其中发现了其充实性。这些变样是处处同一的。因此如果我们思考一最初所与的意识，那么显然它不是如此被区分的属，如同颜色属被区分那样（而且因此一般来说，像在一般化中所关心的那样，甚至是相关于我们对待植物时所依赖的属概念和种概念那样）。本质意识〔Wesenbewußtsein〕比起具体存在意识〔Daseinbewußtsein〕具有一种不同的、更复杂的结构。当我们研究具体存在意识时，我们于是在其中发现时间样式的区别性，而且绝对必然地，发现其连续性的关联性，贯穿着它们的融合性、"同一化"过程等。但是，我们应该称之为设定样式吗？好像是信念本身改变着其特性，而不是按照规则的方式改变着其
意义？我们在最初意识中发现一必然的变化，在最初意识中具体存在当 470
然是有疑问的，但它相关于全部诺耶斯-诺耶玛结构，而并不（例如）相关于其中构成信念因素者。

当然，人们也可以称时间的样态〔Modalität〕为"存在"样态，特别是当人们，像通常使用该词狭义那样，认为存在〔Existenz〕包括 Dasein（具体存在）以及意义含混的 Daseiendes（具体存在者）。时间样态——现在、过去、未来，都是"在此存在者"〔Da-seienden〕的、作为时间存在者的"个别存在者"的样式〔Modi〕。

在原初现前〔Präsenz〕中的个别存在者是原初给予的，特别是在此时间样态的变化中，它在无终止"流动时间"的此变化中被给予，在其中固定的或客观的时间（作为固定"存在"的固定形式，在其中变化显然正是与固定性冲突的）被构成统一体（流动者相互关联复多体之统一体），时间因此即一切（其本身是固定的）存在者的本质形式。于是我们本质上须排斥再忆和再忆变样，在其中一段原初的现前化和现前在再忆样态中被给予。我们于是原初地或"再次"直观地看到不断更新的"现

在”之元起源点的连续醒觉，并因此看到更新的时间位置，但后者本身并未原初地在纯现在点中被给予，而是于连续的统一体中被给予，后者贯穿于流动的过去（作为刚逝去的“曾经现在”）连续体内，并在最短流动时段中即可被洞识。在再忆中一切都在相应的方式上被变样：设定作为再设定，现在作为再更新的现在，过去作为再更新的过去，以及其中
471 时间点和时间段的统一体作为个体项本质形式，不再是原初地被把握着，而是被再把握着〔wieder-erfaßtes〕。

此外，如果我们有一第二次的再忆，它相关于另一个体及另一属于它的时间段，那么似乎——因为二者仍然是直观地被再给予的——我们对于它们的时间关系就必定具有明证性。但是我们如何可能混淆了该关系，如何可能受到关于时间相续性及间隙性问题的怀疑和错误的烦扰，甚至当再忆具有一清晰直观性时呢？为什么似乎需要确立一全面的再忆统一性，以便在其中两个被再忆的时段客观上可被安置于其序列中？

显然，对此我们不可能这样论断：此关系在关系点的本质中被给予；关系点的原初直观或与其相当的一适当再直观，因此必然足以使该关系显明。因为正是在此需要解决休谟在其关系区分中对现象主义者提出的问题。为什么一定类别的关系根基于关系点的本质中，为什么另一些类别不如此呢？以及，时间不是具有先天性秩序法则中的一先天性形式吗？但是，我们难道不是只能这样来理解吗：时间点正像“性质种”一样乃
472 是时间间隙与一般时间关系的基础，时间法则正是与之相适应的？

附录 2

或然性论断之明证性——对休谟理解概念的批评

对于假定和猜测的关系（或关于实在可能性与或然性的关系）的阐明，对于有关通过已完成的经验来论证未来因素陈述之正确性问题的回答，特别是对于一最为熟知的从过去到未来的推论即因果推论问题的回答，是具有重要意义的。如果我们预先知道，一 U 种类事件必然相关于一 W 种类事件，U 并“产生”了 W，那么我们就期待，凡当 U 被给予时，自然就出现 W。而且，此期待之正当性不容置疑，因为它涉及一三段论推论。但是，我们从何得知，在事件 U 和事件 W 之间存在一种必然时间序列的联系呢？以下信念的正当性根据是什么呢：U 情况出现后一 W 情况必定出现，或者一般来说二者之间存在任何因果性关系？因为必然性相当于法则性，于是我们在此被引向有关一般经验正当性的问题。我们以何种理由一般地去假定，任何一经验关系都是一般有效的，存在着此一、彼一自然法则，以及甚至存在着诸法则之法则，即这样一种命题，它断定：一切存在及一切事件都被包括在独一无二的法则系统中，后者则包含着全部自然及全部时间？

休谟作为第一位使此问题成为一广泛研究之对象者，却最终陷入怀疑论。他发现没有可能性去论证哪怕仅只是最细小的因果性问题，因此更不必谈任何自然法则以及肯定自然法则的统一性问题，或者如他常常说的，自然进程的普遍一致性〔Gleichförmigkeit〕问题。他非常严格地 473

区分了理性观点领域和盲目意见领域。在一侧是观念之关系〔relations of ideas〕范围。在此领域，诸关系不可分离地联系于关系点，因此必然是在直观中被共同给予的，而且因此我们能够（通过进行一般化的抽象）获得根基于相关概念本质中的关系法则。对于这样一种决定作用进行想象的每一企图，均陷入了明显的矛盾，因其落入这些与其相违的法则，因此这些企图都是不适当的。对这些法则的否定意味着一种显然的荒谬性。在另一侧是事实〔matters of fact〕领域，它包含着关于事实物的一般论断，以及以其为前提的单个事实论断。因果关系，并非如同是在性质和强度例子中的那类关于较高或较低的关系。将效果与原因相联系的必然性，产生行为与被产生行为，我们如此乐于按照动物世界的方式去想象者，在单一事例中很难看到。

因而在此没有进行一种一般化抽象思考的余地，此抽象可使我们从个例中获取一般性。而且与此相应，在事实的内容中没有任何东西要求我们在我们称作原因和我们称作效果之间建立必然的联系，以至于对取消此联系一事是不可设想的。否定一原因性关系以及（相应地）否定任何不管多么确实的自然法则，并不含蕴着些许荒谬性。在此全体领域，
474 按照休谟的看法，人们不可能发现任何理性的正当性；赋予任何这类判断以此理性特权的每一可设想的企图是注定要失败的。人们在此唯一能做的就是研究相关判断与概念的心理根源，即在人类心理事实性领域探索此类判断的理性假象从中发生的该根源，以及首先也从生成性角度阐明，一般来说我们如何得以在超出了知觉和记忆中的所与者后去相信未来，坚执性〔Nötigung〕感觉何以发生，以及它如何与该客观的必然性混淆在一起，此必然性〔Notwendigkeit〕只在诸观念之间有其独一无二的位置。

不难看出，此一（以及任何其他的）怀疑论卷入了明显的矛盾性。如果承认经验判断没有正当性，那么也就不存在心理学阐明的可能性；如果一切经验科学信念都是虚幻的，那么心理学也不可能使我们满足于对此虚幻的根源进行展示或甚至满足于仅只标示出此虚幻来：因为心理学本身肯定也是经验科学，并根基于那样一些原则，对于后者，其不适当性正是心理学应当加以揭露的。

休谟本人当然并未忽略此循环论证，正因此他称自己是怀疑论者，因为他承认他的一切理论都并非是令人满意的，而同时他也没有看出摆脱其矛盾性的出路何在。

在其设法掌控这些困难的倍感失望的努力中，他甚至考虑到这样的想法：或许概率性原则可适合于证明我们的因果性推理以及一般来说我们的一切超出直接所与者的经验判断。但他拒绝了此思想方向。他相信 475
他可以指出，或然性判断正像因果判断一样，都是产生于同一盲目惯习与联想的心理学原则的，并因此不会使我们继续前进。

显然，他在此问题上的失败是必然的，因为他并未对自己阐明在纯粹现象学本质与心理学本质之间的区别，而且与此相关联，他也未对己阐明，在现象学上可实现的诸观念间的关系领域内，理性的正当性是可能确立的。观念间的关系领域内的理性，正存在于我们在此能够在充分一般性意识内加以凸显的关系法则中，正在于我们对自己阐明了这样的一般明证性的意义中，之后进而可认识到，法则本身的客观效力是存在于这样一种充分一般意识之观念的可能性内的。按照类比推理，人们也将探索一般的和陈述着必然性联系的经验判断。如果我们了解，此类经验判断仅只可能有或然性判断的尊严，那么我们就必须——在其有关心理学起源的一切探索之前——研究，是否在此属于客观性的原则也应通过充分一般化概念加以把握，因此理性在或然性领域内是否也应像在观念间关系领域内一样。

当休谟问询道：大量的可能性是如何如此地“作用于精神”以至于引起了人们的同意或信念时，我们按照自己的态度问询道：相对于一系
列有利的机会而言，我们是否有权利对或然性做同样客观的论断呢？ 476

让我们来对休谟的骰子例进行阐释。骰子的四面均配有一定的图案，另两面是空白的。在掷骰子时我们以为更具或然性的是出现有图案的一面，而不是空白的一面，因为有图案的面比空白面多一倍，比例是 4∶2。存在 6 种相同的可能性，每一种都有 1/6 可能性。存在 4 种有利的机会出现图案面，因此或然性是 4/6。此一评估是否具有明显的正当性呢？如果我们没有理由假定被掷骰子各面的出现是不均匀的，那么我们根据经验知道，一般来说掷下的骰子首先出现一个侧面。我们一再经验到一个侧

面朝上的结果，并在目前的情况下如此加以假定。我们有何种权力如此判断呢？我们仍然将说，显然，判断“一掷下的骰子按此规定的方式落下”，不同于一随意加以表述的命题“存在经验的理由”，而且显然，我们记得的每一先前的经验例子都赋予了我们的命题以“分量”，以及该分量随着先前经验的数量而增加着。

因此休谟应当从这样的明证性出发：“在 U 情况下一 W 出现”的事实，自身已经赋予以下断定某种分量，即“一般来说，在 U 情况下，W 出现”，而且此分量随着被经验的事例数量而增加。如果不出现矛盾的例
477 子，没有冲突的知觉、记忆或有经验根据的判断，那么此论断“一般来说 W 在 U 之后出现”就是一正确的、具有某种分量的或然性陈述。在我们的例子中，情况即：记忆显然直接促动了未定判断“任何一个侧面朝上”。如果现在此未定判断被给予某种经验分量，并被触发某种程度上的或然性，那么就进一步显然可见，此分量被分配于 6 种可能的情况中，这些情况都具有相同的可能性，如果到此为止的经验并未偏向任何一种可能性的话，即如果相关于经验之促发力是完全均衡的话，或者如果所有 6 种情况的分量都是完全同等的话。于是让我们假定，因此存在一种偏好性，例如：4 面，只有 4 面带有图案，因此 4 个可能情况具有共同的规定性“一个图案朝上”，于是显然，“一个图案将朝上”的假定，只要它包括同等或然性的 4 个情况，就获得了与一个侧面出现的或然性相比的四倍分量，而且显然，其分量与对立的假定“一空白面将朝上”（它只包括两种可能性）的分量的比例为 4∶2。

在这种有待于进一步精细化和准确化的思考中，不包含任何人的“精神”的词语以及人基于经验心理学法则所经验的效果的词语。反之，我们简单地朝向于所与者，朝向于特殊的动机化〔Motivierung〕作用，朝向于可体验的特性，后者是一般假定通过先前经验的分量所获得的，
478 而且我们在此，正是像在观念间关系领域内一样，实行着一种观念性的抽象，在其中我们看出本质必然性中的相关或然性原则。每一或然性论断，不论是纯象征的或部分直观的，于是都是正当的，是一正确的或然性论断，如果它使我们能够根据最初的和真正的经验材料对其衡量的话，如果本质上属于它的直观状态的最初促动力能够在此被体验的话，并因

此如果此正当性在充实性中被给予的话。因为问题相关于本质法则性的关系，我们可以在此提出一原则，而且我们也能够说：一经验的论断是正当的，如果它正是以这样一种原则为根基的话，即如果该原则保证了其证实之观念可能性的话。

中译本附录

关于胡塞尔晚年思想重心的辨析

《经验与判断》是胡塞尔著作中三部较完整的逻辑学论著之一，其他两部为《逻辑研究》和《形式逻辑和先验逻辑》。关于本书的“身份与构成”问题，作为本书的编者、部分“合作者”及助手（学生）的兰德格里伯在编序中已有清晰的介绍。胡塞尔的看似“凌乱”的巨量写作遗存中的大部分“文本”，其实都是按照一时的讲演、授课或专题思考的限定目标，在确定框架与范围内所完成的一份份“完整篇章”（所以才可能有后来的诸多“著作集”陆续编辑出版）；但是按严格的“专著规格”言，不仅在他在世出版的少量著作中，而且在他的一切遗著出版物中，真正的“专著”就只有两部：《观念1》（《纯粹现象学通论》）和《形式逻辑和先验逻辑》。两书又恰恰都是短时间内“一气呵成”之作（因而具有文本形成学上的显著一体性）。《逻辑研究》为其毕生创建的现象学思想的一部预备性“导言”（《纯粹现象学通论》才是其现象学核心内容的实际奠基之作），也是胡塞尔学专业领域中百年来研读最多的一部，但它也只是一部“学术理论思想汇集”（也许除了1913年改写过的《第六逻辑研究》），即各组成部分之间并非具有清晰的或直接的连贯性。多年来学界所谓的其“最后著作——《危机》”当然也是一部“文章汇集”，尽管其中少部分曾经在其生前发表过。与《危机》大约同时“完成”的本书，自然也具有这样的文本形成学的“选集”性质。《危机》稿的正文曾经为病中的胡塞尔亲自修改过一事，也同样适用于《经验与判断》。兼具编者及合作者身份的兰德格里伯在编序中强调：不仅本书的内容完全是胡塞尔本人的思想，而且全文均经胡塞尔多次审阅。而且，本书早于1938年即已初版，而《危机》的初版则是在1953年。两书在“风格”上的主要不同在于，本书具有更清晰的主题一贯性：现象学—逻辑学。《危机》的所谓“胡塞尔晚年思想的另一次‘转向’”不免言过其实，而本书则明确表现出了胡塞尔毕生“一以贯之”的“论域特征”：“心理逻辑学”或“逻辑心理学”。概略而言，胡塞尔的毕生工作领域，除哲学外，即“逻辑学”和“心理学”，二者也应是衡量其理论贡献的主要学科范围。19世纪30年代胡塞尔在其最后几年最为关心的是这两部长篇书稿——《经验与判断》和《危机》，其中，主题范围大为扩展因而呈现杂多性的《危机》一书，其与“胡塞尔学本身”的关联性，其实不如本书。自然，本书具有的“偏重专题技术性分析”的特点与《危机》涉及的远为广阔、深远、丰富的“话题呈现”，也形成了风格和意图上的对比。然而按照多年来形成的西方哲学界共识，《危机》当然比《经验与判断》重要得多，原因是，“《危机》学”的“学术社会学方面的效力”远为巨大。然而此一评比标准，在我看来，即牵连到某种纷杂的意识形态背景，也即欠缺了“胡塞尔学”本身应具有的认识论单纯性。译者在此不拟展开的重要批评是：“危机学”被解释为胡塞尔晚年的所谓“现象学最终转向”，也是名实难副的。在现象学运动中的此一“夸张的共识”，反而遮蔽了“胡塞尔学”系统具有的内在的“一以贯之”的优点。这两部“最后书稿”的各自“学术理论功能”显然不同，而就“胡塞尔学”本身论，则本书与该学核心部分的“距离”更为靠近。《经验与判断》无疑是“胡塞尔逻辑学文本系统”的有机组成部分之一，可与《逻辑研究》和《形式逻辑和先验逻辑》并列入“胡塞尔逻辑学”系统。

此外，本书也被学界公认为是《形式逻辑和先验逻辑》的“姊妹篇”。我们的“胡塞尔著作集”5年前（2012）已将《形式逻辑和先验逻辑》作为“著作集”的第一卷出版了。如果说该书的主要方向是“先验逻辑奠基学”和“主体逻辑学”，那么本书宣称的“逻辑系谱学分析”方向，则是在基本逻辑学本身的层次上进行的相关具体分析。它大致由两大部分组成：其一是述谓判断分析和判断样态学分析（本书的第二、第三部分），另一是前述谓逻辑经验分析（本书的第一部分）。应该说，后者具有最鲜明的胡塞尔逻辑学（实为特定意义上的一种“逻辑哲学”）特征，这正是今日大多数专业逻辑学家所不熟悉并不予关注者。此“姊妹篇”的共同核心特征是“逻辑思想与主体功能的关联问题”，两书内容均非常具体地体现了胡塞尔现象学自始至终兼具的逻辑学和心理学的互动性思维特征。这一部分论述在本书中相当清晰地呈现出来，即在“前述谓逻辑”和“述谓逻辑”的对比与关联中呈现出来。此一论题其来有自（特别是在中期胡塞尔思想所特别关注的“被动综合学”领域形成后），它涉及主体学的两大分支：意识结构分析和前知觉层次（被动接受性层次）的主体功能（Leistung）问题。再扩大而言，此一“逻辑心理学”课题也属胡塞尔学在哲学史范围内研究主客关系论的独创性成就之一，是在英国经验主义、法德理性主义、奥地利新实证主义等有关各种“哲学怀疑论”的争辩历史中的最为细致的分析性展开。“意向性”机制（此为胡塞尔学的主客关系分析的最具独创性的成果）不仅体现在“意识层”，也体现在“前意识层”，二者的“交接域”即胡塞尔毕生思考不辍的“知觉经验领域”。简言之，主体的“主动性或能动性作用”不仅直接体现在意识、认知与意志行为等方面，而且也间接体现在前知觉、前认知、前意志动机层等方面。这是胡塞尔毕生采信的“主客互动关系认识论”所落实的一个主题领域。这样，《形式逻辑和先验逻辑》的“先验性方向”就与《经验与判断》的“经验性方向”共同形成了“胡塞尔逻辑学思想构造”的“上下两层结构”。

兰德格里伯谈到，胡塞尔曾经有意在《形式逻辑和先验逻辑》出版后不久即将本书作为其补充部分加以出版，后来拖延未决而致出版计划中辍。在各种内外原因中，或许也包括一种实用性考虑：尽管书稿还不能充分令其满意，但本书内容毕竟偏于技术性，作为《形式逻辑和先验逻辑》一书的“理论补充”是具有其“已完成性”的。这就是为什么他仍然决定由兰德格里伯全权代理最终在技术性层面上将其完结并安排出版。中译本序言论及本书与《危机》间的多种潜在关联性。胡塞尔将本书书稿完全交予兰德格里伯处理的另一原因，自然有关于其对“‘危机’

学”新写作计划的决定。胡塞尔在其最后几年越来越关心现象学哲学与“时代危机”的关联性问题：在德国的严重政治危机的情境下，胡塞尔想到的是如何超越社会性危机层面（他始终对此避谈）来积极遥望欧洲和世界精神文明的未来发展问题，其一向心怀的现象学使命感，在诸多客观压力和时不我与的感觉的刺激下，突然被进一步“具体化”为最后的“‘危机’学”计划。这就可以说明，为什么在 1935 年时胡塞尔对于一次短暂的布拉格讲演之行，会表现出如此兴奋的心绪。不仅因为在他于自己深爱的祖国被禁止发声后获得了一次自由思想交流之快意，而且因为他将其视为（想象为、期盼为）自己最终使命感开始贯彻的一次“有力开端”。（译者于 1977 年下半年在北图诸多结构主义引论书中最后选中布洛克曼的书来翻译，即主要因为被其有关胡塞尔布拉格经验的描述所感动，并从中看到了现象学与符号学之间的内在联系性，或看到了有关“一般意义问题”的普遍关联性。）

作为最后整理者和编辑者，兰德格里伯自己承认书稿虽然在内容范围上维持了“逻辑学主题的一致性”，但其篇章来源不免混杂。兰德格里伯的重要“合作性贡献”主要体现在协助胡塞尔将写于不同时期的类似逻辑学主题手稿系统地加以汇总。（人所共知，通过速记法写作的胡塞尔思维飞速，灵感所之，即刻记下，其后各种理论灵感纷至沓来，没有时间和兴趣对之前的思想记录加以汇总整理。）按照我们的“重读胡塞尔立场”（即对当前西方现象学界主流的职场认定标准持某种合理批评性的独立立场），即按照我们的“胡塞尔学”的标准来看，本书的“重要性”是显而易见的，特别是在前述谓逻辑领域讨论中展现的极其细腻的“主客互动关系分析”和述谓逻辑领域的“逻辑样态学分析”段落，以及有关主体在对客观世界的认识论思维实践各层次中主动介入方式之描述。正是这些今日学界极少继续讨论的部分，才是与当代“精神科学”“价值科学”“人文科学”“新伦理学”的认识论的研究最为相关者，但却几乎完全被“科学时代当道的”物理主义、行为主义和实用主义所排斥，又同时被各种非理性主义理论予以“抄袭性的”误用（他们一方面依赖于胡塞尔独自创发的理论概念和方法，另一方面亟思对其真实思想的理性方向加以遮蔽和在影响力方面予以“超越”）。本书稿的主题重要性和方法论重要性，也充分体现了作者现象学探索性思维历程本身的“合理适切性”方面，对论题、方法、方向的“适切性把握”的能力，才是人类人文思想理论创造性展开之真实动力。“理论重要性”不仅不能由任何随意提出的“主题宏观性”本身来代表，也不能以其话语形式组织的表面系统性来代表，而是应该表现在对诸相关理论运作参量间的“适切性关系”的有效处理上。此外，现象学思考的重要性更不应以其客观学术社会的影响力大小来衡量（因其中含有诸多非学术性的社会集团人为的“效果操作性”，结果，后者的学术活动目的不是要共同追求真理，而是要“制造偏私效果”）。这样，本书同样作为“胡塞尔毕生最后的‘著作’之一”，其重要性正表现在它完成于胡塞尔逻辑哲学思想轨道中，故适切地处理了极为重要的逻辑学-心理学互动关系问题，完成了其毕生最后一次有关心理逻辑学探索的阶段性成就。

由《危机》一书表达的胡塞尔晚年“危机学”的学术重要性，是指其“主题”本身的时代关切性、目标崇高性、内容丰富性；但这些宏观主题，在译者看来，一方面并非属于胡塞尔学的“固有部分”或“专有部分”，而另一方面主要课题几乎都是他一生学术实践中早已表达者，所以谈不上什么“方向性创新之作”。至于辞世前的胡塞尔要想将其毕生之学在超出自身有效学术实践范围以外加以扩大和超越的意愿，仍然面临着他一直并无条件获取的诸多相关知识和经验的准备的限制（他在二战前如果像各种“文化哲学家”那样纵情论列，他就不可能成为专深的现象学家了）。这就是我本人一直对“生活世界神话”难以采信的一种明显直感。而其几十年来产生的极大的学界文化界影响力，不少是缘于西方专家长期至今避而不谈的“‘危机学’的学术社会学背景”问题（我在大量相关文献中极少看到这方面的讨论主题）。此一思考方面的欠缺却直接影响到人们对胡塞尔学本身的认识，这才是问题所在。被众多现象学专家称作的晚年胡塞尔之“再次哥白尼式转向”的所谓“生活世界”新方向（甚至被一些人歪曲为胡塞尔最终在海德格尔的刺激下向存在论思想的转向），译者在近年来的陆续研读中，不仅认为多属虚夸之论，而且成为长期以来助长了人们将存在主义与现象学运动混为一谈的因素之一。（“重读胡塞尔”立场须面对“坚实的”西方权威挑战，因为不论是胡塞尔早先的助手们还是今日胡塞尔学的专家们，其中多数都持“兼采胡塞尔与海德格尔”的立场，包括我相当尊重和看重的已故的保罗·利科。）在此我们当然只能简要提示其故，目的仅在于反衬具有“朴素性内容”的本书的真实重要性，因为它正是胡塞尔学的有机组成部分之一。

我们刚才提到过胡塞尔的大量“写作”和手稿整理都需助手的技术性协助（海德格尔亦为其承担过类似工作），而在其晚年病重期间以及在生命临结束前，面对时代多方面严重危机的压力，亟思通过完成一最后巨著以使现象学使命最终得以“升扬”，为此，在精力日衰和病体虚弱之时，他更加需要青年助手的协助和合作。在他生命的最后几年间，两位助手——兰德格里伯和芬克，适时参与了其毕生这一最终精神奋斗历程。芬克本人作为海德格尔的学生，具有强烈的黑格尔思想兴趣，他参与了所谓“胡塞尔‘危机’学”形成的全程。（我一直奇怪，为什么不是由他承担《危机》的组编工作?）该书正文中最重要的后三分之二中心部分的文本形成进程至今尚欠清晰脉络（构思、初稿写作、改写、流存等不同阶段细节，实际编者比麦尔在编序中对此一笔带过）。而在该部分文本的修改过程中的关键性的1937年，恰逢胡塞尔病重，精力急遽衰退，可以推测，芬克可能在文稿形成的诸方面担负过重要的工作。尤为重要而广为人知的是：病衰期间的胡塞尔曾经主要通过芬克来理解和消化他所不熟悉的存在哲学和黑格尔哲学思想。（后来不少轻率的胡塞尔学研究者竟然据此认为胡塞尔晚年有向黑格尔方向转移的迹象，对我来说，此为西方学界理论思维并非处处含有一贯性思维能力的明证。）我们从书后附录发表的由芬克一手代拟的该书未来的展开路线看，当时胡塞尔本人已无拟制一份“危机学”完整大纲的精力，这也可间接显示当时芬克对病中胡塞尔的思想影响力有多么大了。与兰德格里伯的“合作部分”基本上限于编辑技术性支持不同，芬克的“合作”显示出更为积极的实质性特点。此一过程背景复杂，资料短缺，尚须专家们日后继续探讨。（对此，我特意购读的Ronald Bruzina的《胡塞尔与芬克》这部600多页的厚著中也欠缺“危机学”形成学部分的细节。译者仅读过《茵格尔顿与胡塞尔通信集》，却没有读过舒曼编辑的十卷本《胡塞尔通信集》，因此欠缺独立地进一步对此进行细心追索的文献学资格。几年前在发现Mohanty的新书《胡塞尔的弗莱堡时代（1916—1938）》预告时我也马上订购了一册，因为该书强调了有关“晚年胡塞尔”部分的研究。然而该600多页的厚著中文献性方面的考证资料也很不够，大部分是一般性思想综述而已。）学界共知，胡塞尔思维的“自我对话特点”，使其后来越来越难以“进入他人的思维轨道”，而20世纪20年代末以来存在哲学和其他思想流派影响日增，加以纳粹上台后胡塞尔学术交往严重受阻，在此情况下作为助手的芬克渐渐承担着胡塞尔“对话人”的角色，特别是向胡塞尔“讲解”其根本“难以进入”的黑格尔思想和胡塞尔极其反感的海德格尔思想的概略。在胡塞尔晚年精力渐衰之际难以掌握他所不熟悉的其他理论思想的情况下，以及在身处时代政治危机而他对此一领域一向认知单薄的情况下（他在一战期间表现出的德意志爱国主义热情可证哲学家其人之“心地单纯”的一面，他如何能够深入人间错综复杂的争权夺利纷争之真实细节呢?），加以一向隔膜于人文社会科学其他领域的知识资源，仅仅通过病中与当时身边助手的“思想交流”，就足以完成此“现象学另一进径”之开辟吗？按照我们对“胡塞尔学”的有效认定，在其思维壮年时期尚且无条件完成之事，会在病衰中全凭一种“现象学神力”即可获得灵感来开启此伟大的人类文明理论的新方向吗？然而在西方学界此一建筑在“生活世界论”上的“现象学神话”竟然于二战后广加传播，这难道不是很奇怪之事吗？在存在主义盛行的时代出炉的《危机》一书，的确曾经在西方理论界造成过“轰动效应”。此一一时性形成的时代效果，在其后职场制度化强化后，遂可成为学界在“机械主义程序性学术思维框架”中采用的一种“现代哲学史定论”。必须指出，我们在此进行的辨析，不是意在将此最后两部书稿的价值比高比低，而是担心此类“理论宣传效果”反而会遮蔽了人们对于真实“胡塞尔学”的认知。译者虽然一直感觉“生活世界论”相当空洞，而也是一直到最近几年研读较多后，才突然意识到《危机》及“危机学”问题原来归根结底还是与存在主义思潮有关的，因该书可被视为战后导致所谓“现象学两巨人”并列于“现象学运动”中的“思想证明物”之一，其中或许还含蕴着胡塞尔已为海德格尔所超越的“潜台词”。

“‘危机’学”的复杂性当然远不止此。该书正文中唯一发表过的布拉格和维也纳讲稿内容（完全由胡塞尔完成，但在“危机学”计划开始后有所修改）与作为该书真正中心的、表达了所谓胡塞尔朝向“生活世界论”和“历史学转向”的第三部分（占正文三分之二）的文本是在他与芬克的“密切对话”下完成的。这两个部分在主题方向上被公认为存在着明显的差异性，于是出现了后来研究者大量讨论的如何从其亲为的第一部分文本中追寻其第二部分的“生活世界”主题线索，以及特别是，如何在其一生思想记录中“探寻”后来成为其所谓“另一哥白尼转向”的、作为正式主体学“生活世界”的发展痕迹。尽管后来的研究者纷纷认为的确存在着这类“迹象”，只不过迹象十分微弱而已。而且在“生活世界论”被大肆宣扬后，不少研究者均指出过，此概念的“字面”虽然第一次出现于 1917 年手稿中（美国现象学家卡尔指出），但当时“生活世界”根本不是什么理论概念之标称，而于《危机》后正式提出时，此概念又显得相当含混和前后不一，也就是没有显示出胡塞尔思想惯有的理论思维一贯性特征。至于所谓该书的“历史学转向”更属附会之言，一些研究者竟然将胡塞尔的逻辑思想史和科学思想史的惯常回顾性研究，“夸张为”其思想方式转向了“历史溯源学”。（把胡塞尔思想中一贯存在的逻辑思想史和科学思想史思考，夸张为“历史学方向的回归”，难道读者不知，胡塞尔思想正是发源于并一直继续于其对近代哲学思想史的频频回顾吗?）结果，一些“好事的”研究者又进而将“生活世界”概念和“历史学转向”概念结合在一起，硬要加到最后几年病衰的胡塞尔思维动态上，以暗示胡塞尔终于体悟到现象学需要“更新”，或现象学需要“升华”到一个新阶段。胡塞尔本人最后几年亟思再奋起的“冲动”，遂被后人“充实以”某种偏于存在哲学性的理论。（袭用胡塞尔学的理论术语成就才得以繁殖发展的存在主义理论话语，因而对此最终转向说大感振奋。战时梅洛-庞蒂前往鲁汶档案馆阅读《观念 2》手稿时，与当时在那里临时工作的芬克相遇。梅洛-庞蒂不仅在阅读了《观念 2》手稿之后即匆匆完成了他的知觉现象学理论，而且也从芬克处了解了生活世界思想，从中获得了极大启发。对此描述可参见《比麦尔文集》第一卷“后记”，1996。）实际上，晚年的胡塞尔处境危殆，几乎与世隔绝，又逢非理性主义思潮和机械科学主义思想蔓延欧洲思想界，他虽然关注于如何以自身的人文精神理性主义与之对抗，却对晚年突然到来的复杂世局及时代思想情境，并无直接加以应对的思想准备和行为意志性准备。他是如何在芬克的影响下将自己此前偶尔使用的“生活的世界”“周围世界”等字面和思想提升为作为理论原则总称的“生活世界”的过程，至今欠缺明显资料。无论如何，该书被公认为是“胡塞尔最后一部重要著作”就是由这样相互欠缺清晰关联性的两大部分文本合成的（加上比麦尔增加的手稿附录）。在两次旅行讲演后他打算以之为基础扩大为一新著，并借以公布其现象学新路径——生活世界理论和历史学向度，那么就该从作为全书第一、二部分的讲演稿文章开始（作为所谓新学创立之“序曲”）进行系统的整体处理，但在纳入《危机》一书的这头两部分（占正文三分之一篇幅，其当时发表均经作者修订过）中竟然连“生活世界”的字样均无，为什么？这难道不是说，“生活世界”理论完全是在布拉格和维也纳讲演旅行后才产生的吗？

现在，让我们提示以下几点供读者进一步思考：

1. 芬克作为黑格尔和海德格尔研究者在思想方向上与胡塞尔非常不同，他在担任助手期间的职能大大超出了助手职能的范围。他在参与整理《笛卡尔沉思录》时即在胡塞尔的“第五沉思”之后，曾自拟了一份与胡塞尔思想不同的“第六沉思”（后单独出版）。芬克在“生活世界”的形成学中的作用是一个必须重新探讨的重要课题。

2. 不仅是芬克，胡塞尔的其他助手、学生乃至战后大批现象学家几乎也都为海德格尔的信奉者。所谓“现象学运动”的形成事态更趋向于将此现象学“两巨头”尊为运动的“共主”，甚至认为海德格尔超越了胡塞尔，将现象学推向了更高阶段。这样的现代西方哲学界的“学术意识形态分析学”背景让我们感觉到，“危机学”的胡塞尔转向论可能的确含有西方哲学世界意识形态的背景影响的问题。“现象学运动”本身也是一种综合的科学学与学术社会学的现象。

3. 最为不可原谅的思想歪曲和判断幼稚反映在西方学者所谓的（作为广义康德派的）胡塞尔晚年转向黑格尔路线的说法。实际上，加于胡塞尔的“历史学转向”正为支撑胡塞尔受到海德格尔影响而转向黑格尔方向做了铺垫，而芬克毕生的学术实践领域正是黑格尔学。

4. 该书编者比麦尔对于该书所含不同文本单位的汇集（含正文和附录）出版起着关键性作用，固然功不可没，但须注意他本人同样也是作为海德格尔学者参与胡塞尔学的整理工作的。其思想立场与芬克一致，自然特别突出了该书由芬克协助成篇的第三部分的重要性（我们从他在自己文集中的相关论述还可进一步证明，参见书中《对生活世界问题的反思》一文），遂在客观上有助于导致如下“共识”的形成：《危机》作为所谓胡塞尔的“最后一部书”，标志了胡塞尔的“最终觉悟”，并标志了当代西方哲学史的新方向——海德格尔方向。

5. 此外，最重要的一点是：不少研究者均指出，所谓“生活世界”理论并未成熟。实际上，如前所论，我本人在几十年来研读胡塞尔著作期间始终“感觉不到”《危机》一书的特殊重要性所在，无论是就其理论言，还是就其社会文化历史意义言。本人对于胡塞尔学的重视只基于其人之“内学”（胡塞尔学）本身，而同时清楚地了解胡塞尔学作为现代精神科学或人文科学或价值科学而言，仅只是相关基础性理论成就之一，在深广度上远远谈不到对人文学术理论世界整体的结构和方向已完成了某种奠基性任务。他对于现代人文社会科学的众多领域从来没有涉足，尤其是历史科学，如此何来“历史学转向”一说？不要以为西方哲学界没有“忽悠现象”！其中半因现代学术社会竞争时代的风气所致，半因现当代西方人文理论家本身的“一致性思维”带有“学科局域的限界性”（缘于欠缺跨学科的理论思想汇通实践），而思想家和理论家们往往倾向于超越自身学术的合理界限而做不合理的推演。（当代西方哲学家们的各种自身专业之外的思想理论表现多显露这类偏差性。这是本人多年来在国际符号学界提出对“西方哲学中心主义”批评的客观原因之一。）

6. 此外，即使第三部分的原始文本初稿确实由胡塞尔独自撰写，该部分骤然突出地而并非连贯地使用了作为理论总称的“生活世界”概念（鉴于胡塞尔毕生大量思想记录中甚少相关论述）究竟是如何形成的呢？（今日众多西方研究者着眼于《危机》的“生活世界”论和胡塞尔以前几十年中的论著去探索彼此具有思想理论关联性的蛛丝马迹，可谓相当牵强附会。）即使这一部分初稿是由胡塞尔本人独自撰写的，在其精力衰退无法充实胡塞尔学之外的相关知识的情况下，以及一向隔膜于、不屑于存在论本体论研读的背景下，对此一引导性概念的把握和使用，据合理推测，也多半是在芬克的积极影响下形成或采纳的。（比麦尔说胡塞尔晚年曾不断思考“存在论问题”，这样说时他是否明确胡塞尔的存在论思考是科学认识论方向的，而并不是形上本体论方向的呢?）虽然此一现象的确反映了（毕竟他试图对文本加以修改）他的采用新视角的积极企图，但企图心的存在不等于是企图本身之有力贯彻或必定即产生积极成果之根据。这是可以由第三部分中的“生活世界”概念的单薄性、片段性、不连贯性特点加以间接显示的。而后来的研究者却纷纷对之演绎，好像真的形成了胡塞尔现象学的思想理论大转向似的。

7. 那么为什么《危机》文本中的“生活世界”概念，虽然内容明显单薄并欠缺连贯深入性，却实际上在当代哲学界产生了如此重大的思想影响呢？为此我们需要从“哲学社会学分析角度”进行剖析。各式各样的存在主义者们（包括大量错身于“胡塞尔学”职业领域的专家们）的直接、间接的推波助澜为其主要原因，其中最大的背后支持此一说法的“影子”，或许就是纳粹时期哲学家海德格尔及其狡黠营建的战后世界精神势力。符号学的学科学分析学则可有助于我们和西方学界的“权威机制认定的共识”保持合理的距离。存在主义的德法两巨头话语因其较为显明的非理性主义特征，反不至于引起我们的“认识论警惕”，而在西方哲学史内各种“逻辑主义”体系内出现的非理性特异之论，我们反需特别予以谨慎的关注。

8. 那么《危机》的胡塞尔学相关性的重要性又在哪里呢？当然，该书提出的各种问题和批评都是有价值的，但同类言论在胡塞尔自己以前的论著中以及大量其他人的论著中并不乏见。我们强调的是这些“宏大主题”本身本来就有其普遍的现实存在，不是什么创造性新论。而胡塞尔在此新著中一再企图将社会、文化、历史、文明大环境的思想与其现象学理论结合起来，当然也一再出现了这样的主题：先验主体性与科学世界的内在关联性问题；心灵与行为综合体中的前意识的被动综合过程；主体的主动性“功能”贯穿于其行为的各个阶段，包括前感知阶段；先验主体性的先天性、本质性和永恒性存在问题；人类“共同经验”作为个人主动性行为构成中的先验“主体间性”的前提问题；文化作为主体间先验主体性的能动性运作“成果”问题；如此等等。尽管所有这类问题本身均有待进一步具体深入研究，但其“主题的重要性”本身难道需要一个新颖的“总称”——“生活世界”加以重新提领吗？它们当中哪一个不是早就存在于胡塞尔现象学论著中了？为什么要如此突兀地借助一个与存在主义具有暧昧字义共同性的新词——“生活世界”来“重新标志”？其学术社会学效用难道不正是为将海德格尔的存在哲学说成是“超越了胡塞尔”的一种“物质性证明”吗？难道不是在暗示连胡塞尔本人最终都“不得不”屈从于存在哲学？连当今丹麦著名胡塞尔现象学专家 Dan Zahavi（他也在创造所谓新的现象学主体学理论）都敢于如此轻率地断言：“尽管胡塞尔必然仍旧是一位创始者，但其立场已无可挽回地被海德格尔所超越。”（参见其《胡塞尔的现象学》[2003]）在这里我们不拟进而申论胡塞尔学的当前真正学术价值评定问题，只需再次提醒一个基本判断原则：在前定的特殊理论框架内（包括学科、思想史、流派、系统等等）对于理论思想进行判定为一事，将固定思想理论体系引入该框架之外、之旁或进入合理扩大框架内加以衡量又是另一事。胡塞尔理论的方方面面显然都相关于未来数学、自然科学、社会科学、人文科学、人类新伦理学等方面的继续发展，在此情况下我们怎么能够仅仅在西方哲学史系统内来对之“一锤定音”呢？（作为职场专业者，他们只能这样程序化地操作；而超越学科制度化局限，正是今日跨学科理论方向的“中西符号学-解释学”方向的新立场所要求者。）

**　**　**

最后，我想回顾一下自己几十年来与西方现象学家的交流体验，并据此再谈一下当前国际现象学研究学界的趋向问题。这是我在翻译本书的过程中又进一步加以反思和总结的，或许可供国内爱好现象学和胡塞尔学的读者参考。虽然自 1960 年代“文代大革命”前起，在北京图书馆具有全国唯一较完全的国外人文学术资讯的条件下，我已在哲学领域渐渐凝聚至胡塞尔学方向，但我的智性兴趣的发展，由于当时完全没有职业前途的挂虑以及学术实践程序的客观限制，也就没有经受过任何外在预定学科框架的制约。当1977年下半年底北图重新开放和我于1978年进入中国社会科学院哲学所后，也即自重归社会并进入学术体制以来，我的智性视野骤然全方位地展开，其范围也就远不限于现象学了。自1970年代末起，我的毕生人文理论追求的范围与方向就“定格”在三大片上：现象学、解释学、符号学，与之对应的主学科即：哲学、史学理论、文艺理论。于是1982—1984年在美欧大学访学期间，它们也是我积极接触的三个领域。两年游学的首要兴趣即广泛拜访此三大片中的国际著名学者，其中现象学家自然列为首要。留美研读经历中也主要是胡塞尔学，并将回国后的首要计划定位于译介一部胡塞尔经典。在与美国东西现象学家接触之外，联系最多的是法国的保罗·利科以及德国的伽达默尔。当时与保罗·利科未曾见面，并一度与其失之交臂（由于当时经费拮据，我在1983年春受邀参加美西哲学年会后，通过退回对方提供的返程机票而得以用余款购买了长途汽车票，完成了毕生唯一一次横穿东西大陆的公路之旅［每夜睡在夜车的座椅上］。由于汽车各站到车时间耽误，我遂未能按时到达芝加哥参加电影学家西特尼为我们安排的与保罗·利科的见面约会），但在我同年夏短暂小居巴黎时，他曾介绍我去了他的巴黎现象学中心。与伽达默尔在波士顿和海德堡则先后晤谈两次（那一阶段我正企图通过综合伽达默尔、保罗·利科和哈贝马斯诸人的理论来形成自己的“解释学认知基础”，所以我也在访问慕尼黑大学施泰格穆勒研究所的两月间在其临时办公室内拜访了哈贝马斯，但那时我尚未形成自己的非形上学方向的“历史解释学”思想）。当我访问心目中的“圣地”——弗莱堡的“胡塞尔散步小路”和研究所时，才了解到那里已经“人去楼空”，不再是胡塞尔学研究中心了。鲁汶胡塞尔档案馆自然是我想方设法一定要到访之地（我那时当然也是不［可能］住旅馆的，夜晚都是在多半空荡荡的火车座椅上躺卧度过的。早上到达新目的地时，首先去超市买好一天口粮并在公园长椅上用餐后，才开始一天的访问行程。我那时就是这样去拜访一位位“西方大师”的）。因为假期未曾见到梵布雷达主任，只好在纪念室拍下了我心仪已久的“胡塞尔私人藏书”书架。幸好鲁汶大学法学院的现象学美学家布洛克曼（即《结构主义》的作者）夫妇向我详细介绍了胡塞尔档案馆的情况。在访问科隆胡塞尔中心时，在电话中得到了已经退休的前主任、本书编者兰德格里伯的邀请，遂马上乘郊区公车到他居住的小镇家中拜访。我心里非常高兴，因为终于可以见到一位曾经与胡塞尔在一起工作过的现象学家。（记得在《纯粹现象学通论》译序中我提到过此一经历。）但是我当时没有想到将来会有机会翻译他参与完成的这部胡塞尔著作。顺便在此一提，那两年之所以有机会与不少现象学家（包括所谓慕尼黑学派成员）顺利访谈，一个原因自然是那时西方学者在中国改革开放初期对中国充满了好奇，愿意支持来自中国的西学理论研究者。此外另一特殊原因是，早自第一次世界大战前哥廷根阶段即已开始形成的"现象学家大家庭气氛"，就在胡塞尔精神的激发下形成了一种"现象学团契精神"（类同于历史上的修道院同修之间的精神情谊？这与今日规模更为庞大的各式各样朝向共同名利追求的"现象学集团"之党同伐异特质，可形成鲜明的反差）。那时的我自然也深怀此种共同朝向真理探索的人生观，故必在通信中流露于外。（记得1982年我在访问普林斯顿神学研究所主任时，曾经将载有保罗·利科私人电话的利科亲笔信出示给他征求关于我的某次研究计划的意见时，他的颇为"惊讶"和"羡慕"的表情引起了我的好奇。那时的我还远远没体会到西方学术社会的等级势力风气呢！因为在我的性格中是从来不存在什么人际等级观念的。那时我只翻译过利科的解释学文章和他主编的《哲学主要趋向》，等到后来在《纯粹现象学通论》翻译时同时译出了他的法译本的导论和注解后，彼此的"现象学友谊"才进一步有所发展。）是的，现象学家们一定是感受到了我的"现象学热情"，所以才普遍对一无所有的我乐于接待。（哪里知道我的"学术热情"其实是全方位的，而不是功利主义的。同一热情也是其后导致我不吝与各种西方现象学专家们发生争执的动因。参见《忆往叙实》中关于"泰姆尼茨卡"章。）在与兰德格里伯的会见中，我向他表白了回国后翻译《观念1》的计划，希望获得他的指导。那时的我当然料想不到几十年后我会翻译他所编辑与合作完成的《经验与判断》一书。我那时也自然还不具备相关知识向其提出晚年胡塞尔学转向的真实原委问题。

20世纪90年代的大部分时间我待在德国现象学家瓦登菲尔斯的哲学所，并于1996年专程前往阿亨拜会了本文中提到的另一位现象学家比麦尔，即《危机》的编者。他与前妻都曾于战后在鲁汶档案馆担任过胡塞尔著作的编辑工作。从他送我的文集中得悉，为了胜任工作，他们需要先学会辨识胡塞尔使用的“德文速写法”，以便首先承担手稿的“誊写”（也是一种文字性“转译”）工作。遗憾的是，直到十多年后我才有机会认真翻阅这位现象学美学家赠我的文集，并进一步了解了西方现象学界的一个普遍现象：从事胡塞尔学的“专业工作者”，“骨子里”不少都是“向往海德格尔”者。我在近年来经常思考此类似乎难以理解的现象，居德期间我曾多次就此问询保罗·利科，亦不得要领，而正是他表现出了如此强烈的胡塞尔学热情，所以他才担任了《观念1》的法译本工作。我曾在他发表了现代伦理学史方面的新文后，向其坦率指出，他所信奉的海德格尔本体论不仅是与胡塞尔精神相反的，而且实际上妨碍着理性伦理学的建构。但等到我于1994年去巴黎开会而有机会在米舍尔大街小餐馆与利科直接交谈时，讨论最多的已经是当时最缠绕我的“德里达现象”了。等到近来翻译本书而进一步研究胡塞尔同时期的另外一本书《危机》时，才猛然注意到“危机学”的一个“形成学背景”：前述芬克的黑格尔-海德格尔背景和作为海德格尔崇拜者的编者比麦尔的背景。而且利科也是《危机》附录中收编手稿的选题者。一个其实至今并未完全获解的疑问是：那些熟悉胡塞尔分析技术的专家们是如何对胡塞尔思想的“对立者”——他以前的助手和学生海德格尔发生如此强烈的爱好的？这是一个在当代西方哲学界中最重要、最有趣的问题，虽然西方学者中极少有人注意到这类问题。同理，他们的“哲学正义感”也从来不干涉他们对这位被崇拜者的人格污点问题的思考，就像是视之为大可忽略不计的“小节”似的。正如我以前多次指出的，此一现象的重要性还不是有关哲学家的人格问题，而是有关多数当代西方哲学家的“认识论结构”的问题：什么是重要的话题，什么不是重要的话题，今日看来都是“成问题的”。对于现象学和哪怕是胡塞尔学均如此。归根结底，这是现当代西方人文科学理论本身的结构与功能出了问题，然而这又该如何与那些学养深厚的国际学者们沟通呢？按照传统理念，学人间相互批评指正，通过纠正“正误”，以达彼此共同认知提升的目的；按照现代惯例，学人间的相互批评将产生彼此在职场制度内的“利益得失”，意见和批评成了可导致对方“职场名誉失分”的因素。这不是学术立场的方法的差异问题，而成了彼此利害关系的问题。适逢个人主义利益至上之时代，趋势如此，夫复何言？毕竟保罗·利科和列维-斯特劳斯等“老知识分子”一代逐一陨落，胡塞尔学今日激发学人的仅为其理论技术性的吸引力和功用性，还有多少人乐于效法战前那几代欧洲哲学家的人格和风度呢？人格和风度，今日均蜕化为学界话语交流中的“谈资”，可供欣赏或炫示，却不足以成为个人学术实践方向的真实推动力了。

译者在翻译本书的过程中，同时进行了有关晚年胡塞尔思想变迁方面的考察，遂将此体察和感想列于译文之后，或许可作为未来青年一代中国学人，特别是现象学研究者和爱好者们的参照资料。适逢此一翻译计划将于本周内完全结束之际，同时获悉莫兰的《现象学：一部历史的和批评的导论》（原名《现象学导论》）中译本业已付印和本人新著《〈论语〉解释学与新仁学》初编工作近日即将完成的讯息。时年八十周岁，尚可继续生存于学术实践中，夫复何求？欣慰之余，遂亦即兴撰此文以作后记。

李幼蒸

2017 年 7 月 25 日于旧金山湾区寓所

德、法、英、中现象学用语对照表

（李幼蒸　编制）

本对照表参照《胡塞尔全集》（卢汶）、《现象学研究丛书》（卢汶）、英文《胡塞尔著作集》（Kluwer）及相关德、英、法研究著作中有关术语的说明和注释制订，并特别参照了以下著作：

Paul Ricoeur：*GLOSSAIRE*，*Idées directrices pour une Phénoménologie*

Dorion Cairns：*Guide for Translating Husserl*

A. de Manralt：Analytical Index，*The Idea of Phenomenology*

H. Spiegelberg：Index of Subjects，*The Phenomenological Movement*

B. Gibson（tr.）：*General Introduction to Pure Phenomenology*

F. Kersten（tr.）：*Ideas Pertaining to a Pure Phenomenology and to a Phenomenological Philosophy*

以上参考著作列举于 1986—1987 年。现增加以下关于胡塞尔学和相关哲学词语解释的参考书如下：

木田元、野家启一、村田纯一、鹫田清一：《现象学事典》，弘文堂，1994

J. Ritter，K. Gründer，G. Gabriel：*Historisches Wörterbuch der Philosophie*，B. 1-B. 12 Schwaber & Co，1971－2004

S. Auroux：*Les Notions Philosophiques*，T. 1-T. 2，PUF，1990

J. P. Zarader：*Le Vocabulaire des Philosophes*，T. 1-T. 4，Ellipses，2002

J. J. Drummond：*The A to Z of Husserl's Philosophy*，The Scarecrow Press，2010

D. Moran，J. Cohen：*The Husserl Dictionary*，Continuum，2012

以下对照表中，德、法、英三种词汇内的一些希腊语、拉丁语或具希腊语、拉丁语词根的语词，因大致相同故只列出德语部分。

abbilden/depeindre，copier/depict/映象、描绘

Abbildung/copie/depiction/映象、描绘

Abgehobenheit/relief/saliency/突出、凸显部分

abgeschlossen/clos/self-contained/封闭的、完结的

Ablehnung/refus/refusal/拒绝

Ableitung/dérivation/derivation/派生（项）、偏离

abschatten/s'esquisser/adumbrate/侧显

Abschattung/esquisse/adumbration/侧显（物）

Abstraktum/abstrait/abstractum/抽象物

Abstufung/gradation/different levels/层次（组）、分级

Abwandlung/mutation/variation/变异、变体、派生项

abweisen（sich）/（se）démentir/reject/中断

achten/observe/heed/注意、注视

Achtung/observation/respect，attention/注意、注视

Adäquatheit/adéquation/adequateness/充分性、相符性、相应性

Adäquation/ adéquation/adequating/相符、相符作用、相应、充分

Affektion/affection/affection/触发

Affirmation/affirmation/affirmation/肯定

Aktive/activè/active/ 主动的、积极的、活动的

Akt/acte/act/行为、作用

Aktivität/activité/activity/主动性、活动

Aktualität/actualité/actuality/实显性、实际、现实性

Aktualisierung/actualisation/actualization/实显化、现实化

Allgemeinheit/généralité/universality/普遍性、一般性

Animalia/être animés/psychophysical being/生命存在、有生命物

Anknüpfung/liason/connexion/联结

anmuten/supputer/deem possible/推测

Anmutung/supputation/deeming possible/推测
Annahme/supposition/assumption/假定
annehmen/admettre/assume/假定
Ansatz/supposition/supposed statement，starting/假定、开端
Anschaulichkeit/intuitivite/intuitiveness/直观性
Anschaung/intuition/intuition/直观
ansetzen/supposer/suppose，start/假定、开端
Anweisung/directive/directive/ 指示
Anzeich/signe/indication/标志、指示
Apodiktizität/apodicité/apodicticity/确真性
Apophansis/命题判断
Apophansistik/apophansistique/apophantics/命题逻辑、命题学
Apperzeption/apperception/apperception/统觉
Appräsenz/ apprèntation/appresentation/连同现前、连同呈现
Appräsentation/apprèntation/appresentation/现前化、连同现前化
apriopri/先天地
Art/espèce，sorte，maniere/sort，species，manner，character/种、种类、方式、特性
Artikulation/articulation/articulation/（分节）联结、联结作用
Assoziation/联想（作用）
Attention/attention/attention/注意
Attribution/attribution/attribution/属性归于、赋予
Auffassung/apprehension，conception/apprehension，conception/统握、理解
Aufhebung/suspension/suspension，abolition/终止
Aufmerksamkeit/attention/attention/注意
Ausbreitung/étendue/spread/扩大
Ausdehnung/extension/extension/扩展、广袤、广延
Ausdruck/expression/expression/词语、表达
ausdrücklich/expressive/expressive/表达的、明确的

Ausfüllung/remplissement/filling/充实（化）

Aussagesatz/énoncé，proposition enonciative/statement，predicative sentence/陈述

ausschalten/mettre hors circuit/suspend，exclude/排除、中断

Ausweisung/légitimation/showing，demonstration/证明、明示

Bau/structure/structure/结构

Beachten/vermarquer/heed/审视

bedeuten/signifier/signify/意指、意味

Bedeutung/signification/significance，meaning/意义、意指、意味

Begehrung/desir/desire/欲望

Begründung/fondation/grounding/基础

Behauptung/assertion/assertion/断言、主张

Bejahung/affirmation/affirmation/肯定

bekraftigen/confirmer/confirm/断言、证实、加强

bekunden（sick）/s'annoncer/evince/显示

bemerken/remarquer/notice/注意、指出

Beschaffenheit/propriété/quality/性质

Beschlossensein/l'ětre-impliqué/includedness/蕴涵

Beschreibung/description/description/描述

beseelen/animer/animate/使活跃、赋予活力、激活

Besinnung/médiation/contemplation/深思

Besonderung/particularisation/particularity，particularization/特殊化、特殊性

（das）besondere/le particulier/the particular/特殊项、特殊物

Bestand/composition/composition/内容、组成（成分）、性质

Bestände/composantes/components/组成成分

Bestandstück/composantes/component/组成成分

bestätigen/confirmer/corroborate/证实

Bestimmtheit/détermination/determination/规定、规定性

Beurkundung/s'y annonce/primordial manifestation/ 元显示、证实

Bewährung/vérification/verification/证实
Bewusstsein/conscience/consciousness/意识
bewusst/dont on a conscience/conscious/有意识的
bewusstseinsmässig/en rapport avecla conscience/relative to consciousness/相关于意识的
beziehen/mettre en relation/relate/使相关
Beziehung/relation/relation/关系
beziehend/relationnel/relating to/（有）关系的、使相关的
Bezogenheit/reference/relatedness/相关性
Bezeichnung/désignation/designaion，denotation/标记、名称
Bild/portrait/image，picture/形象、图像
bildlich/en portrait/pictorial/形象的
bilden/construire/form/形成
Bildung/construction/formation/形成、形成物
Blick/regard/regard，glance/目光
Blickstrahl/rayon du regard/ray of regard/目光射线
bloss/simple/mere，bare/简单的、仅仅、纯
Bürgschaft/garantie/guarantee/保证
Charakter/caractere/character/特性
Charakteisirung/caracterisation/characteristic/（表明）特性
Cogitatio（nes）/我思思维、我思行为
Cogitatum/我思对象、被思者
Cogito/我思
darstellen/figurer/present/呈现、描述
Darstellung/figuration/presentation/呈现、描述
Dasein/existence/factual existence/事实存在、定在
decken（sich）/coincider/coincide/符合、相互符合、一致
Deckung/coincidence/coincidence/符合、符合作用
Denkstellungnahme/position adoptee par 1a pensee/cogitative positiontaking/思想设定

Description/description/description/描述
Deutlichkeit/distinction/distinctness/清晰性
Dies-da/ceci-la/this-there/此处、这个
Diesheit/eccéité/thisness/此、此性、此物性
Differenz/difference/difference/差异
（niederste）Differenz/difference ultime/ultimate difference/种差
Ding/chose/thing/物、事物
Dinggegebenheit/donne de chose/physical thing data/所与物、物所与性
Dinglichkeit/chose/physical affairs，thingness/物性、物质事物
Dingwelt/monde des choses/world of physical things/物世界、物质世界
disjunkt/disjonctif/disjuctive，mutually exclusive/相互排斥的、析取的
Doxa/信念
doxisch/doxique/doxic/信念的
durchstreichen/biffer/cancel/抹消
echt/authentique/genunine/真正的
Echtheit/authenticité/genuineness/真正（性）
Eidos/艾多斯、本质
eidetisch/eidétique/eidetic/本质的、艾多斯的
Eidetik/eidetique/eidetics/本质学、艾多斯学
eigen/propre/own/特有的、固有的
Eigenheit/spécificité/ownness/特殊性
Eigenschaft/proprieté/property/特性
Eigentumlichkeit/trait caracteristique/peculiarity/特性、固有性、真正性
Einbilden/feindre/imagine/虚构、想象
Einbildung/fiction/imagination/虚构、想象
eindeutig/univoque/univocal/单义的
Eindeutung/indication/indication，meaning into/（解释性）指示、把握
Einfühlung/intropathie/empathy/移情作用
Einheit/unité/unity/统一体、统一性、单一体、单元
einheitlich/unitaire/unitary/统一的

Einklammerung/mise entre parentheses/parenthesizing/置入括号
einsehen/voir avec evidence/have insight into/明见、洞见、领会
einseitig/unilateral/one-sidedly/单面的
Einsicht/évidence intellectuelle/insight/明见、洞见、领会
Einstellung/attitude/attitude/态度、观点
Einstimmigkeit/concordance/accordance/一致（性）、和谐性、协同性
Einzelheit/cas individuel/single case，singleness/单一（体）
Empfindnis/impression/sensing/感觉状态
Empfindungsdata/data de sensation/data of sensation/感觉材料
Entkräftigung/infirmation/refutation/使无效
Entrechnung/invalidation/invalidation/（使）无效
Entschluss/decision/decision/决定、决断
Entstehung/genèse/origin/产生
Epoché/悬置
erblicken/regarder/regard/注视
Erfahrung/expérience/experience/经验
erfassen/saisir/grasp/把握
Erfassung/saisie/grasping/把握
Erfüllung/remplissement/fulfilling，fulfilment/充实（化）、履行、实现
Erinnerung/souvenir/memory/记忆
Erkenntnis/connaissance/cognition/认识、知识
erkenntnismassig/cognitif/cognitional/认识的
erkentnis-theoretisch/epistemologique/epistemological/认识论的
Erlebnis/le vécu/lived experience，mental process/体验、心理经验
Erlebnis-strom/flux du vécu/stream of experience/体验流
erscheinen/apparaitre/appear/显现
Erscheinung/apparence/appearance/显现、显相（象）
ershauen/voir/see/看
erzeugen/produire/produce/产生、生产〔行为〕
Erzeugung/production/production/产生、生产〔性、作用〕

Essenz/essence/essence/本质

Evidenz/évidence/evidence/明证（性）

exakt/exact/exact/精确的

Extension/extension/extension/广延

faktisch/de fait/de facto/事实性的

Faktizität/facticité/factualness/事实性、事实因素

Faktum/fait/fact/事实

fern/remote/distant/离远的

Fiktion/fiction/fiction/虚构、假想

Fiktum/fictum/figment/虚构

fingieren/feindre/phantasy/虚构、想象

fingiert/fictif/phantasied/虚构的

fingierende Phantasie/imagination creatrice/inventive figment/虚构的想象

Folge/consequence/consequence/后果

Folgerung/consecution/deduction/推论

Form/forme/form/形式

Formalisierung/passage au formal/formalization/形式化

Formung/formation/forming/形成

Formenlehre/morphologie/theory of forms/形式理论

fortdauern/perdurer/last/持续

fraglich/problematique/questionable/成问题的

Fülle/le plein/fullness/充实（性）

fundierend/fondatrice/founding/根基性的

fundierte Akt/actes fondés/founded act/有根基的行为

funktionellen Problemen/problems fonctionnels/functional problems/功能的问题

Gattung/genre/genus/属、种属、类、类型

gebende Akt/acte donateur/giving（presentive）act/给予的行为

（originär） gebende Anschauung/intuition donatrice originaire/original giving intuition/（原初）给予的直观

Gebiet/domaine/province/（领）域
Gebilde/formation/formation，structure/形成物、构成、构造
Gefallen/plaisir/pleasure/喜悦
Gefühl/sentiment/feeling/感情、情绪
Gegebenheit/donnée/givenness，something given，data/所与性、所与物
Gegennoema/contre-noéme/conternoema/对应诺耶玛
Gegenstand/object/object/对象
Gegenstand schlechthin/objet per se/object pure and simple/对象本身、纯对象
gegenständlich/objectif/objective/对象的
Gegenstandlichkeit/objectivité/objectivity，something objective/对象（性）
Gegenwärt/présence/present/现在、现前
gegenwärtig/present/present/现在的
Gegenwärtigung/presentation/presentation/呈现、现前化
Gegenwesen/contre-essence/conteressence/对应本质
gegliedert/articulé/articulated/有分段的、分节的
Gehalt/contenu/content/内容、内包
Geltung（Gultigkeit）/validité/legitimacy/有效（性）、妥当、正当
Gemüt/affectivité/emotion/情绪
Generalthese/thèse general/general thesis/总设定
Generalität/généralisation/generality/一般、一般性、一般项
Generalisierung/généralisation/generalization/一般化
Genesis/genèse/genesis/发生（作用）
Genetische/genètique/genetic/发生的
Gerichtetsein（auf）/dirigé sur/directedness to/指向
Geschlossenheit/consistance/consistency/自足一致性
Gestalt/forme，figure/formation，structure/构形、形态
Gestaltung/configuration/configuration/形成物、形成
gewahren/s'apercevoir/perceive attentively/觉察
gewährleisten/garantir/guarantee/保证

Gewicht/poids/weight/重（量）

Gewissheit/certitude/certaity/确定性

Glaubensmodalität/modalité de la croyance/doxic modality/信念样态

gleichsam/quasi/quasi/准（的）

Glied/membre/member/组成项、肢

Gliederung/articulation/articulation/分节、分段

Grenze/limite/limit/界限

Grenzepunkt/point limite/limit/限制

Grund/fondement/ground/根基、基础

gültig/valable/valid/有效的

Habe/possession/possession/具有（物）

Habitulität（Habitus）/habitus/habitus/习性、习态

handeln/agir/act/行动

Handelung/action/action/行动

Hintergrund/arriere-plan/background/背景

hinweisen/renvoyer a/point to/指示、指出

Hof/aire/halo/光晕、场地

Horizont/horizon/horizon/视域、边缘域、视界（野）、界域、伸缩域、延展域

Hylé/质素、素材

Hyletik/hyletique/hyletics/质素学、素材学

Ich（ego）/je（moi）/I，ego/我、自我

Ichpol/ ego pol/ego pole/自我极

Ichsubjekt/sujet personnel/ego subject/主体我

Ideal/理想、观念

Idee/idee/idea/观念

ideal/ideal/ideal/观念的

ideel/ideel/ideal/观念的

Ideation/ideation/ideation/观念化、观念化作用

Identifikationssynthesen/syntheses d′identification/identifying synthesis/

同一化综合
Immanenz/immanence/immanence/内在（性）、内在物
Impression/impression/impression/印象
Inaktualität/inactualité/non-actionality/非实显性、非活动性
individuel/individuel/individuel/个体的
Individuum/individu/individual/个体
Inhalt/contenu/content/内容
Intention/intention/intention/意向
intentional/intentionnel/intentional/意向的、意向性的
Intentionalität/intentionalité/intentionality/意向性、意向关系、意向体、意向界
Intersubjektivität/intersubjectivité/intersubjectivity/主体间性、主体间关系
Introjektion/introjection/introjection/摄入、投射
Intuition/intuition/intuition/直觉
Iteration/redoublement/reiteration/重复
jetzt/present/present/现在
Kategorie/catégorie/category/范畴
Kern/noyau/core/核（心）
Klarheit/clarté/clarity/明晰（性）
Klärung/clarification/clarification/阐明、澄清
Kollektion/collection/collection/集合、集聚
Kolligation/colligation/collecting/汇集
kolligieren/colliger/collect/汇集
Komponent/composante/component/组成成分
Konkretum/concret/concretum/具体项
Konkretion/concretion/concretion/具体化
Konstitution/constitution/constitution/构成
Körper/corps/body/身体、物体
Körperlichkeit/corporeité/corporeity/身体性、物体性
Korrelat/correlat/correlate/相关项、对应项

Korrelation/correlation/correlation/相关（关系）

lebendig/vivant/living/活生生的、生动性的

Leerform/forme vide/empty form/空形式

Leervorstellung/representation vide/empty objectivation/空表象

leibhaft（ig）/corporel/in person/躯体的、身体的

Leistung/effectuation/production/ 成就、施行、施作、施行成就、成效、实行、运作（同一意思随语境不同而可有不同的"意素"搭配）

Mannigfaltigkeit/le divers，multiplicite/multiplicity，manifoldness/复多体、多样性、多种多样

Materie/matiere/material，matter/质料、实质

meinen/viser/mean/意念、意指、意欲

Meinung/la visée/meaning/意念、意指

Menge/groupe/set/集合

Mengenlehre/theorie des groupes/theory of set/集合论

Modalität/modalité/modality/样态、模态

Modalisierung/modalisation/modalization/样态化、样态作用

Modifikation/modification/modification/变样、改变

Modus/mode/mode/样式

Möglichkeit/possibilité/possibility/可能性

Moment/moment/moment/因素、机因、要素

monothetisch/monothetique/monothetic/单设定的

Morphe/形态

Motivation/motivation/motivation/动机化、动机作用、动机、激动作用

Nachverstehen/compréhension/comprehension/解释性理解

Nähe/proximité/nearness/靠近、近距

Neutralisation/neutralisation/neutralization/中性化

Neutralität/neutralité/neutrality/中性（体）

Neutralitatsmodifikation/modification de neutralite/neutral modification/中性变样

nichtig/nul/null/无效的、极微的

Noema/noéme/noema/诺耶玛、意向对象
noematisch/noematique/noematic/诺耶玛的、意向对象的
Noesis/noèse/noesis/诺耶思、意向作用、意向行为、意向过程
Noetik/noetique/noetics/诺耶思学、意向行为学
noetisch/noetique/noetic/诺耶思的、意向行为的
Nominalisierung/nominalisation/nominalization/名词化
Objekt/objet/object/客体
Objektivität/objectivité/Objectivity/客体（性）
Objektivation/objectivation/objectivation/客体化、对象化
ontisch/ontique/ontic/存在的
Ontologie/ontologie/ontology/本体论
Operation/operation/operation/实行、运作、程序
Ordnung/ordre/order/秩序、级次
originär/originaire/original/原初的
Originär gebende Erfahrung/experience donatrice originaire/original giving experience/原初给与的（呈现的）经验
Parallelism/parallelisme/parallelism/平行关系、类似性
Passivität/passivité/passivity/被动性
Person/personne/person/个人、人格人
Persönlich/personnel/personal/个人性（的）、人格性的
Personalität/personnalité/personality/个人性、人格（性）
Phänomen/phenomene/phenomenon/现象
Phantasie/image/phantasy/想象
phantasierend/imageant/phantasying/想象着的
phantasiert/imaginaire/phantasied/想象的
Phantasma/phantasme/phantasma/幻影
Phantome/幻象
Plural/plural/plural/多数的
polythetisch/polythetique/polythetic/多设定的
Position/position/position/设定

Positionalität/positionalité/positionality/设定性
positionnal/positionnel/positional/设定的
potential/potentiel/potential/潜在的
Potentialität/potentialité/potentiality/潜在性
Prädikat/prédicate/predicate/谓词、谓项、属性
Prädikation/predication/predication/述谓（作用）
prädizieren/prediquer/predicate/述谓化、论断
prinzipiell/de principe/essential/本质的、必然的、原则的
Production/production/production/产生、实行
Protention/protention/protention/预存
Qualität/qualité/quality/性质
Rationalisierung/rationalisation/rationalization/理性化、合理化
Rationalität/rationalité/rationality/合理性
real/réel/real/实在的
Realität/realité/reality/实在（性）、现实
Rechtsprechung/juridiction/legitimation/判定
Reduktion/réduction/reduction/还原
reell/réel/real，genuine/真实的
Referent/objet de reference/referent/所指者
Reflexion/réflexion/reflection/反思
Regel/régle/rule/规则
Regellung/regulation/regulation/调节
Regung/amorce/stirring/引动（者）
Representation/représentation/representation/表象、代表、再现
Reproduktion/reproduction/reproduction/再生、复现
Retention/rétention/retention/持存
richten（sich）/se diriger/direct to/指向
Richtung/direction/direction/方向
Rückbeziechung/rétro-reférence/backward relation/自反关涉
Rückerinnerung/rétro-souvenir/reminiscence/回忆

Sache/chose/matter，matter in question/事物、实质、问题本身、有关问题、真正问题
sachhaltig/ayant un contenu/having material content/质实的、实质的
Sachlage/situation/state of affairs/状态、事况、所谈事项
sachlich/objective，concret/material/事物的、实质的、质料的、事实上的
Sachlichkeit/ensemble de choses/materiality/全体事情、事物性、实质性
Sachverhalt/état de chose/state of affairs/事态
Satz/proposition/proposition/命题
Schachtelung/emboitement/encasement/套接
Schatten/ombre/shadow/影子
Schauen/voir/see/看、注视
Schein/simulacre/illusion/假象
Schichte/couche/stratum/层
Schichtungen/stratification/stratification/分层
sehen/voir/see/看
Sein/être/being/存在
Seinscharakter/caractere d'etre/character of being/存在特性
Selbst/soi-meme/it itself/自身
selbständig/independant/independent/独立的
Selbstbeobachtung/introspection/self-observation/自省
Setzung/position/position，positing/设定
Sichtighaben/avoir un apercu/sighting/察看
Singularität/singularite/singularity/单个性、单个体
Sinn/sens/sense/意义、意思
Sinnesdaten/data sensuels/sense data/感觉材料
Sinngebung/donnation de sens/sense-bestowing/意义给予
Sinnlichkeit/sensibilité/sensuality/感性
Spezialität/specification/specificity/特殊性
Spezies/espéce/species/种
Spontaneität/spontanéité/spontaneite/自发性

Steigerung/accroissement/enhancement/增加
Stellungnahme/prise de position/position-taking/采取设定
Stoff/matiére/material/质料、素材、材料
Strahl/rayon/ray/射线
Struktur/struacture/structure/结构
Stück/fragment/piece/片段、部分
Stufe/niveau/level，degree/层阶、段、度
Stufenbildung/hierarchie/hierarchical formation/层阶系统
Subjekt/sujet/subject/主体
Subjektivität/subjectivité/subjectivity/主体（性）
Substrat/substrat/substrat/基底
Synkategorematika/syncategorematiques/syncategorems/互依词、非独立词
Syntax/syntaxe/syntax/句法
Synthesis/synthese/synthesis/综合（设定）
Tatsache/fait/fact/事实
Teil/partie/component/部分
Thema/thème/theme/主题、论题
Thematisierung/thematisation/thematization/主题化
These/thèse/theses/命题、论点、论断
Thesis/these/thesis/设定、论题、论断
thetisch/thetique/thetic/设定的
Transzendenz/transcendance/transcendence/超验（者）、超越
transzendental/transcendantal/transcendental/先验的
treu/fidel/true/忠实的
Triebe/impulsion/impulse/冲动
triftig/valide/valid/有效的
Triftigkeit/validite/validity/有效性
tun/agir/do/做、行动
Typik/typologie/set of types/类型分化

Übertragung/transfert/transfer/转换、转移
Umfang/extension/sphere，extension/范围、外延
Umformung/transformation/transformation/变形、转换
unselbständig/dependant/dependant/从属的、非独立的
Unterschicht/intrastructure/lower stratrum/基层、基础结构
Unverträglichkeit/incompatibilité/incompatibility/不相容性
Ur-aktualität/proto-actualité/protoactuality/元实显（性）
Urdoxa/croyance-mere/proto-doxa/元信念、原信念
Urform/forme-mere/primitive form/元形式、原形式
Urmodus/mode-primitif/primitive mode/元样式、原样式
Urpräsenz/ archi-présence/ primal presence/元现前、元呈现
Ursprung/origine/origin/起始、始源、原初性
Urstiftung/fondation original/originary foundation/元设立
Urteil/jugement/judgment/判断
Verallgemeinerung/generalisation/universalization/普遍化
Verdunkelung/obscurcissement/darkening/暗化
Vereinzelung/individuation/singularzation/单一化
Verflechtung/entrelacement/combination/联结体、介入、交织
Vergegenständlichung/objectivation/objectification/准现前（化）、再现
Vergegenwärtigen/présenter，représenter /presentify/再现、使现前化、准现前（化）
Vergegenwärtigung/presentification/presentiation，re-presentation/准现前（化）、现前化、再现、准现前物
Verhalt/état de chose/state of affairs/事态
Verknüpfung/liaison/connexion/联结（体）
vermeinen/viser/mean/意指、意念、意向
vermutung/conjecture/deeming likely/推测
Vernichtung/aneantissement/annihilation/消除
Vernunft/raison/reason/理性
Vernunftigkeit/rationalité/rationality/理性、合理性

Verworrenheit/confusion/confusion/含混
Vorerinnerung/pro-souvenir/anticipation/预期记忆
Vorfindlichkeit/faits decouverts/facts/呈现物、事物
Vermeinte/visé/meant/（被）意念者
vollständig/integral/complete/完全的
vorschwebend/flotte en suspens/hover before us/〔心中〕浮动的
Vorstellung/représentation/objectivation，representation/观念、表象、呈现、再现
vorzeichnen/prescrire/prescribe/指示
vollziehen/opérer/effect/实行、运行
Vollzug/opération/operation/实行、运行
waches Ich/moi vigi1ant/waking ego/醒觉自我
wahr/vrai/true/真的
wahrnehmbar/perceptible/perceivable/可知觉的
Wahrnehmung/perception/perception/知觉
Wandlung/mutation/change/改变
Weise/mode/manner/方式
Wert（sach）verhalt/etat de valeur/value-complex/价值事态
Wertung/evaluation/evaluation/评价
Wesen/essence/essence/本质
Wesensbestand/fonds eidetique/essential composition/本质内容、本质构成因素
Wesenserschauung/intuition de I'essence/seeing essences/本质看
Wesensverhalt/relation essentielle/eidetic relationship/本质事态
Wesenszusammenhänge/connexions essentielles/essential interconnections/本质关联、本质关系、本质关联体、本质关联域
Widersinn/absurdité/absurdity/悖谬
Wiedererinnerung/re-souvenir/recollection/重忆、再忆
wirklich/reel/actual/现实的、真实的、实在的
Wirklichkeit/realité/actuality/现实、真实、实在

wissen/savoir/know/知道

wollen/vouloir/will/意愿

Wortlaut/mot prononcé/sound of words/字音

Wunsch/souhait/wish/愿望

Zeichen/signe/sign/记号

Zeit/temps/time/时间

Zeitbewusstsein/conscience de temps/consciousness of time/时间意识

zufällig/contingent/accidental/偶然的

Zusammengehörigkeit/appartenance/belongingness together/关联性、相关性

Zusammenhang/connexion/connexion，interconnexion/关联体、关联域、联结体、〔相关、相互〕关系

zusammenhöngend/coherent/coherent/一致的

zusammenschliessen（sich）/s'agréger/join together/聚合

Zustand/etat/state/状态

Zustimmung/assentiment/assent/同意

zuwenden（sich）/se tourner/turn to/朝向

Zuwendung/conversion/turning towards/朝向

Zweifel/doute/doubt/怀疑

胡塞尔著作集（李幼蒸 译）

Edmund Husserls Werke (übersetzt von Li Youzheng)

☆ 卷1 《形式逻辑和先验逻辑》

Formale und Transzendentale Logik

☆ 卷2 《纯粹现象学通论》〔纯粹现象学和现象学哲学的观念 第一卷〕

Allgemeine Einführung in die Reine Phänomenologie (Ideen I)

☆ 卷3 《现象学的构成研究》〔纯粹现象学和现象学哲学的观念 第二卷〕

Phänomenologische Untersuchungen zur Konstitution (Ideen II)

☆ 卷4 《现象学和科学基础》〔纯粹现象学和现象学哲学的观念 第三卷〕

Die Phänomenologie und die Fundamente der Wissenschaften (Ideen III)

☆ 卷5 《现象学心理学》

Phänomenologische Psychologie

☆ 卷6 《经验与判断》

Erfahrung und Urteil

☆ 卷7 《第五、第六逻辑研究》

Logische Untersuchungen(V,VI)

☆ 卷8 《贝尔瑙时间意识手稿》

Die Bernauer Manuskripte über das Zeitbewusstsein

图书在版编目（CIP）数据

经验与判断 /（德）胡塞尔著；李幼蒸译．
—北京：中国人民大学出版社，2019. 3
（胡塞尔著作集）
ISBN 978-7-300-26768-5

Ⅰ. ①经…　Ⅱ. ①胡…　②李…　Ⅲ. ①胡塞尔
（Husserl，Edmund 1859—1938）-逻辑哲学-研究
Ⅳ. ①B81－05②B516. 52

中国版本图书馆 CIP 数据核字（2019）第 032491 号

胡塞尔著作集　第 6 卷
李幼蒸　编
经验与判断
李幼蒸　译
Jingyan yu Panduan

出版发行	中国人民大学出版社		
社　　址	北京中关村大街 31 号	**邮政编码**	100080
电　　话	010－62511242（总编室）		010－62511770（质管部）
	010－82501766（邮购部）		010－62514770（门市部）
	010－62515195（发行公司）		010－62515275（盗版举报）
网　　址	http://www. crup. com. cn		
	http://www. ttrnet. com（人大教研网）		
经　　销	新华书店		
印　　刷	涿州市星河印刷有限公司		
规　　格	160 mm×230 mm　16 开本	**版　　次**	2019 年 3 月第 1 版
印　　张	23. 5 插页 1	**印　　次**	2019 年 3 月第 1 次印刷
字　　数	339 000	**定　　价**	78. 00 元